FORTSCHRITTSBERICHTE ZUR GAS-CHROMATOGRAPHIE

1959

FORTSCHRITTSBERICHTE ZUR GAS-CHROMATOGRAPHIE

1959

Herausgegeben im Auftrage
des Instituts für Verfahrenstechnik der organischen Chemie
der Deutschen Akademie der Wissenschaften zu Berlin
von

Hans Georg Struppe

AKADEMIE-VERLAG · BERLIN
1961

FORTSCHRITTSBERICHTE ZUR GAS-CHROMATOGRAPHIE

1959

Auswahl sowjetischer, tschechoslowakischer und chinesischer Arbeiten zur Theorie, Verfahrenstechnik und Anwendung der Gas-Chromatographie

Mit 99 Abbildungen

AKADEMIE-VERLAG · BERLIN

1961

Übersetzungen aus dem Tschechischen
von Ernst Lischka, Leipzig,

aus dem Russischen
von Karl Rathfelder, Leipzig

Erschienen im Akademie-Verlag GmbH, Berlin W 8, Leipziger Straße 3—4

Lizenz-Nr. 202 • 100/699/61
Gesamtherstellung: VEB „Thomas Müntzer" Bad Langensalza
Bestellnummer: 2101/1
Preis: DM 29,50
Printed in Germany
18 C 3

Zum Geleit

Bekanntlich erfolgt der Entschluß zur Herausgabe von Fortschrittsberichten in der Regel nur dann, wenn ein weiträumiges Gebiet wissenschaftlicher oder industrieller Entwicklung einen solchen Umfang angenommen hat, daß in bestimmten Cäsuren dem interessierten Fachkollegen, der nur mittelbar beteiligt ist, ein Überblick dargeboten werden muß, der auch geeignet ist, die allseitigen Einflüsse der Entwicklung des beschriebenen Gebietes wieder klar zu stellen.

Diese Merkmale können für die Gas-Chromatographie sicher nicht in Anspruch genommen werden, wenn sich auch das einschlägige Schrifttum in den letzten Jahren erheblich gehäuft hat und noch immer ständig im Wachsen begriffen ist.

Hier schien ein besonderes Merkmal der derzeitigen Situation jedoch maßgebend, den Schritt zur Herausgabe von Fortschrittsberichten zu einem sehr frühen Zeitpunkt zu wagen. Neben einer stürmischen apparativen, methodischen und teilweise auch theoretischen Entwicklung ist die Gas-Chromatographie zur Zeit nach außen durch eine umfassende Suche nach immer neuen Einsatzmöglichkeiten gekennzeichnet. Dieser Teil der Entwicklung zeigt sich im Schrifttum allseitig. Daneben vollzieht sich aber ganz augenscheinlich in Laboratorien und Industrie eine zunehmende Vertiefung des Erreichten, speziell mit dem Ziel der quantitativen Nutzung des heutigen Standes der Erkenntnisse und Möglichkeiten. Da sich dieser Teil der Tätigkeit im Regelfall auf spezielle Probleme konzentriert, weiterhin die allgemeinen Publikationsmöglichkeiten dem Autor meist nur einen beschränkten Raum zur Verfügung stellen können, soll durch die hiermit eröffnete Schriftenreihe die Möglichkeit geschaffen werden, sowohl Übersichten als auch Originalmitteilungen über die Weiterentwicklung des Gebietes den Interessenten in geschlossener Form zu bieten.

Der Unterzeichnete hofft auf eine allseitige rege Beteiligung an dieser Schriftenreihe, deren Beginn gleichfalls von ihm stark befürwortet wurde.

Leipzig, im Oktober 1960 EBERHARD LEIBNITZ

Vorwort

Die ständig wachsende Bedeutung der Gas-Chromatographie als eine Hauptmethode zur Analyse komplizierter Stoffgemische der organischen Chemie erfordert vom Chemiker im Labor und im Betrieb, daß er sich mit den Anwendungsmöglichkeiten des neuen Analyseverfahrens ständig vertraut macht. Dabei ist die Aneignung der theoretischen wie der verfahrenstechnischen Grundlagen gleichermaßen wichtig.

Bei der Weiterentwicklung und Anwendung des zur Zeit leistungsfähigsten aller bekannten Analysenverfahren hat sich schon bald eine intensive nationale und internationale Zusammenarbeit entwickelt. Diese Zusammenarbeit zu unterstützen ist Sinn und Zweck der vorliegenden Fortschrittsberichte. Durch die Auswahl wichtiger Arbeiten aus der Sowjetunion, der Tschechoslowakei und China soll den Fachkollegen das Literaturstudium der Originalarbeiten erleichtert und gleichzeitig eine Lücke geschlossen werden, die auf Grund der landesbedingten Entwicklung auf fachlichem Gebiet entstanden ist: die sowjetischen Arbeiten befassen sich in der Hauptsache mit der sehr ausbaufähigen Thermo-Gas-Chromatographie, die tschechoslowakischen und chinesischen Arbeiten behandeln bevorzugt die Verwendung aktiver unimprägnierter und imprägnierter Adsorbenten als Säulenfüllung.

Um der Hauptentwicklungsrichtung in der Gas-Chromatographie Rechnung zu tragen, wurden auch Arbeiten aus dem Gebiet der isothermen Verteilungs-Gas-Chromatographie ausgewählt.

Leipzig, im November 1960 Der Herausgeber

Inhaltsverzeichnis

I. ABSCHNITT

THEORIE UND GRUNDLAGEN

II. ABSCHNITT

APPARATUREN UND VERFAHRENSTECHNIK

III. ABSCHNITT

SPEZIELLE ANWENDUNG

I. ABSCHNITT

Theorie und Grundlagen

Zur Theorie gas-chromatographischer Analysenmethoden

Von N. M. Turkeltaub und A. A. Shuchowitzki, Moskau

In zunehmendem Maße werden in Industrie- und Forschungslaboratorien gas-chromatographische Analysenmethoden angewendet. Es gibt viele Varianten der Chromatographie, und viele Parameter können für die Analyse genutzt werden. Vorliegender Artikel hat eine theoretische Betrachtung über die Rolle einzelner Faktoren bei verschiedenen Varianten der Gas-Chromatographie zum Inhalt.

DIE ENTWICKELNDE GAS-CHROMATOGRAPHIE

Bewertungsgrundlage für die chromatographische Theorie [1—3] sind die Elutionskurven, welche die Abhängigkeit der Konzentration von der Zeit am Ende einer Trennsäule von gegebener Länge beschreiben. Bei der Trennung eines Gemisches in einzelne Komponenten werden die Bewegungsgeschwindigkeit der Komponenten-Zonen, der Abstand zwischen den Zonen und ihre Breite bestimmt. Eine Reihe Arbeiten [4—7] zeigen, daß die Bewegungsgeschwindigkeit der vorderen vertikalen Front der Zonen V der Gleichung

$$V = v : \frac{a_i}{c_i} \tag{1}$$

folgt. Die Bewegungsgeschwindigkeit der *Konzentration* c wird durch die Gleichung

$$V = v : \frac{\partial a}{\partial c} \tag{2}$$

charakterisiert.

Für die linearen Isothermen stimmen beide Gleichungen überein:

$$V = \frac{v}{G}; \qquad G = \frac{a}{c}. \tag{3}$$

a ist die Adsorptionsgröße, v die lineare Strömungsgeschwindigkeit, G der Henry-Koeffizient.

Aus Gleichung (2) geht hervor, daß bei einer konvexen Isotherme sogar beim Fehlen solcher *verwaschender* Faktoren wie Längsdiffusion, Endlichkeit der Adsorptionsgeschwindigkeit und Wandeffekt, eine fortschreitende Verbreiterung auftreten muß, wobei die kleinen Konzentrationen zurückbleiben. Bei der konkaven Isotherme ist es umgekehrt: Die kleinen Konzentrationen überholen die großen.

Die *Verbreiterung* der Zonen begrenzt die Anwendbarkeit der entwickelnden Verteilungs-Gas-Chromatographie. Dieser Mangel führte zur Ausarbeitung einer Verteilungs-Gas-Chromatographie, bei der eine lineare Funktion zwischen den Konzentrationen in der Trennflüssigkeit und in der Gasphase besteht.

Beim Vorhandensein einer Längsdiffusion wird die Konzentrationsverteilung der Zone bei linearen Isothermen durch die Gleichung (2, 8, 9) beschrieben.

$$C = C_{\max} \cdot e^{-\frac{x^2 G}{4 Dt}} . \tag{4}$$

C und $C_{\max}$ sind die Konzentrationen im Abstand x und im Maximum; t ist die Zeit, D der Diffusionskoeffizient.

Die Gleichung ist unter der Bedingung anwendbar, daß die Verbreiterung durch Diffusion wesentlich größer ist als die Anfangsbreite der Zone.

Die Größe $C_{\max}$ wird aus der Normierungsbedingung

$$G \int_{-\infty}^{+\infty} C \cdot dx = q$$

bestimmt, wobei q die Probenmenge ist. In Übereinstimmung mit Gleichung (4) wird die Zonenbreite μ durch die Gleichung

$$\mu = \sqrt{\frac{4\, Dt}{G} \ln \frac{C_{\max}}{C}} \tag{5}$$

angegeben. Wenn die Verbreiterung von der *äußeren Diffusion* hervorgerufen wird, welche die Geschwindigkeit des Stoffüberganges aus der Gasphase in die stationäre Phase bestimmt, so bleibt Gleichung (5) annähernd gerechtfertigt.

Dabei ist

$$D = \frac{v^2}{\beta} .$$

β ist der kinetische Koeffizient:

$$\beta = M \frac{\sqrt{v}}{d^{3/2}} ,$$

M = Konstante, d = Korndurchmesser.

Wenn die *innere Diffusion*, die die Geschwindigkeit des Stoffüberganges im Inneren des Kornes bestimmt, größeren Einfluß hat, gilt angenähert

$$D = \frac{M\, D_{\text{innen}}}{v^2} .$$

D_{innen} ist der Koeffizient der inneren Diffusion.

All das Obenerwähnte bezieht sich auf die Chromatographie eines Stoffes. Durch die Analysen von Gemischen einiger Stoffe mit der entwickelnden Gas-Chromatographie zeigte GLUECKAUF [10], daß noch vor Bildung einzelner Zonen bei krummliniger Isotherme und dem Fehlen zonenverbreiternder Faktoren eine völlige Trennung der Gemischkomponenten eintritt.

Gehen wir zur Abschätzung der Rolle verschiedener Faktoren und der Wahl optimaler Versuchsbedingungen bei der Entwicklungsmethode über.

Säulenlänge

Zwei in ihren Adsorptionseigenschaften ähnliche Komponenten haben die Henry-Koeffizienten G u. $(G + \Delta G)$ und die Adsorptionswärmen Q u. $(Q + \Delta Q)$.

Die Rückhaltezeit beträgt

$$t = \frac{L\,G}{v}\,.$$

Demnach folgt für den Abstand Δx zwischen den Komponenten:

$$\Delta x = \frac{L}{v}\,\Delta G\,\frac{v}{G} = L\,\frac{\Delta G}{G} = L\,\frac{\Delta Q}{R\,T}\,. \tag{6}$$

Da $G = A\,e^{Q/R\,T}$, ist $\Delta G = \frac{\Delta Q}{R\,T}\,A\,e^{Q/R\,T}$.

Aus Gleichung (6) folgt, daß

$$\mu = \sqrt{\frac{m\,Dt}{G}} = \sqrt{\frac{m\,DL}{v.}} \tag{7}$$

ist, wobei

$$m = 4\ln\frac{C_{\max}}{C}$$

ist. Somit kann für Komponenten mit sehr ähnlichen Adsorptionseigenschaften die Säulenlänge so gewählt werden, daß sich die Ungleichung $\Delta x > \mu$ erfüllt, d. h.

$$L > \frac{R^2\,T^2}{\Delta Q^2}\cdot\frac{m\,D}{v}\,. \tag{8}$$

Die Möglichkeit der Säulenverlängerung wird jedoch durch die Empfindlichkeit des Detektors begrenzt, weil sich mit verlängerter Trennsäule die Konzentration der Komponenten im Gasstrom verringert.

Schleppgasgeschwindigkeit

Gleichung (6) zeigt, daß Δx nicht von der Geschwindigkeit abhängt, aber aus Gleichung (7) geht hervor, daß die Zonenbreite μ durch D/v bestimmt wird. Hieraus folgt, daß v so gewählt werden muß, daß D/v möglichst klein ist.

Bei sehr kleinen Schleppgasgeschwindigkeiten charakterisiert der Diffusionskoeffizient die molekulare Längsdiffusion, er hängt nicht von der Schleppgasgeschwindigkeit ab. Es erscheint unzweckmäßig, bei kleinem v zu arbeiten, da dann die Zonenverbreiterung groß ist.

Bei zu großer Schleppgasgeschwindigkeit charakterisiert der Diffusionskoeffizient D beim Vorhandensein der Strömung die spezifische Diffusion im körnigen Körper und ist proportional v, da der Stoffübergang aus der strömenden Gasphase mit der Beziehung $D \sim v\,d$ beschrieben wird. Offenbar hängt in diesem Bereich die Zonenverbreiterung nicht von der Geschwindigkeit v ab.

Bei noch größeren Schleppgasgeschwindigkeiten beginnt die Endlichkeit der Adsorptionskinetik wirksam zu werden, und $\frac{D}{v}$ wird für die äußere Diffusion proportional $\sqrt{v}$ und für die innere proportional v.

Somit müssen für die Adsorptions-Gas-Chromatographie Geschwindigkeiten gewählt werden, die der hydrodynamischen Vermengung Rechnung tragen. Für die Gas-Chromatographie liegen die entsprechenden Geschwindigkeiten bei 1 bis 2 cm/sec.

Adsorbensauswahl

Aus Gleichung (7) geht hervor, daß die Zonenverbreiterung nicht vom Adsorptionskoeffizienten abhängig ist. Deshalb muß die Adsorbenswahl mit dem Ziel der Erhöhung von Δx durchgeführt werden. Gleichung (6) zeigt, daß die Adsorbensoberfläche, die den Wert der Adsorptionskonstante A bestimmt, den Abstand zwischen den Komponenten nicht beeinflußt. Deshalb ist die Vergrößerung des Adsorptionsvolumens durch Oberflächenvergrößerung nachteilig da sie zur Verlängerung der Rückhaltezeiten führt.

Aus Gleichung (6) folgt ebenfalls, daß der Unterschied der Adsorptionswärmen der Komponenten den Abstand zwischen den Komponenten bestimmt. Deshalb ist es zur Erreichung einer besseren Trennung sinnvoll, höhere Werte der Adsorptionswärme zu schaffen, da $\Delta Q \sim Q$. Unter der Voraussetzung, daß A für alle Komponenten gleich ist, ergibt sich als Schlußfolgerung aus Gleichung (6), daß der Unterschied in der Adsorbierbarkeit nur durch die Adsorptionswärme bestimmt wird. Diese Annahme ist aber nicht immer gerechtfertigt. Offensichtlich ist das Entscheidende für die Anwendung eines Adsorbens seine Spezifität, die am deutlichsten in ΔQ hervortritt. So gelingt zum Beispiel die Trennung gesättigter und ungesättigter Kohlenwasserstoffe (Propan/Propylen) auf Aktivkohle infolge ähnlicher Adsorptionswärmen nicht, aber auf Silikagel wird diese Trennung infolge der Wechselwirkung der ungesättigten Verbindungen mit spezifischen Adsorptionszentren erreicht.

Alle Betrachtungen beziehen sich auf den Fall linearer Isothermen. Bei der Wahl des Adsorbens muß man berücksichtigen, daß die Krummlinigkeit der Isothermen eine weitere Zonenverbreitung hervorruft.

Korngröße des Adsorbens

Da der Abstand Δx [vgl. Gleichung (6)] nicht vom Teilchendurchmesser des Adsorbens abhängig ist, müssen bei der Wahl der Korngröße nur Gleichung (7) und der Strömungswiderstand berücksichtigt werden. Bei Molekulardiffusion ist $D \neq \Phi(d)$, folglich kann bei sehr kleinen Geschwindigkeiten der Durchmesser zur Verringerung des Strömungswiderstandes größer gewählt werden. Bei spezifischer Vermischung der Zonen ist im körnigen Material $D \sim d$, beim Phasenübergang ohne innere Diffusion $D \sim d^{3/2}$ und mit innerer Diffusion $D \sim d^2$. Folglich tritt mit zunehmender Geschwindigkeit eine größere Zonenverbreiterung ein. Das muß bei der Wahl der Korngröße im Zusammenhang mit den Bedingungen der Aufgabe berücksichtigt werden.

Geometrie der Trennsäule

Es ist wichtig festzustellen, in welcher Form bei der Gas-Chromatographie das gegebene Adsorbensvolumen am rationellsten angewandt wird. Bei Beibehaltung der zylindrischen Form kann man das Verhältnis der Säulenlänge zum Durchmesser variieren. Es erhebt sich die Frage, ob die Anwendung eines sich ändernden Querschnittes zweckmäßig ist. Gleichzeitig mit den chromatographischen Kriterien ist dabei der Strömungswiderstand zu berücksichtigen. In zylindrischen Säulen wird der Widerstand mit der Erhöhung von $\frac{L}{S}$ anwachsen (S ist die Querschnittfläche).

Beim Fehlen der Längsdiffusion und bei festgelegter Volumengeschwindigkeit sind alle gas-chromatographischen Prozesse von der Säulenform unabhängig und werden nur vom Volumen der Adsorbensfüllung bestimmt. Demnach empfiehlt es sich auf Grund der auftretenden Strömungswiderstände, den Querschnitt der Trennsäule groß zu wählen. Für die innere Diffusionskinetik wächst jedoch die Adsorptionsgeschwindigkeit β mit der Strömungsgeschwindigkeit. Deshalb ist die Zonenverbreiterung in schmalen Säulen kleiner und von diesem Gesichtspunkt aus die Anwendung dünner Trennsäulen zweckmäßiger. Zu einem ähnlichen Ergebnis führt die Berücksichtigung der Längsdiffusion. Der Abstand zwischen den Zonen ist in der dünnen Säule um so viele Mal größer, als die Fläche der dünnen Säule kleiner ist als die der breiten. Die Zonenverbreiterung wirkt in der dünnen Säule auf das Trennvermögen weniger störend als in der breiten Säule, da die Zonenbreite im Verhältnis zum Abstand zwischen der Zonen langsamer anwächst. Zur wünschenswerten Senkung des Strömungswiderstandes verwendet man zweckmäßig konische Säulen, in denen das Schleppgas vom dünnen zum dicken Ende strömt. Infolge des Wandeffektes ist die Anwendung dünner Adsorptionssäulen vorteilhaft. Bei gekrümmter Isotherme spielt der Wandeffekt eine wesentlich kleinere Rolle als bei linearer Isotherme, da in diesem Falle kleine Konzentrationen zurückgehalten werden.

Temperatureinflüsse

Aus Gleichung (7) geht direkt hervor, daß die Zonenverbreiterung praktisch nicht von der Temperatur abhängt. Im Bereich der molekularen Diffusion ist $D \sim \sqrt{T}$, aber im intensiverem Bereich der spezifischen hydrodynamischen Vermischung ist D keine Funktion von T. Der Abstand zwischen den Zonen in der Säule ist entsprechend Gleichung (6) der absoluten Temperatur umgekehrt proportional, weshalb zweckmäßig niedrige Temperaturen angewendet werden. Die relative Änderung der absoluten Temperaturen ist jedoch meist sehr gering, und die Trennung hängt praktisch kaum von der Temperatur ab.

Rolle des Detektors

Das oben angeführte Analysenbeispiel veranschaulicht den Trennvorgang der Komponenten auf der Trennsäule. Bei der Gas-Chromatographie ist die Elutionskurve das Kriterium der Trennung. In der Elutionskurve vergrößert sich der Abstand Δx bis zu einem Abstand $\Delta \Omega$. Ω ist das Volumen des durchgelassenen Schleppgases pro 1 cm^3 Adsorbens in der Säule.

$$\Delta \Omega = v\, \Delta t = G\, \Delta x\, .$$

Auf diese Art spielt der Detektor die Rolle einer *Lupe*, die alle Abstände um das G-fache vergrößert. Die Hauptcharakteristika des Detektors sind seine Empfindlichkeit und sein Meßkammervolumen. Wenn die Temperatur am Säulenende niedrig ist, so wird der Abstand zwischen den Komponenten groß sein, und der Detektor kann ein größeres Meßkammervolumen haben, muß aber größere Empfindlichkeit zeigen, da die Konzentration der Komponenten gering sein wird. Bei hoher Austrittstemperatur hat man das umgekehrte Bild. Wir stellen somit fest, daß die Temperaturveränderung während der Analyse zu spezifischen Effekten führen wird. Auf diese wird weiter unten noch näher eingegangen.

Besonderheiten der Verteilungs-Gas-Chromatographie

Die obigen Schlußfolgerungen behalten auch für die Verteilungs-Gas-Chromatographie [11, 12] ihre Gültigkeit. Dabei treten jedoch neue Besonderheiten auf, die mit dem mechanischen Prozeß zusammenhängen. Für die Auswahl der Säulenfüllung hat die Verteilungs-Gas-Chromatographie zusätzliche Möglichkeiten, da verschiedene Trennflüssigkeiten und Trägermaterialien verwendet werden können. Dabei muß zur Aufrechterhaltung der Linearität der Adsorptions-Isothermen der Träger frei von Mikroporen sein, aber eine genügende Makroporosität aufweisen, um eine schnelle Diffusion in der Trennflüssigkeit zu gewährleisten. Die Trennflüssigkeit muß so gewählt werden, daß ein Maximalwert für ΔQ auftritt. Dazu können solche Eigenschaften, wie Polarität und Fähigkeit zur Komplexbildung ausgenützt werden. Zum Unterschied von der Adsorptions-Gas-Chromatographie wird bei der Verteilungs-Gas-Chromatographie die Adsorptionsgeschwindigkeit hauptsächlich durch die innere Diffusion bestimmt. Deshalb ist es zweckmäßig, neben makroporösem Trägermaterial eine optimale Menge an Trennflüssigkeit mit geringer Viskosität einzusetzen.

Der Diffusionskoeffizient D in der Gleichung (7) ist für die Verteilungs-Gas-Chromatographie eine fiktive Größe, die umgekehrt proportional dem Koeffizienten der inneren Diffusion ist. Da sich mit dem Temperaturanstieg auch der Koeffizient der inneren Diffusion erhöht, wächst mit einer Temperaturerniedrigung die Zonenbreite. Hieraus folgt, daß man zum Unterschied von der Adsorptions-Gas-Chromatographie die Verteilungs-Gas-Chromatographie bei höheren Temperaturen betreiben soll.

Nach dem oben Dargelegten muß man bei der Verteilungs-Gas-Chromatographie infolge Linearität der Adsorptionsisothermen mit der Gefahr des Wandeffektes rechnen und Trennsäulen mit kleinem Querschnitt verwenden. Unter der Bedingung der inneren Diffusion ist der Koeffizient D in der Gleichung (7) proportional dem Quadrat der Geschwindigkeit und die Erhöhung der Geschwindigkeit führt zu starker Zonenverbreiterung. Folglich muß bei der Verteilungs-Gas-Chromatographie mit kleinen Schleppgas-Geschwindigkeiten gearbeitet werden.

Kriterien für die Trennung

Die oben angeführten theoretischen Begriffe müssen als Basis für die Wahl rationeller Größen der experimentellen Parameter dienen. Die Auswahl muß jedoch jedesmal auf der Basis spezieller Versuche getroffen werden. Für die Auswertung ihrer Ergebnisse ist ein Kriterium zu erarbeiten, das die Beurteilung der Leistung der Trennsäule ermöglicht. Es müssen solche Parameter der Elutionskurve gewählt werden, die direkt die Reinheit der Fraktionen bestimmen. Welcher Parameter den bestimmenden Einfluß ausübt, ist von Fall zu Fall verschieden und hängt von dem Trennungsgrad ab. Bei einer *guten* Trennung der Komponenten wird die Größe des Konzentrationsminimums ($C_{\min}$) wesentlich kleiner sein als die der Maxima ($C_{\max}$). Die Trennung wird charakterisiert durch den Abstand zwischen den Komponenten $h = \Delta x$ und durch die Zonenbreiten μ_1, μ_2 und μ_3. Wenn $C_{\max}$ der Elutionskurve von ähnlicher Größe ist wie $C_{\min}$, so werden diese Größen die Trennung charakterisieren. Beim Fehlen eines Minimums muß der Trennungsgrad auf Grund der Form der Elutionskurven charakterisiert werden. Da das Charakteristikum des Reinheitsgrades einer Fraktion $\delta = \frac{q_2}{q_1}$ eine dimensionslose Größe ist, muß ein dimensionsloses Kriterium gefunden werden, das davon abhängen kann. Als erstes dieser Kriterien kann für den Fall einer *guten* Trennung

$$K_1 = \frac{h}{\mu_1 + \mu_2} \tag{9}$$

gelten.

Unter der Annahme, daß die Konzentrationsverteilung in der Zone durch Gleichung (7) beschrieben wird, kann daraus leicht der Zusammenhang zwischen δ und K_1 aufgedeckt werden.

$$\delta = \frac{1}{4\sqrt{\pi}} K_1 e^{-4K_1^2}$$

In einer Reihe Arbeiten [13, 14] werden analoge Kriterien auf der Basis der Konzeption *theoretischer Böden* vorgeschlagen. Zweckmäßig erschien uns eine Schlußfolgerung auf der Basis physikalischer Parameter, die mit der Statistik und Kinetik der Adsorption und der Längsdiffusion verbunden sind.

Im zweiten der obengenannten Fälle, d. h. bei schlechterer Trennung, ist es zweckmäßiger, als Kriterium K_2 einzuführen.

$$K_2 = \frac{C_{\max 1} + C_{\max 2}}{C_{\min}}, \tag{10}$$

wobei $C_{\max 1}$ und $C_{\max 2}$ Konzentrationen der Komponenten im Maximum und $C_{\min}$ die Konzentration im Minimum sind [15].

In der angeführten Näherung zwischen δ und K_2 gilt folgende Beziehung:

$$\frac{1}{\delta} = \frac{1}{1 - \Phi\sqrt{\ln K_2}} - 1 .$$

Φ ist die Krampsche Funktion.

Beim Fehlen eines mit dem Detektor meßbaren Konzentrationsminimums kann auf der Elutionskurve der Trennungsgrad nach einer der zwei dargelegten Formen ermittelt werden.

Es läßt sich leicht nachweisen, daß bei kleinem h-Wert

$$\ln \frac{C_{\max}}{2\,C} = S\,x^2 \left(1 - \frac{h}{x}\right).$$

Aus der Abweichung von der gradlinigen Abhängigkeit zwischen $\ln \frac{C_{\max}}{2\,C}$ und x^2 können h und das Kriterium K_1 berechnet werden. Die Abweichung von der Gaußschen Verteilung kann noch wie folgt charakterisiert werden: Wenn zwei Punkte auf der Elutionskurve mit den Konzentrationen C_1 und C_2 gewählt werden, die in einer bestimmten Beziehung zu $C_{\max}$ bestehen, so darf sich das Verhältnis der Zonenbreiten zur Aufrechterhaltung der Gaußschen Kurve nicht verändern. Die Abweichung von dieser Konstanz wird den Trennungsgrad charakterisieren.

Von Interesse ist der Zusammenhang zwischen den Größen der eingeführten Kriterien und den Versuchsparametern für die verschiedenen Varianten der Gas-Chromatographie.

Für die entwickelnde Gas-Chromatographie gelten folgende Beziehungen:

$$K_1 = \frac{\Delta Q}{4\,R\,T}\sqrt{\frac{L\,v}{D}}\,; \qquad K_2 = e^{K_1^2}.$$

Offenbar sind hohe ΔQ- und L-Werte, aber kleine D/v- und T-Werte nötig, um hohe Werte der Trennungskriterien zu erhalten. Aus den angeführten Gleichungen geht ebenso hervor, daß große K_2-Werte weniger von einer guten Trennung zeugen als große K_1-Werte.

K_2 kann Werte von 2 bis ∞ und K_1 von 0 bis ∞ annehmen; wenn $K_1 < {}^1/_2$ ist, hat die Anwendung von K_1 keinen praktischen Sinn. Die Trennungskriterien, insbesondere K_2, geben auch den quantitativen Fehler der Analyse des Gemisches an, der auf der Unvollständigkeit der Auftrennung beruht.

Betrachten wir die Bestimmungsmethode für die Zusammensetzung nach dem Wert der Maximalkonzentration: Wenn die Vermischung nicht mit der Krummlinigkeit der Isotherme zusammenhängt, gilt für die Entwicklungsmethode und für die Thermo-Gas-Chromatographie $C = C_{\max}\,e^{-S x^2}$.

Der Anteil der zweiten Komponente Δ in bezug auf die Konzentration der ersten im Konzentrationsmaximum der ersten Komponente wird durch die Größe $e^{-S(\Delta x)^2}$ dargestellt, da $K_2 = e^{-S(\Delta x^2/2)}$ und

$$\Delta = \sqrt[4]{\frac{1}{K_2}}$$

ist.

Wenn das Vorhandensein einer fremden Komponente im Maximum durch die Krummlinigkeit der Isotherme hervorgerufen wird, so liegt das Minimum nahe dem Maximum, und es gilt deshalb:

$$\Delta = \frac{1}{K_2}.$$

Verschiedenen Einflüssen wird durch den Exponenten n Rechnung getragen, indem geschrieben wird $\Delta = \left(\frac{1}{K_2}\right)^n$, worin $1 > n > 1/4$ ist. Es ist nicht schwer, den Zusammenhang der Größe Δ für den gegebenen Fall mit den Konstanten der Langmuirschen Isotherme $\left(a = \frac{g \cdot C}{1 + b\, g \cdot C}\right)$ festzustellen.

$$\Delta = 1 - \frac{1}{b\,C}\left(\frac{1}{g_1} - \frac{1}{g_2}\right).$$

Alle Formeln sind für den Fall richtig, daß sich die Konzentrationen der benachbarten Komponenten kaum voneinander unterscheiden.

Es ist zweckmäßig, den Wert von K_2 bei verschiedenen Konzentrationen in den Maxima der Zonen zweier Komponenten (m) für die gegebene Fehlergröße Δ zu bestimmen.

$$K_2 = \frac{m+1}{2}\sqrt[4]{\frac{m}{\Delta}} \cdot \sqrt{m} \cdot e^{\frac{(\ln m)^2}{4 \ln m/\Delta}}.$$

So ist zum Beispiel bei $\Delta = 0{,}01$ und $m = 1$ $K_2 = 3{,}16$ und bei $m = 10$ beträgt K_2 schon 12.

THERMO-GAS-CHROMATOGRAPHIE

In einer Reihe von Arbeiten [16, 17] wird ein von der Zeit unabhängiges Temperaturfeld empfohlen. Es zeigt sich aber, daß damit keine wesentliche Neuerung erreicht wird. Entsprechend Gleichung (6) ist

$$\Delta x = L \frac{\Delta Q}{R}\left(\frac{\bar{1}}{T}\right).$$

$\frac{\bar{1}}{T}$ ist der mittlere Kehrwert der absoluten Temperatur.

Dieselben Ergebnisse erzielt man auch einfacher, indem man längs der Trennsäule eine mittlere Temperatur einstellt. Wesentliche neue Effekte werden in der Thermo-Gas-Chromatographie erreicht, die eine Verbindung der Entwicklungsmethode mit einem in Zeit und Raum sich veränderndem Temperaturfeld darstellt. Es muß zwischen stationärer und nichtstationärer Thermo-Gas-Chromatographie unterschieden werden.

Stationäre Thermo-Gas-Chromatographie

Das Temperaturfeld ist in diesem Falle eine sich mit irgendeiner Geschwindigkeit bewegende Wärmewelle. Dabei stimmt die Bewegungsrichtung des Schleppgases mit dem Temperaturgraduenten überein.

Schon früher [18—20] wurde gezeigt, daß jede Komponente innerhalb der Temperaturwelle eine bestimmte Lage einnimmt, die ihrer sogenannten chrakteristischen Temperatur entspricht. Zum Unterschied von anderen chromatographischen Methoden werden die Adsorbatzonen bis zu einer konstanten Breite zusammengedrückt, die von der Adsorptionsisotherme und den zonenverbreiternden Faktoren [21, 22] abhängt. Betrachten wir den Abstand Δx zwischen den Maxima auf der Elutionskurve und die Zonenbreite μ. Der Einfachheit halber beschränken wir uns auf den Fall des linearen Temperaturanstieges mit einem Graduenten γ.

Dann ist

$$\Delta x = \frac{\Delta T}{\gamma} .$$

ΔT ist der Unterschied der charakteristischen Temperaturen ($T_{\text{char.}}$):

$$T_{\text{char.}} = -\frac{Q}{R \ln A \eta}, \qquad \eta = \frac{w}{v} .$$

w ist die Geschwindigkeit des Temperaturfeldes.

Durch Variieren des Graduenten oder der Ofenlänge bei für beide Enden festgelegten Temperaturen kann die Trennung beliebig naher Komponenten erreicht werden.

Wesentlich ist, daß während der Zeit, da Δx proportional der Ofenlänge ist, die Zonenbreite bei linearer Isotherme proportional $\sqrt{L_{\text{Ofen}}}$ ist. Tatsächlich [18] gilt $\mu = 2\sqrt{\frac{Dm\, R\, T^2}{2\, v\, Q\, \gamma}}$. Folglich kann durch die Wahl eines genügend kleinen γ-Wertes (große Ofenlänge) die Trennung beliebig naher Stoffe erreicht werden.

Die oben eingeführten Kriterien K_1 und K_2 sollen durch die Versuchsparameter der stationären Thermo-Gas-Chromatographie ausgedrückt werden. Wie leicht abzuleiten ist, gelten die Beziehungen

$$K_1 = \frac{1}{4\sqrt{2}} \cdot \frac{\Delta Q}{\sqrt{Q}} \cdot \frac{1}{\sqrt{\frac{D}{v} \cdot R \gamma}} ; \qquad K_2 = e^{4 K_1^2} .$$

Bei kleinen Werten des Graduenten tritt der stationäre Zustand nur sehr langsam ein. Die Zeit bis zum Eintritt der stationären Verteilung sei Relaxationszeit genannt, d. h., als Relaxationszeit ($t_{\text{Rel.}}$) wird die Zeit bezeichnet, nach der sich die Zone in einem Abstand ($1/\sigma$) von der charakteristischen Lage befindet. Dieser Abstand entspricht der charakteristischen Länge, auf der der Adsorptionskoeffizient um das e-fache anwächst.

Demnach ist:

$$t_{\text{Rel.}} = -\frac{R\, T_0^2}{Q\, w\, \gamma} \ln \frac{B}{e-1} . \tag{11}$$

Hier wird B durch das Anfangsstadium der Zone bestimmt.

$$\frac{Q \gamma}{R\, T_0^2} = \sigma .$$

Im allgemeinen waren bei thermo-gas-chromatographischen Analysen $w = 3$ cm/Min., $\sigma = 0{,}1\ \mathrm{cm}^{-1}$; die Relaxationszeit $t_{\mathrm{Rel.}}$ betrug einige Minuten.

Aus der Gleichung (11) geht jedoch hervor, daß die Relaxationszeit dem Temperaturgraduenten umgekehrt proportional ist. Folglich kann bei Verlängerung des Ofens um das 10fache die Relaxationszeit 10 Minuten und mehr betragen, und die Komponenten bleiben unter ihren charakteristischen Temperaturen. Das muß bei der Wahl der Säulenlänge berücksichtigt werden, damit die Säulenlänge im Vergleich zur Ofenlänge groß genug ist. Bei einem Graduenten von 3°/cm darf die Säulenlänge nicht unter 20 cm liegen.

Vergleichen wir die stationäre Therm-Gas-Chromatographie mit der entwickelnden Gas-Chromatographie bei linearen Isothermen: Der Abstand zwischen den Konzentrationsmaxima der Zonen wird bei der stationären Thermo-Gas-Chromatographie immer größer sein. In der stationären Thermo-Gas-Chromatographie bewegt sich die besser adsorbierbare Komponente bei höheren Temperaturen als die schlechter adsorbierbare. In der entwickelnden Gas-Chromatographie tritt eine Vermischung der Zonen auf, durch die die Konzentration der Komponenten verringert und ihre Registrierung durch den Detektor erschwert wird. Die Thermo-Gas-Chromatographie hat gegenüber der entwickelnden Methode für die Trennung einer großen Anzahl Komponenten bedeutende Vorzüge, besonders wenn diese in kleinen Konzentrationen vorliegen. Ein wichtiger Vorteil der stationären Thermo-Gas-Chromatographie liegt in der Möglichkeit, auf ihrer Basis eine kontinuierliche Gemischtrennung [20] zu verwirklichen.

Nichtstationäre Thermo-Gas-Chromatographie

Von Interesse sind die Forderungen, die an das Temperaturfeld gestellt werden müssen, um ein maximales Trennvermögen zu erzielen. Ein von der Zeit unabhängiges Temperaturfeld bringt gegenüber der isothermen entwickelnden Gas-Chromatographie keinerlei Vorteile. Das gleiche gilt für die Anwendung eines Temperaturfeldes, das zwar mit der Zeit anwächst, aber vom Abstand unabhängig ist.

Möge $T = T_0 + \mu t$ sein, so ist $G = G_0 e^{-\sigma_1 t}$, wobei $\sigma_1 = \dfrac{Q \mu}{R T_0^2}$.

Durch die Lösung der Gleichung

$$\frac{dx}{dt} = \frac{v}{G(t)},$$

erhalten wir

$$x = \frac{v t}{G} + \frac{v \sigma_1}{2 G} \cdot t^2 .$$

Das zweite Glied beschreibt die spezifische Beschleunigung, die dank dem Ansteigen der Säulentemperatur entsteht. Aus dieser Gleichung ist leicht zu erhalten:

$$\frac{\Delta x}{x} = \frac{\Delta Q}{R T_0}\left(1 - \frac{\sigma_1 \cdot G L}{2 v} \cdot \frac{R T}{Q}\right). \tag{12}$$

In Übereinstimmung mit der obigen Betrachtung der isothermen entwickelnden Analyse verringert sich infolge des Temperaturanstieges der Abstand zwischen den Zonen. Abgesehen davon gestattet die mit der Zeit ansteigende Temperatur die Trennung einer großen Anzahl verschiedener Komponenten. Deshalb bietet, wie weiter unten gezeigt wird, die Anwendung einer solchen Art praktische Vorteile, obwohl sie zur Verringerung des Trennvermögens führt.

Daß nicht beide Arten von Temperaturfeldern den Effekt verbesserten Trennvermögens geben, ist darin begründet, daß im zweiten Falle sämtliche Komponenten auch alle Temperaturen durchlaufen. Der Effekt eines verbesserten Trennvermögens tritt auf, wenn jede Komponente bei einer bestimmten Temperatur lokalisiert wird. Ein größeres Trennvermögen im Vergleich zur entwickelnden Methode ist erreichbar, wenn die besser adsorbierbaren Komponenten sich bei geringerer Temperatur bewegen können und dadurch noch langsamer wandern.

In der Methode der Adsorptionsbremsung [23] bewegt sich die Welle mit einem *Rückgraduenten* in Strömungsrichtung. Das führt zur Gefahr des *Gefrierens* der Komponenten und zur Notwendigkeit der mehrfachen Rückkehr des Ofens.

Die Trennungsmethode der Anwendung des Rückgraduenten und der der Strömungsrichtung entgegengesetzten Bewegung wurde untersucht und beurteilt. In diesem Falle unterliegen alle Komponenten der Wirkung hoher Temperaturen.

Betrachten wir die Theorie des Prozesses: Es kann nachgewiesen werden, daß bei linearem Temperaturanstieg im Ofen die Bewegung des Ofens den Veränderungen des Adsorptionskoeffizienten entsprechen wird, was die Gleichung

$$G = G_0\, e^{-\sigma(x+wt)}$$

ausdrückt.

Die Vorzeichen entsprechen hier der Geschwindigkeitsrichtung von w und dem Temperaturgraduenten:

$$\frac{dx}{dt} = \frac{v}{G_0\, e^{-\sigma x} \cdot e^{-\sigma w t}} .$$

Durch Integrieren erhalten wir:

$$1 - e^{-\sigma x} = \frac{1}{\eta\, G_0} \left(e^{\sigma w t} - 1\right) .$$

Die Zerlegung in eine Reihe und die Annahme, daß σ_x und $\sigma\, w\, t$ klein sind, liefert

$$x = \frac{v}{G_0} t + \frac{\sigma\, w^2 t^2}{2\, \eta\, G_0} \left(1 + \frac{1}{\eta\, G_0}\right) . \tag{13}$$

Da $\eta \cdot G_0 \gg 1$, erhält man durch das Aufschieben des hohen Temperaturbereichs auf die Zone der Komponenten für diese eine Beschleunigung von

$$y = \frac{w\, v\, \sigma}{\eta\, G_0} .$$

Diese Beschleunigung, die von der Adsorbierbarkeit abhängig ist, führt zur Verbesserung der Trennung.

Experimentelle Stützung der Theorien[1])

Die Rolle des Adsorbens bei der entwickelnden Gas-Chromatographie ist aus Abbildung 1.1 ersichtlich. Der Austausch des Silikagels (b) durch Alumogel (a) führt zur Verschlechterung der Propylen/Butan-Trennung, aber ermöglicht die Abtrennung des Isobutans vom Butan. Diese erfolgt unabhängig davon, daß die Säulenlänge mit Silikagel 350 cm und mit Alumogel 205 cm beträgt und das Adsorptionsvolumen des Alumogels wesentlich niedriger ist als das des Silikagels.

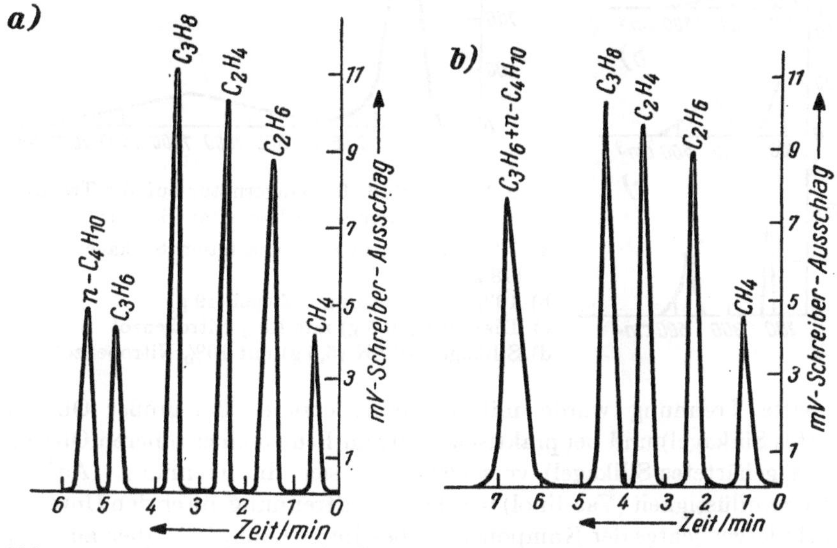

Abb. 1.1 a und b. Rolle des Adsorbens in der entwickelnden Gas-Chromatographie
a — Alumogel; b — Silikagel

TABELLE 1

Trennung des Methan/Äthan-Gemisches

Adsorbens = Al_2O_3; Säulenquerschnitt = 0,125 cm²; v = 240 cm/Min.

L (cm)	Δx (cm)	$\mu_1 + \mu_2$ (cm)	K_1	$K_1/\sqrt{L}$
320	100	27	3,7	2,0
640	240	45	5,3	2,0
960	420	63	6,6	2,1

In Tabelle 1 ist der Einfluß der Säulenlänge auf die Trennung eines Methan/Äthan-Gemisches dargestellt; ein Verlängern der Trennsäule führt zur Erhöhung von Δx, aber die Größe $K_1/\sqrt{L}$ bleibt in Übereinstimmung mit der Theorie so gut wie konstant.

[1]) An den experimentellen Arbeiten waren beteiligt: Schwarzmann, W. P., Porschnewa, N. W., Latuchowa, A. G., Kantschewa, O. A., Karymowa, A. J.

Für die Verteilungs-Gas-Chromatographie sind in den Abbildungen 1.2, 1.3 und 1.4 die Rolle des Trägers und der Trennflüssigkeit und ihre Beziehungen dargestellt.

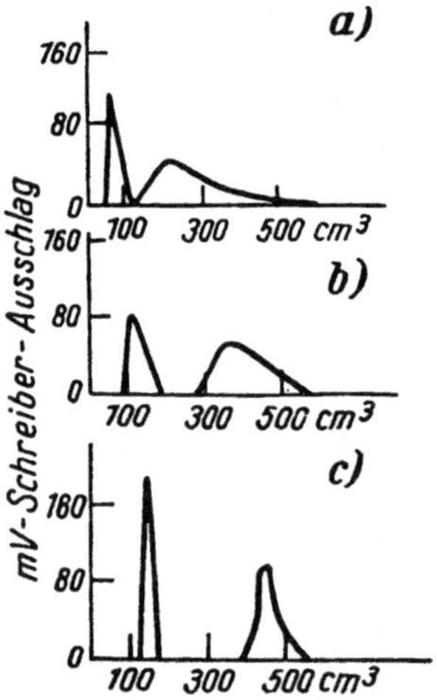

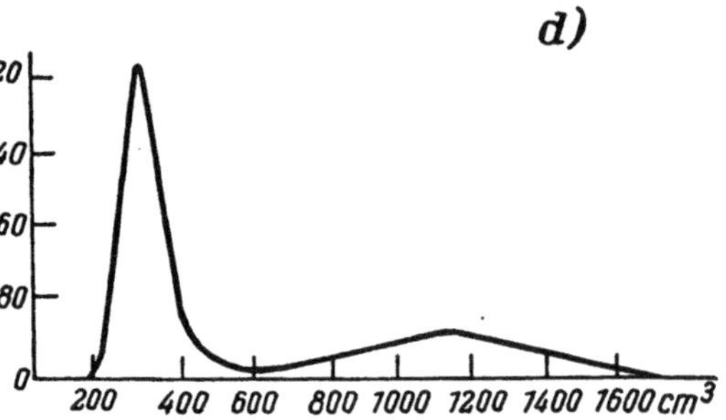

Abb. 1.2. Einfluß der Trägernatur auf die Trennung des Gemisches Isopentan-Hexan:
a) 7% Nitrobenzol auf gehärtetem Silikagel SchSK (18 g)
b) 10% Nitrobenzol auf Ziegel (19 g)
c) Diatomit (10,5 g) mit 10% Nitrobenzol
d) Silikagel SchSK (5,5 g) mit 10% Nitrobenzol

Die beste Trennung wurde mit Diatomit erzielt. Bei großer Oberfläche (aktiviertes Silikagel) und bei praktisch völligem Fehlen einer inneren Oberfläche (inaktives gehärtetes Silikagel) verschlechterte sich die Trennung. Auf nichtpolarer Trennflüssigkeit (Vaselinöl) wurde die Auftrennung durch den Unterschied des Molekulargewichtes der Komponenten bestimmt (Abb. 1.3), aber auf polarer Trennflüssigkeit (Dibutylphthalat) erhalten die strukturellen Charakteristika

TABELLE 2

Trennung von Propan/Isopentan-Gemischen

Adsorbens = Al_2O_3, 16,6 g; Säulenlänge = 205 cm; Säulenquerschnitt = 0,12 cm²; v = 333 cm/Min.

Gemisch-Komponente	Versuchs-tempe-ratur °C	Berg-höhen (Skalen-teile)	Rückhalte-volumen auf 1 cm² Querschnitt Vg (cm)	Zonen-breite η (cm)	Abstand zwischen den Maxima Δx (cm)	K_1	$\frac{\mu}{V_g}$
Propan	72	9,8	549,4	70,0	1058,6	5,2	0,12
Isopentan		14,6	1638,3	136,5			
Propan	57	8,3	749	99,9	1815	5,4	0,13
Isopentan		6,8	2584	236			
Propan	45	4,4	1009	126	3789	5,5	0,12
Isopentan		2,3	4802	552			
Propan	27	3,1	1622	236	12745	6,0	0,14
Isopentan		0,85	14376	1586			

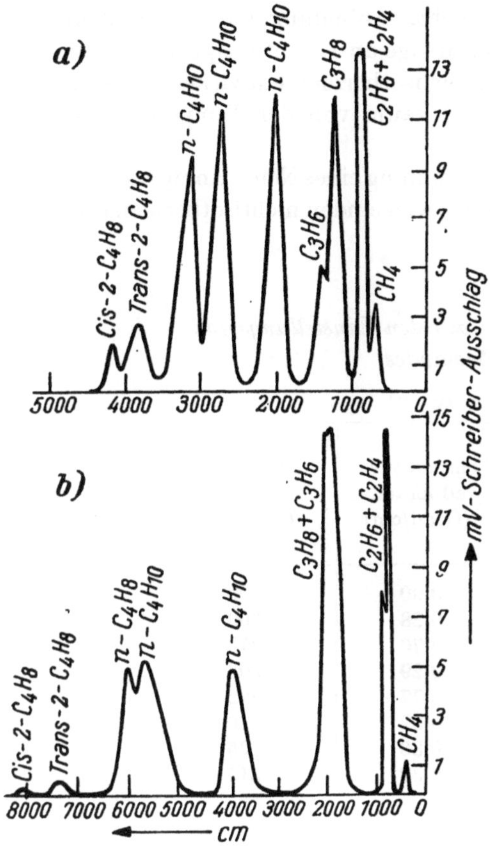

Abb. 1.3

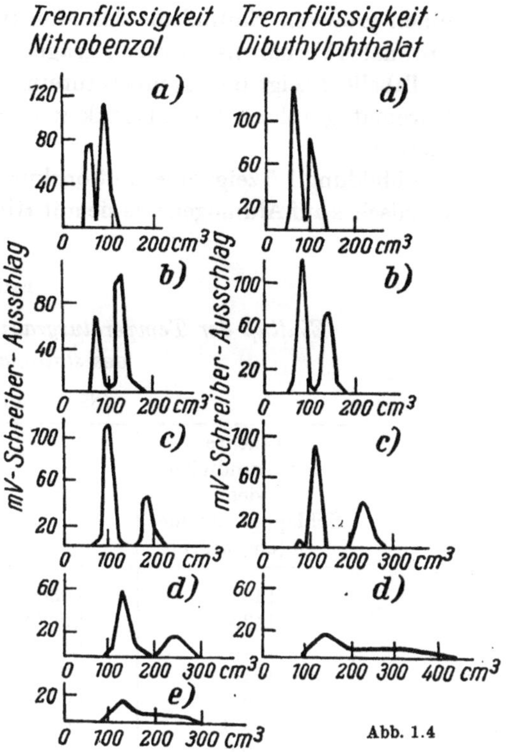

Abb. 1.4

Abb. 1.3. Trennung auf polarer (a) und nichtpolarer (b) Trennflüssigkeit

Abb. 1.4. Einfluß der Trennflüssigkeitsmenge auf die Trennung des n-Butan/Isopentan-Gemisches a—e — entsprechen 10; 30; 50; 80 und 100% Trennflüssigkeit

Abb. 1.5. Trennung neunkomponentiger Gemische auf Alumogel

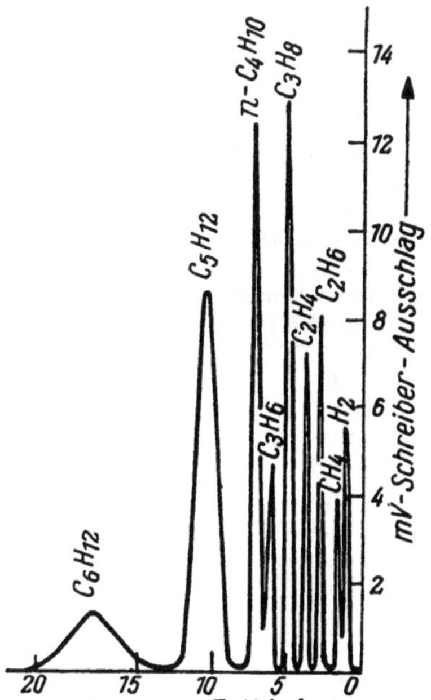

Abb. 1.5

einen größeren Einfluß als das Molekulargewicht. Abbildung 1.4 zeigt, daß ein optimales Verhältnis zwischen Träger und der Menge an Trennflüssigkeit besteht.

Tabelle 2 zeigt den Temperatureinfluß bei der isothermen entwickelnden Gas-Chromatographie. Das Hauptkriterium K_1 ist kaum von der Temperatur abhängig.

Abbildung 1.5 zeigt eine Elutionskurve der Trennung eines Neun-Komponenten-Gemisches auf Alumogel, wie sie mit Hilfe der entwickelnden nichtisothermen Gas-

TABELLE 3

Einfluß der Temperaturgraduenten auf den Einstellungsgrad des stationären Zustandes

(Säulenlänge $L = 10$ cm)

Lineare Geschwindigkeit des Schleppgasstromes v (cm/Min.)	η	Temperaturgraduenten γ (Grad/cm)	Maximale Temperatur T_{max} (°K)
143,0	0,0380	0,90	309
143,0	0,0380	0,28	300
112,5	0,0480	0,70	313
112,5	0,0480	0,29	303
75,0	0,0725	0,77	322
75,0	0,0725	0,32	310
60,0	0,0405	0,86	325
60,0	0,0405	0,32	315

TABELLE 4

Einfluß der Säulenlänge auf den Einstellungsgrad des stationären Zustandes

Lineare Geschwindigkeit des Schleppgasstromes v (cm/Min.)	η	Temperaturgraduent (Grad/cm)	Säulenlänge L (cm)	Maximale Temperatur T_{max} (°K)
143	0,0380	0,87	78,5	330
143	0,0380	0,72	41	327
143	0,0380	0,90	10	309
112,5	0,0481	0,82	78,5	338
112,5	0,0481	0,83	41	333
112,5	0,0481	0,70	10	313
75	0,0725	0,91	78,5	325
75	0,0725	0,87	41	348
75	0,0725	0,80	10	322
43	0,1260	1,24	78,5	382
43	0,1260	1,05	41	375
43	0,1260	0,85	10	395

Chromatographie erhalten wurde. Es wird eine gute Trennung des Wasserstoffs, gesättigter und ungesättigter Kohlenwasserstoffe bis einschließlich Hexan beobachtet.

Aus den Tabellen 3 und 4 ist der Einfluß der Säulenlänge und des Temperaturgraduenten auf die Relaxationszeit bei stationärer Thermo-Gas-Chromatographie zu ersehen.

Trennungsbedingungen: Trennsäule: Diatomit als Adsorbens mit einem Zusatz von 30% Vaselinöl; $d = 0{,}25$ bis 0,5 mm; Säulenquerschnitt 1,33 cm²; $w = 5{,}44$ cm/Min.; Probenmenge: 25 cm³ Heptan/Luft-Gemisch, Anfangskonzentration $c_0 = 3\%$.

Aus Tabelle 3 geht hervor, daß bei Erhöhung des Temperaturgraduenten T_{max} größer wird. Da sich der Stoff aus dem Bereich niedriger Temperaturen in den für ihn charakteristischen Temperaturbereich bewegt, wird bei kleineren Graduenten der stationäre Zustand langsamer erreicht.

Tabelle 4 zeigt, daß mit Erhöhung der Säulenlänge T_{max} ansteigt. Bei Erhöhung der Säulenlänge von 10 auf 41 cm verändert sich T_{max} wesentlich. Bei weiterer Erhöhung der Säulenlänge auf 78,5 cm verändert sich T_{max} nur unbedeutend. Das zeugt davon, daß bei dieser Länge der stationäre Zustand erreicht ist.

Tabelle 5 zeigt den Einfluß der Richtung des Graduenten auf den Trennungsgrad des Butan/Propan-Gemisches; bei nichtstationärer Thermo-Gas-Chromatographie

TABELLE 5

Trennung von Propan/Butan-Gemischen

Adsorbens = Al_2O_3, 16,55 g; Säulenlänge = 250 cm; Säulenquerschnitt = 0,125 cm²; $w = 20{,}8$ cm/Min.; $v = 320$ cm/Min.; $\eta = 0{,}065$.

Komponenten der Gemische	Charakter des Temperaturgraduenten	Versuchstemperatur °C	Berghöhen cm	Rückhalt-Vol. auf 1 cm² Querscnitt V_g (cm)	Zonenbreite cm	Abstand zwischen den Maxima x (cm)	K_1
Propan			33	2640	91		
Butan	direkt	120	46,8	2910	82	240	1,39
Propan			9,2	2016	272		
Butan	umgekehrt	120	23	4250	205	1920	4,1
Propan			45,6	2640	82		
Butan	direkt	78	21,6	3008	120	368	1,7
Propan			16,8	2350	228,5		
Butan	umgekehrt	78	20,9	4500	183	2240	4,5
Propan			67,2	2570	64		
Butan	direkt	40	46,4	3812	137	640	2,8
Propan			16,8	2590	320		
Butan	umgekehrt	40	5,1	5840	330	3250	5

ist das Kriterium des Trennvermögens K_1 um das 2- bis 3fache größer als bei der statinären Thermo-Gas-Chromatographie.

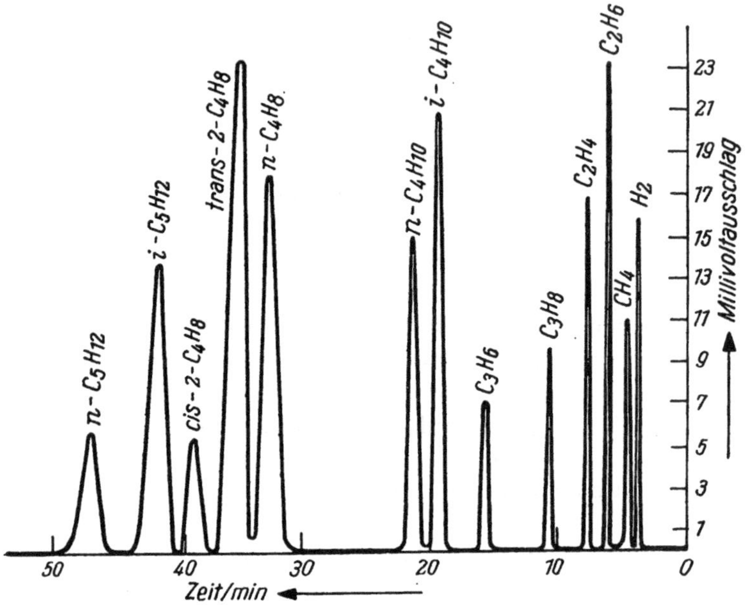

Abb. 1.6. Elutionskurve eines komplizierten Gemisches mit der nichtstationären Thermo-Gas-Chromatographie auf Aluminiumoxyd

In Abbildung 1.6 ist die Elutionskurve eines komplizierten Gemisches, das mit der nichtstationären Thermo-Gas-Chromatographie auf Aluminiumoxyd getrennt wurde, dargestellt. Es wurde eine gute Trennung niedrigsiedender gesättigter und ungesättigter Kohlenwasserstoffe, wie Butan/Butylen und der Pentan-Isomeren erzielt.

LITERATURVERZEICHNIS

[1] CLAISSON, C., Adsorptionsanalyse von Gemischen. Goschimisdat (1949).
[2] TUNIZKI, N. B., TSCHERNEWA, E. P., Shurnal Fisitschesskoi Chimii.
[3] TODES, O. M., Shurnal Prikladnoi Chimii, **18**, 11—12 (1945).
[4] VAULT, D. D., J. Amer. chem. Soc., **65**, 532 (1943).
[5] WEISS, J., J. chem. Soc., **295**, July (1943).
[6] SHUCHOWITZKI, A. A., Arbeiten der Komm. der anal. Chemie. Isdat AN SSSR, **6**, 39 (1955).
[7] TURKELTAUB, N. M., Shurnal Analititschesskoi Chimii, **5**, 201 (1950).
[8] BERSLER, J. E., SAMSONOW, G. W., Usspechi Chimii, **24**, 985 (1955).
[9] SAMSONOW, G. W., Chromatographie, Anwendung in der Biologie. Medgis (1955).
[10] GLUECKAUF, E., Discuss. Faraday Soc., **7**, 12 (1949).
[11] PHILLIPS, C. S. G., Gas Chromatography. London (1956).
[12] JAMES, A. T., MARTIN, A. J. P., Biochem. J., **50**, 679 (1952).
[13] GLUECKAUF, E., Trans. Farady Soc., **51**, 34 (1955).
[14] MARTIN, A. J. P., SYNGE, R. L. M., Biochem. J., **35**, 1358 (1941).

[15] Röck, H., Chemie-Ing.-Technik., 28, 489 (1956).
[16] Brodski, A. M., Kalinenko, R. A., Lawrowski, K. P., Chimija i technologija Topliwa, 8 (1956).
[17] Wladimirow, B. W., Neftjanoje Chosjaisstwo, 7 (1956).
[18] Shuchowitzki, A. A., Turkeltaub, N. M., DAN SSSR, 94, 77 (1954).
[19] Shuchowitzki, A. A., Solotarjewa, O. W., Sokolow, W. A., Turkeltaub, N. M., DAN SSSR, 77, 435 (1951).
[20] Shuchowitzki, A. A., Turkeltaub, N. M., Georgiewskaja, T. W., DAN SSSR, 92, 987 (1953).
[21] Shuchowitzki, A. A., Turkeltaub, N. M., Schwarzman, W. P., Shurnal Fisitschesskoi Chimii, 28, 1901 (1954).
[22] Turkeltaub, N. M., Arbeiten der Komm. der anal. Chemie. Isdat AN SSSR, 6, 147 (1955).
[23] Shuchowitzki, A. A., Wagin, E. W., Petruchow, S. S., DAN SSSR, 102, 771 (1955).

Über die Anwendung des thermischen Faktors in der Gas-Chromatographie

Von A. A. Shuchowitzki und N. M. Turkeltaub, Moskau

In den bisher erschienenen Veröffentlichungen über Adsorptionstrennung unter Anwendung des thermischen Faktors [1—3, 8, 9] fehlt die physikalisch-chemische Analyse dieses Vorgangs. Bei chromatographischen Trennungen bringt die Anwendung des thermischen Faktors große Vorteile. Durch die Änderung der Temperatur der Trennsäule wird effektiv deren Volumen variiert. Das ermöglicht die Trennung von Gemischen aus vielen, sehr unterschiedlichen Komponenten und die Analyse eines kontinuierlichen Gasstroms [4, 5]. Am wertvollsten ist aber, daß der Abstand zwischen den einzelnen Substanzzonen vergrößert und die Breite der Substanzzonen verringert werden kann. Außerdem werden bei Anwendung des thermischen Faktors geringere Anforderungen an die Empfindlichkeit, an die Stabilität und an das Meßkammervolumen des Detektors gestellt.

Die besten Ergebnisse werden mit dem Einsatz des thermischen Faktors bei der entwickelnden Gas-Chromatographie erzielt. Die chromatographische Methode, bei der sich Substanzzonen in der Trennsäule unter gleichzeitiger Einwirkung eines Schleppgasstromes und eines sich beliebig zeitlich und räumlich verändernden Temperaturfeldes bilden, wird als Thermo-Gas-Chromatographie bezeichnet [6].

Es ist zweckmäßig, bei der entwickelnden Analyse anfangs die Temperaturabhängigkeit des Trennvermögens abzuschätzen. Bei der entwickelnden Analyse hängt die Trennwirksamkeit nur wenig von der Temperatur ab. Der Abstand Δx zwischen den Komponenten ergibt sich aus der Bezeichnung $\Delta x = L \cdot \Delta Q / R\,T$. ($L$ = Säulenlänge, ΔQ = Differenz der Adsorptions- bzw. Lösungswärmen der Komponenten.) Für die Zonenbreite b gilt die Gleichung

$$b = m \cdot D \cdot L/v\,.$$

$\left(m = 4 \ln \frac{C_{\max}}{C}\right.$, D = Koeffizient der Längsdiffusion, v = lineare Schleppgasgeschwindigkeit, $C_{\max}$ = Konzentration im Maximum, C = Konzentration am $\left.\text{Zonenrand}\right)$.

An der Elutionskurve wird im Vergleich zur Trennsäule das G-fache aller Abstände gemessen (G = Adsorptionskoeffizient). Deshalb spielt der Detektor die Rolle einer Lupe, da er sowohl Δx als auch b vergrößert. Zur Charakterisierung der Trennung einer Säule aus der Elutionskurve ist es zweckmäßig, den von der Austrittstemperatur unabhängigen Koeffizienten K zu bestimmen.

$$K = \Delta x/(b_1 + b_2).$$

Es läßt sich leicht nachweisen, daß für die lineare Isotherme die Fraktionsreinheit durch den Koeffizienten K ausgedrückt werden kann:

$$\delta = e^{-4K^2}/4\, k \sqrt{\pi}\,,$$

wobei δ der Anteil einer Nebenkomponente in der Fraktion ist.

Glückauf [7] und andere Autoren [8] schlugen analoge Kriterien für das Trennvermögen von Trennsäulen auf der Basis der Konzeption theoretischer Böden vor. Uns erscheint die Einschätzung der physikalischen Trennprozesse nach der Zonenvermischung des Adsorbates zweckmäßiger.

Bei der Verteilungs-Gas-Chromatographie verringert sich der Diffusionskoeffizient D mit Temperaturerniedrigung, außerdem wird bei krummliniger Isotherme die Zonenbreite b schmaler. Ein von der Zeit unabhängiges Temperaturfeld führt nicht zur Verschlechterung der Trennung. Dabei ist $\Delta x = \frac{\Delta Q}{R}\left(\frac{1}{T}\right)$, und der Prozeß verläuft ebenso wie bei irgendeiner mittleren Temperatur. Ein analoges Ergebnis wird für das Feld gewonnen, das nur von der Zeit abhängig ist [9, 10].

Die einfache Erzeugung eines solchen Feldes und die Möglichkeit der Trennung einer großen Anzahl von Komponenten in kurzer Zeit bringt eine Reihe praktischer Vorteile. In Abbildung 2.1 ist die Elutionskurve der Trennung der Alkane von C_1—C_6 innerhalb von 3 Minuten bei Temperaturanstieg von 20 auf 100° C dargestellt.

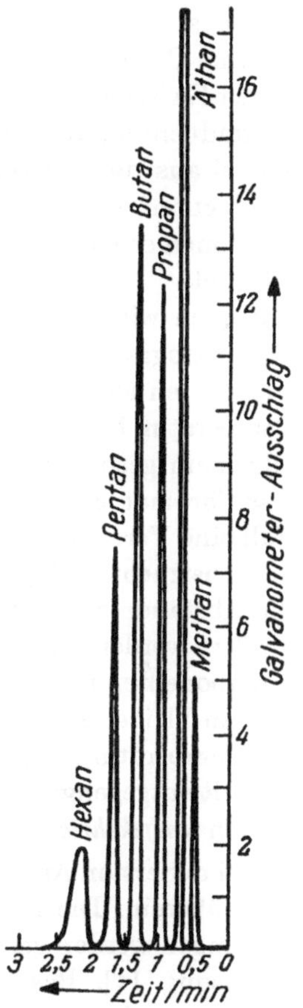

Abb. 2.1

Die Erhöhung der Trennfähigkeit unter Anwendung des thermischen Faktors kann nur unter der Bedingung erreicht werden, daß sich die Komponenten während des gesamten Versuches bei verschiedenen Temperaturen befinden und die mittlere Entwicklungstemperatur für jede Komponente unterschiedlich ist. Das wird in zwei der zweckmäßigsten Varianten der Thermo-Gas-Chromatographie verwirklicht. Bei der stationären Thermo-Gas-Chromatographie wirkt auf die zu trennenden Stoffe gleichzeitig mit dem eluierenden Schleppgasstrom ein Temperaturfeld ein, das sich in Richtung des Gasstroms bewegt. Die Richtung des Graduenten stimmt ebenfalls mit der Richtung des Schleppgasstroms überein. Dabei haben alle Komponenten bei der stationären Bedingung ihre charakteristischen Temperaturen. Die Hauptvorzüge dieser Variante bestehen in der Verengung der

Zonen von etwa der charakteristischen Lage im Temperaturfeld bis zu einer gewissen stationären Breite. Deshalb ist diese Methode für die Analyse von Stoffen mit geringen Konzentrationen besonders geeignet. Ihre Anwendung setzt die Anforderungen an die Empfindlichkeit der Detektoren wesentlich herab.

Wie schon in [5] gezeigt, konnte auf dieser Basis eine kontinuierliche Analyse verwirklicht werden.

Ebenso wie bei der entwickelnden Chromatographie kann bei der stationären Thermo-Gas-Chromatographie im Prinzip jedes binäre Gemisch getrennt werden, da der Zwischenraum zwischen den Zonen umgekehrt proportional dem Temperaturgraduenten, aber die Zonenbreiten [12] umgekehrt proportional der Quadratwurzel aus dieser Größe sind. Deshalb kann man durch die Verringerung des Graduenten (d. h. durch Vergrößerung der Ofenlänge) im Prinzip eine Trennung der Zonen erreichen, auch wenn sich die Adsorbierbarkeit der Stoffe wenig unterscheidet.

Jedoch wird für eine gegebene Säulenlänge bei der stationären Thermo-Gas-Chromatographie der Abstand zwischen den Zonen kleiner sein als bei der entwickelnden Methode, weil sich die besser adsorbierbare Komponente bei höherer Temperatur befindet als die schlechter adsorbierbare. Das bedeutet nicht, daß, allgemein gesprochen, die Adsorptionsfähigkeit [13] bei der stationären Therm-Gas-Chromatographie kleiner ist als bei der entwickelnden Methode, weil im ersten Fall eine Verengung möglich ist, im zweiten Fall sich aber die Zonen verbreitern. Man betrachte diejenige Variante der Thermo-Gas-Chromatographie, bei der die Abstände zwischen den Zonen im Vergleich zur entwickelnden Methode vergrößert werden können. Zu diesem Zweck lokalisiert man schlecht adsorbierbare Komponenten im Bereich hoher Temperaturen. Die gut adsorbierbaren Komponenten bleiben im Einflußgebiet der niedrigen Temperaturen. Das bedeutet, daß der Temperaturgradient ein Vorzeichen haben muß, das der Strömungsgeschwindigkeit entgegengerichtet ist. Dabei hört der Prozeß auf, stationär zu sein.

Den *umgekehrten* Graduenten kann man auf zweierlei Art gewinnen:

Bei der ersten Art stimmt die Bewegung der Temperaturwellen mit der Gasrichtung überein. Die adsorbierten Komponenten kühlen sich progressiv ab, ihre Bewegungen werden gebremst. Diese Variante erhielt die Bezeichnung Adsorptionsbremsung [14]. Beschleunigen wird sich nur die Bewegung solcher Komponenten, bei denen die Anfangstemperatur niedriger ist als die charakteristische. Als Mangel gilt bei diesen Varianten, daß sich die entsprechenden Bedingungen für die verschiedenen Komponenten nur schwer einstellen lassen. Die Auswahl optimaler Anfangstemperaturen [14] bringt eine Reihe praktischer Unbequemlichkeiten mit sich. Außerdem besteht die Gefahr der Zerstückelung der Substanzzonen in unzählige Zonen.

Bei der zweiten Variante ist die Richtung des Temperaturfeldes der des Schleppgasstromes entgegengesetzt. Dabei bewegen sich alle Komponenten beschleunigt. Bei einem kleinen umgekehrten Graduenten gilt folgender Zusammenhang der Strömungsgeschwindigkeit v mit dem Henry-Koeffizienten: $q = \frac{v^2 \sigma}{G}$.

Hier ist $G = Q\gamma/R T^2$, wobei Q die Adsorptionswärme und γ den Temperaturgraduenten darstellt. Somit wird die zusätzliche Beschleunigung, die sich ebenfalls mit dem Anwachsen der Adsorbierbarkeit verringert, die Trennung erhöhen. Das veranschaulichen die Daten der Tabelle 1, wonach sich der Abstand zwischen den Zonen beim Verändern des Graduentvorzeichens vergrößert. Diese Erhöhung darf nicht insgesamt auf die Wirkung der Ausgangstemperatur bezogen werden, was der starke Anstieg von K beweist.

TABELLE 1

Adsorbens: Al_2O_3, 16,55 g; Säulenlänge = 250 cm; Querschnitt = 0,125 cm²; w = 20,8 cm/Min; v = 320 cm/Min.; η = 0,065.

Nr. des Versuches	Komponenten der Gemische	Charakter des Temperaturgraduenten	Säulentemperatur °C	Berghöhe cm	Rückhaltevolumen auf 1 cm² Querschnitt V (cm)	Zonenbreite b (cm)	Abstand zwischen dem Maxima Δx (cm)	K
20	Propan	direkt	120	33	2640	91	240	1,39
	Butan			46,8	2910	82		
21	Propan	umgekehrt	120	9,2	2016	272	1920	4,1
	Butan			23	4250	205		
22	Propan	umgekehrt	78	45,6	2640	82	368	1,7
	Butan			21,6	3008	120		
23	Propan	direkt	78	16,8	2350	228,5	2240	4,5
	Butan			20,9	4500	183		
24	Propan	direkt	40	67,2	2570	64	640	2,8
	Butan			46,4	3312	137		
25	Propan	umgekehrt	40	16,8	2590	320	3259	5
	Butan			5,1	5840	330		

Wir können also feststellen, daß die Anwendung der nichtstatinären Thermo-Gas-Chromatographie die Adsorptionssäule in mancher Hinsicht vorteilhafter ausnutzt als die entwickelnde, weil dabei nicht nur die Isomeren des Butans und Pentans getrennt werden, sondern auch die gesättigten und ungesättigten Kohlenwasserstoffe und Gase mit niedriger Siedetemperatur. In Abbildung 2.2 ist die Elutionskurve eines solchen Gemisches dargestellt.

Der Nachteil bei der Anwendung eines umgekehrten Graduenten liegt darin, daß alle Komponenten die gleichen Temperaturbereiche durchlaufen. Die Bremsvariante kann nur mit einer Automatik verwendet werden, durch die sich bei entgegengesetzter Bewegung des Ofens bis zur Wiederholung des Cyclus die Anfangstemperatur erreichen läßt. Dabei werden die Komponenten infolge des Eindringens in die Ofentiefe allmählich in einen kritischen Zustand gelangen, wobei sich ihre Bewegung beschleunigt.

Nicht nur der thermische Effekt eines ununterbrochen wirkenden Feldes, sondern auch kurzfristige Erhitzungen (Impulse) mit nachfolgender Abkühlung können ausgenutzt werden. Bei der entwickelnden Methode scheidet ein Verlängern der Säule infolge Verbreiterung der Zonen und wegen begrenzter Empfindlichkeit des Detektors aus. Wenn jedoch nach Entwicklung in irgendeiner Adsorptions-Säule das Adsorbat einem Impuls, einer sogenannten *Sammelerhitzung* ausgesetzt wird, so kann man die Säulenlänge unbegrenzt erhöhen.

Bei der Impuls-Chromatographie der Gemische wird zweckmäßig eine Zirkulation geschaffen, welche die Komponenten nach dem Impuls an den Säulenanfang

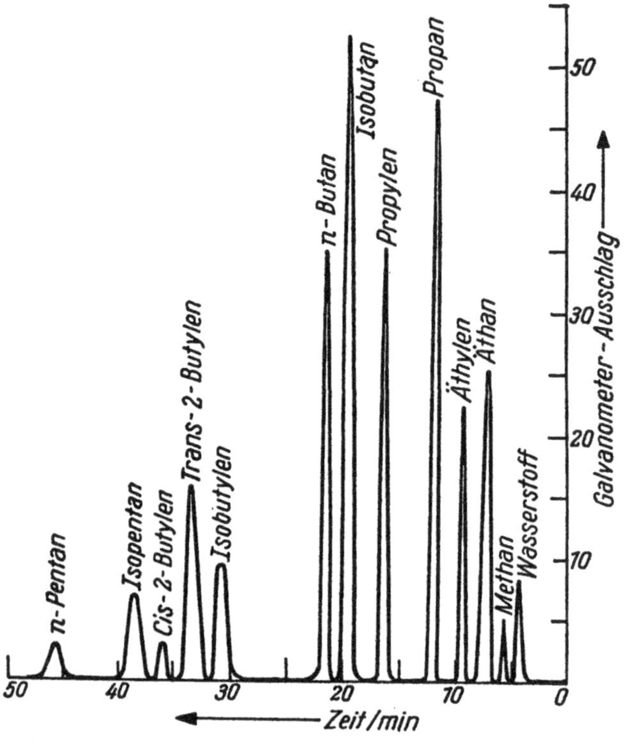

Abb. 2.2

zurückführt. Die Säule muß an ihrem Ende eine *sammelnde* Schicht eines Adsorbens mit hoher Adsorptionsfähigkeit enthalten, auf die im notwendigen Moment ein Impuls gegeben wird. Die Impulsgabe muß in Abhängigkeit vom benötigten Trennungsgrad reguliert werden. Im Augenblick des Minimums muß an der Elutionskurve ein Impuls auftreten und das angereicherte Gemisch auf dem Adsorbens zur nächsten Zirkulation kommen. Ein solches vom Trennungsgrad abhängiges Temperaturfeld wird als „selbstabgestimmtes" bezeichnet. Durch Anwendung solcher Felder können die besten Trennungen erzielt und das Programm für die Apparatur zur Trennung durch nichtisotherme Adsorption aufgestellt werden.

Für den Betrieb automatischer Anlagen müssen solche Faktoren, wie die Temperaturverteilung, Geschwindigkeitsvariation u. a. bekannt sein. Durch automatische Berechnung von K oder ähnlichen Größen wird nach einigen Perioden, in deren Verlauf die einfache, entwickelnde Analyse vor sich geht, in dem Säulenstück mit dem adsorbierten Stoff automatisch ein Temperaturfeld mit umgekehrten Graduenten geschaffen, dessen Größe sich automatisch in Abhängigkeit von der Zeit verändert, so daß K ununterbrochen anwächst.

LITERATURVERZEICHNIS

[1] Schuftan, P., Gasanalyse in der Technik. Charkow 1933.
[2] Grigorjew, G. G., Subbota, M. J., Turkeltaub, N. M., Jasenjew, B. P., Gas, Gaskernaufnahme und Gasanalyse. (1954).
[3] Eucken, A. und Knick, H., Brennstoff-Chem., **17**, 241 (1946).
[4] Berg, C., Trans. Amer. Inst. chem. Engr., **42**, 665 (1946).
[5] Shuchowitzki, A. A., Turkeltaub, N. M., Georgiewskaja, T. N., DAN SSSR, **92**, 937 (1953).
[6] Shuchowitzki, A. A., Turkeltaub, N. M., DAN SSSR, **94**, 77 (1951).
[7] Glueckauf, E., Trans. Faraday Soc., **51**, 34 (1955).
[8] Phillips, C. S. G., Gas Chromatography. London 1956.
[9] Hoare, M. R., Purnell, J. H., Trans. Faraday Soc., **52**, 222 (1956).
[10] Wiebe, J., J. phys. Chem., **60**, 685 (1956).
[11] Turkeltaub, N. M., Schwarzman, W. P., Shurnal Fisitschesskoi Chimii, **27**, 1827 (1953).
[12] Shuchowitzki, A. A., Turkeltaub, N. M., Usspechi Chimii, **35**, 7, 859 (1956).
[13] Turkeltaub, N. M., Arbeiten der Komm. der anal. Chemie. Isdat AN SSSR, **6**, 147 (1955).
[14] Shuchowitzki, A. A., Wagin, E. W., Petuchow, S. S., DAN SSSR, **102**, 771 (1955).

Über den thermischen Faktor bei adsorptions-gas-chromatographischen Trennmethoden

Von A. A. Shuchowitzki und N. M. Turkeltaub, Moskau

Zur Zeit sind viele gas-chromatische Arbeitsmethoden bekannt, bei denen der thermische Faktor ausgenutzt wird. Eine Reihe von Arbeiten behandelt die Entwicklungsmethode bei ansteigenden Temperaturen. Schuftan [1] beschrieb die isotherme Entwicklungsmethode bei verschiedenen Temperaturen. Als Schleppgas diente Kohlendioxyd. Die Komponenten werden in einer mit Kalilauge gefüllten Bürette volumetrisch bestimmt. Auf diese Weise konnten komplizierte Kohlenwasserstoffgemische getrennt werden.

Auf diesem Prinzip — Veränderung der Säulentemperatur — beruht das Gas-Chromatographie-Gerät [2] für die getrennte Bestimmung kleiner Kohlenwasserstoffkonzentrationen in Luft.

Kohlenwasserstoffe, die bei verschiedenen Temperaturen aus der Trennsäule austraten, wurden katalytisch bis zum Kohlendioyxd verbrannt. Dieses wurde in $Ba(OH)_2$-Lösung absorbiert und durch Rücktritration bestimmt.

Eine kürzlich erschienene Arbeit [3] beschreibt die Auswirkung des zeitlichen Temperaturanstiegs bei der Entwicklungsmethode. Die Temperatur führt eine thermische Desorption der adsorbierten Komponenten herbei.

Eucken und Knick [4] erarbeiteten für gasförmige Kohlenwasserstoffe ebenfalls eine Trennmethode, die auf thermischer Desorption beruht. Durch ein Verschieben der mit einem Adsorbens gefüllten Trennsäule aus einem Kühlmantel in einen Elektroofen erzeugen sie einen starken Temperaturabfall zwischen Desorptions- und Adsorptionszone. Turner [5] verwendete eine analoge Methodik. In dem Maße, wie das Verschieben des Ofens vor sich ging, wurde die Säule mit Quecksilber gefüllt, welches das desorbierte Gas herausdrückte.

In letzter Zeit wurde eine Theorie zur Methode der thermischen Desorption vorgeschlagen [6]. Eine Reihe Ergebnisse beruhte auf der Grundlage der gleichzeitigen Einwirkung von Schleppgasstrom und bewegtem Temperaturfeld [7]. Diese Methode, die als Thermo-Gas-Chromatographie bezeichnet wird, vereinigt die Vorzüge der Entwicklungsmethode und der Anwendung des Temperaturfeldes. Wie bei der isothermen Entwicklungsmethode trennt reines, als Elutionsmittel fungierendes Schleppgas die Zonen der Komponenten. Wie bei der

Methode der thermischen Desorption kann man auf einem Adsorbens Stoffe sehr unterschiedlichen Rückhaltevolumens trennen.

Es wurden Versuche zur Verdrängungs-Gas-Chromatographie mit Erhitzen des Adsorbens [8] durchgeführt. Bekanntlich erlangte nur eine Variante der Adsorptions-Gas-Chromatographie industriellen Wert, nämlich die Methode der bewegten Säule, die thermische Desorption einbezieht. Im folgenden werden eine Theorie für diese Methode dargelegt und die Besonderheiten, Vorzüge und Mängel der verschiedenen Varianten bei Anwendung des thermischen Faktors in der Gas-Chromatographie abgeschätzt.

Der Einsatz des thermischen Faktors erweitert die Anwendungsmöglichkeiten der Gas-Chromatographie. Durch Temperaturveränderungen können die Adsorptionscharakteristika des Adsorbens variiert werden.

Bei niedrigen Temperaturen ist der Unterschied in der Adsorbierbarkeit der Komponenten größer, bei höheren Temperaturen sind dagegen die Isothermen über größere Bereiche geradlinig. Da sich das Adsorptionsvolumen verändern läßt, können Gemische getrennt werden, die aus einer größeren Anzahl sich in ihren Eigenschaften stark unterscheidenden Komponenten bestehen. Die ununterbrochene Veränderung des Adsorptionsvolumens als Folge des Temperaturanstiegs führt durch Desorption zur Erhöhung der Konzentration in der Gasphase.

Wie wir schon früher gezeigt haben [9, 10], werden durch das bewegte Temperaturfeld beim Vorhandensein eines Schleppgasstromes (wenn die Richtung des Gasstromes und die Richtung der Ofenbewegung mit der Richtung der Temperaturverringerung längs des Ofens übereinstimmen) die einzelnen Substanzen in schmale Zonen zusammengedrängt. Schmale Substanzzonen sind vor allem für die Spurenbestimmung äußerst wichtig.

Die Ansammlung der einzelnen Komponenten bei charakteristischen Temperaturen ermöglicht außerdem die Trennung eines kontinuierlichen Probengasstromes nach der Methode der bewegten Trennsäule [11] oder nach der wärmedynamischen Methode [12]. Bei dieser Methode, die eine Kombination zwischen Frontalanalyse und thermischer Desorption darstellt, läuft in dauernder Folge ein Elektroofen mit einem Temperaturgraduenten in Richtung des Schleppgasstromes die Trennsäule entlang. Es hat sich als günstig erwiesen, wenn die Trennsäule die Form eines horizontalen offenen Kreises hat. Über der Säule kann der Elektroofen ununterbrochen kreisen. Die am wenigsten adsorbierbare Komponente bewegt sich vor dem Ofen und wird ununterbrochen vom Detektor registriert. Die anderen Komponenten bewegen sich in den Bereichen ihrer charakteristischen Temperaturen. Ihre Konzentrationen werden als mittlere Konzentration für die Zeit eines Cyclus bestimmt. Die Umlaufgeschwindigkeit und der Temperaturgraduent des Ofens werden so gewählt, daß die Zonen der einzelnen Komponenten mit dem für eine gute Trennung notwendigen Abstand den Detektor durchlaufen. Die Temperaturveränderungen können zum Eindämmen der Zonenverbreiterung, die bei der isothermen Entwicklungsmethode eine unbegrenzte Erhöhung der Säulenlänge verhindert, ausgenutzt werden.

Die Ansammlung der Komponenten mit großem Rückhaltevolumen am Säulenende und die darauffolgende Desorption infolge der Einwirkung der hohen Temperatur bereiten die Trennsäule für eine weitere isotherme Trennung vor.

Durch Einführen des thermischen Faktors kann also die Trennung auf Adsorptionssäulen verbessert und die Einsatzmöglichkeit von Detektoren mit geringer Empfindlichkeit bedeutend erweitert werden. Die Erhöhung der Temperatur am Ende der Trennsäule (Austrittstemperatur) spielt während der Entwicklung die Rolle einer Lupe, da sich dabei die Konzentration erhöht und sich der Abstand zwischen den Zonen der Komponenten auf der Elutionskurve verringert. Die Konzentrationserhöhung ist für das Anzeigen bei Detektoren mit geringer Empfindlichkeit von Bedeutung. Für Detektoren mit hoher Empfindlichkeit und kleinem Meßkammervolumen genügen niedrige Austrittstemperaturen. Die Zweckmäßigkeit der Anwendung von Temperaturveränderungen bei dieser oder jener Variante hängt von der gestellten Aufgabe ab, d. h. von den Eigenschaften des zu trennenden Gemisches, von den Charakteristika des Adsorbens und von dem zur Verfügung stehenden Detektor. Wir betrachten im folgenden die Rolle des thermischen Faktors bei den verschiedenen Chromatographievarianten.

I. Die isotherme Entwicklungsmethode

Für die Trennung zweier Komponenten mit geradlinigen Isothermen nach der Entwicklungsmethode ist die Auswahl einer zweckmäßigen Säulentemperatur eine einfache Aufgabe. So wie oben wollen wir erst mit der Betrachtung des Trennprozesses in der Trennsäule beginnen und danach beurteilen, inwieweit die an den Detektor gestellten Anforderungen verringert werden müssen.

Für die Trennung in der Adsorptionssäule sind der Abstand zwischen den Konzentrationsmaxima der Komponenten und die Breite ihrer Zonen wesentlich.

Die Säulenlänge sei L, der Henrysche Koeffizient für die erste Komponente G und für die zweite Komponente $G + \Delta G$ und die Adsorptionswärmen der Komponenten sollen sich um ΔQ unterscheiden. Bei einer Schleppgasgeschwindigkeit v wird nach der Zeit t die erste Komponente am Säulenende austreten. Es gilt dann:

$$t = \frac{L\,G}{v}\,.$$

Die zweite Komponente erreicht das Säulenende nach Ablauf der Zeit $t + \Delta t$, wobei

$$\Delta t = \frac{L}{v} \cdot \Delta G$$

ist. Nennen wir den Abstand zwischen den Zonen Δx, so gilt

$$\Delta x = \frac{\Delta t\, v}{G} = L\,\frac{\Delta G}{G}\,.$$

Da $G = A\, e^{Q/RT}$ ist, so erhalten wir bei der Zerlegung von $\frac{\Delta G}{G}$ in eine Reihe:

$$\frac{\Delta G}{G} = \frac{\Delta Q}{R\,T}\,.$$

Somit ist

$$\Delta x = L \frac{\Delta Q}{R\,T}. \tag{1}$$

Jetzt bestimmen wir die Zonenbreite am Säulenende im Moment des Austritts. Bekanntlich wird bei Bedingungen, unter denen die Längsdiffusion den Haupteinfluß ausübt, die Konzentrationsverteilung mit der Formel beschrieben:

$$C = C_{\max} \cdot e^{-\frac{x^2 G}{4 Dt}}. \tag{2}$$

Hier ist $C_{\max}$ die Konzentration im Maximum der Elutionskurve, C die Konzentration im Abstand x vom Maximum und D der Koeffizient der Längsdiffusion.

Diese Gleichung ist dann richtig, wenn die Zonenbreite bedeutend größer ist als die Anfangsbreite. Gleichung (2) stellt ebenfalls eine gute Näherung dar, wenn der Prozeß durch die Außendiffusionskinetik bestimmt wird [13]; dabei ist

$$D_{\text{eff}} = \frac{v^2}{\beta}.$$

Hier ist β der kinetische Koeffizient. Dann ist

$$\mu^2 = \frac{4 \cdot Dt}{G} \ln \frac{C_{\max}}{C}. \tag{3}$$

Möge $4 \cdot \ln \frac{C_{\max}}{C} = m$ sein, dann ist $\mu^2 = \frac{m\,Dt}{G}$ oder $\mu^2 = \frac{m\,DL}{v}$. Betrachten wir, wie die Versuchstemperatur den Abstand Δx zwischen den Maxima und die Zonenbreite μ beeinflußt:

Aus Gleichung (3) geht hervor, daß die Zonenbreite so gut wie gar nicht von der Temperatur abhängt, da von allen Veränderlichen, die in der Gleichung enthalten sind, sich nur D mit der Temperatur verändert, aber auch das nur in sehr geringem Maße. Mit der Abnahme der Temperatur verringert sich die Zeit t, jedoch der effektive Diffusionskoeffizient vergrößert sich infolge der Veränderung von G umso mehr. Diese Behauptung trifft jedoch für die lineare Isotherme nicht zu, wenn die Adsorptionsgeschwindigkeit von der inneren Diffusion D_{innen} bestimmt wird, wie zum Beispiel bei der Verteilungs-Gas-Chromatographie. In diesem Falle werden die Zonenbreiten durch die Koeffizienten der inneren Diffusion bestimmt. In Gleichung (2) wird für die Zonenbreite an Stelle D die Größe D_{eff} treten, die proportional $\frac{v^2 x^2}{D_{\text{innen}}}$ ist. Wesentlich ist dabei, daß sich D_{innen} mit Temperaturerniedrigung verringert, was eine starke Zonenverengung zur Folge hat. Natürlich übt bei Adsorption mit nichtlinearen Isothermen die Temperaturerhöhung einen wesentlichen Einfluß auf die Zonenbreite im Sinne einer Verringerung aus.

Die Gleichung (1) zeigt ebenso, daß der Abstand zwischen den Maxima gegenüber Temperaturveränderung wenig empfindlich ist. Die Größe ΔQ ist von der Temperatur so gut wie unabhängig, und die absoluten Temperaturen verändern sich unter den Versuchsbedingungen in relativ engen Grenzen. Es sei jedoch bemerkt, daß entsprechend Gleichung (1) eine Temperaturerhöhung für die

Trennung unvorteilhaft ist, da sich bei Temperaturerhöhung der Unterschied in der Adsorbierbarkeit verringert. Das bedeutet jedoch nicht, daß Temperaturerhöhung bei der Entwicklungsmethode nur geringen Wert hat. Man muß vielmehr den obenangeführten Einfluß der Temperaturveränderung auf die Leistung der Detektoren in Betracht ziehen.

Der Abstand Δx auf der Säule entspricht dem Abstand ΔV auf der Elutionskurve. V ist das Volumen des durchgeströmten Schleppgases.

$$\Delta V = \Delta t\, v = \frac{L\, \Delta G\, v}{v} = G\, \Delta x\,.$$

Somit erhöhen sich alle Abstände beim Aufzeichnen durch den Detektor um das G-fache. Folglich führen hohe G-Werte, d. h. niedrige Temperaturen, zu besseren Arbeitsbedingungen und gestatten größere Meßkammervolumina beim Detektor. Wenn allerdings während der Analyse die Säulentemperatur variiert wird, führen Temperatursenkungen nicht nur zur Vergrößerung der Abstände zwischen den Zonen der Komponenten, sondern auch zur Verbreiterung der Zonen, da sich bei Temperatursenkungen die Konzentration in der Gasphase verringert.

Bevor man das experimentelle Material beurteilt, muß festgestellt werden, wie die Leistung der Säule auf Basis der Elutionskurve zu bewerten ist. Eigentlich müßte der Reinheitsgrad der Fraktionen zur objektiven Bewertung der Trennsäulen herangezogen werden. Aber die experimentelle Bestimmung der Fraktionsreinheit ist sehr kompliziert. Deshalb muß aus Daten der Elutionskurve die Fraktionsreinheit charakterisiert werden. Die Reinheit der Fraktionen kann als Beziehung der Menge der zweiten Komponente (q_2) zur Menge der Hauptkomponenten (q_1) der gegebenen Fraktion $\delta = \frac{q_2}{q_1}$ bestimmt werden.

Da δ eine dimensionslose Größe ist, kann sie nur von einer dimensionslosen Charakteristik abhängen.

Aus der Elutionskurve werden der Abstand $\Delta x = h$ zwischen den Konzentrationsmaxima der Zonen und die Zonenbreiten für die einzelnen Stoffe bestimmt. Die Zonenbreite wird bei einer Konzentration gemessen, die zur Maximalkonzentration in einer bestimmten Beziehung steht. Für die Reinheit δ kann geschrieben werden:

$$\delta = f\left(\frac{h}{\mu_1 + \mu_2}\right),$$

wobei

$$\frac{h}{\mu_1 + \mu_2} = K_1\,.$$

Für den einfachsten Fall, für die Trennung zweier benachbarter Stoffe, die in gleichen Konzentrationen vorliegen, muß sich infolge der Symmetrie vom Maximum aus der Schnittpunkt der Kurven im Abstand von $\frac{h}{2}$ befinden. Wie oben angeführt, ist $C = C_{\max}\, e^{-s x^2}$. Aus dem Überlappen der Zonen ergibt sich die Konzentration s. C_{max} ist mit der gesamten Stoffmenge q durch die Beziehung verknüpft:

$$\int G\,C\,dx = q \qquad q_1 = C_{max}\,G\sqrt{\frac{\pi}{s}}\,.$$

Die Menge einer Komponente, die als Beimischung in einer Fraktion enthalten ist, die beim Konzentrationsminimum der Elutionskurve abgetrennt wurde, wird folgendermaßen berechnet:

$$q_2 = C_{max}\,G\int\limits_{h/2}^{\infty} e^{-s x^2}\,dx\,;$$

nach der Integration erhalten wir

$$q_2 = \frac{C_0\,G}{\sqrt{s}}\,\frac{\sqrt{\pi}}{2}\left[1 - \Phi\left(\frac{n\sqrt{s}}{2}\right)\right]. \tag{4}$$

Φ ist die Krampsche Funktion.

In der Annahme, daß n genügend groß ist, und unter Verwendung der asymptotischen Bezeichnung für Φ erhalten wir

$$\delta = \frac{q_2}{q_1} = \frac{1}{s\sqrt{\pi}}\cdot e^{-\frac{h^2 \cdot s}{4}}\,.$$

In Übereinstimmung mit der anzuwendenden Näherung, die einer guten Trennung entspricht, enthält der Nenner q_1 anstatt $q_1 - q_2$. Führen wir als Charakteristik der Zonenbreite den Abstand zwischen den Punkten ein, in denen die Konzentration um das e-fache kleiner ist als die maximale, dann ist $\mu = \frac{2}{\sqrt{s}}$.

Wir führen als dimensionsloses Kriterium, von dem δ abhängen wird,

$$K_1 = \frac{h}{2\,\mu} = \frac{h\sqrt{s}}{4}$$

ein.

Wir drücken δ durch K_1 aus:

$$\delta = \frac{1}{4\sqrt{\pi}\,K_1}\,e^{-4K_1} \tag{5}$$

und können nach experimenteller Bestimmung der Größe K_1 nach Gleichung (5) die Beimischung in Prozenten errechnen.

Bei dieser Betrachtung entfällt die Kenntnis der physikalischen Charakteristika, die den Vermischungsgrad bestimmen, weil sie durch die experimentell bestimmten Größen der Zonenbreiten μ ersetzt werden.

GLUECKAUF [14] kam zu ähnlichen Schlußfolgerungen. In seiner Arbeit beruht jedoch die Bewertung auf der Trennstufenzahl. Uns erscheint *die* Schlußfolgerung zweckmäßiger, die mit der Kinetik, der Diffusion und der charakteristischen Statik der Adsorption verbunden ist, die direkt auf physikalischen

Größen aufbaut. Oben dargelegte Bewertungsmethode für die Auftrennung wenden wir nur dann an, wenn aus der Elutionskurve μ bestimmt werden kann, d. h., wenn h bedeutend größer als μ ist. Falls die Halbbreite der Zonen nicht gemessen werden kann, ist es zweckmäßig, zur Bestimmung des Trennungsgrades ein anderes dimensionsloses Kriterium einzuführen.

Besteht zwischen zwei Zonen ein Konzentrationsminimum, stellt das Verhältnis der Summe zweier benachbarter Konzentrationsmaxima zum dazwischenliegenden Konzentrationsminimum ein solches Kriterium dar (15).[1]) Für diesen Fall gilt entsprechend dem oben Dargelegten

$$\delta = \frac{q_2}{q_1 - q_2} :$$

Bei Anwendung der Gleichung (4) erhalten wir:

$$\frac{1}{\delta} = \frac{2}{1 - \Phi\left(\frac{h\sqrt{s}}{2}\right)} - 1\,; \tag{6}$$

$$K_2 = \frac{2\,C_{\max}}{C_{\min}} = e^{\frac{h^2 s}{4}}, \tag{7}$$

da bei Anwesenheit gleicher Mengen benachbarter Stoffe der Miniumpunkt den Abstand zwischen den Maxima in zwei gleiche Teile teilt.

Aus den Gleichungen (6) und (7) erhalten wir

$$\frac{1}{\delta} = \frac{2}{1 - \Phi\sqrt{\ln K_2}} - 1\,.$$

Somit bestimmt die Größe K_2 den Trennungsgrad.

Für analytische Zwecke ist nicht der Zusammenhang der eingeführten Kriterien mit dem Trennungsgrad, sondern mit der Größe der Bestimmungsfehler der Zusammensetzung von Bedeutung.

Bei linearen Isothermen kann aus K_2 und der Größe des Konzentrationsmaximums der Zone Δ der Bestimmungsfehler der betreffenden Komponente berechnet werden.

Wenn die Beziehung der Maximumgrößen benachbarter Zonen gleich m ist, so ist

$$K_2 = \frac{m+1}{2\,m}\sqrt[4]{\frac{m}{\Delta}}\cdot\sqrt{m}\cdot e^{\frac{(\ln m)^2}{4\ln m/\Delta}}\,.$$

Wenn $m = 1$ ist, so ist $K_2 = \sqrt[4]{\frac{m}{\Delta}}$. Somit muß, um die Zusammensetzung bei $m = 1$ mit einer Genauigkeit bis zu 1% bestimmen zu können, K_2 größer als 3,2 und bei $m = 100$ größer als 80 sein.

---

[1]) Eine interessante Analyse dieses Problems hat LU PEI-TSCHAN [32] veröffentlicht.

Wenn Überlappung nur durch Krummlinigkeit der Isotherme hervorgerufen wird, ist $K_2 = \frac{1}{\Delta}$ bei $m = 1$.

Die Verbindung der Kriterien K_1 und K_2 mit den Versuchsparametern ist leicht zu finden. Für die Entwicklungsmethode:

$$K_1 = \frac{\Delta Q}{4\,R\,T} \cdot \sqrt{\frac{L\,v}{D}}\,;$$

für die Thermo-Gas-Chromatographie:

$$K_1 = \frac{1}{4\sqrt{2}}\,\frac{\Delta Q}{Q}\sqrt{\frac{v}{D\,R\,y\,\gamma}}\,,$$

wobei R die Gaskonstante, y der Temperaturgraduent ist, $K_2 = e^{K_1^2}$ für die isotherme Entwicklungsmethode und $K_2 = e^{4K_1^2}$ für die Thermo-Gas-Chromatographie gilt. Ist kein Minimum vorhanden, so kann der Trennungsgrad dadurch bestimmt werden, daß man die Verschiedenheit der Kurvenform, die durch Überlappung und Verschiebung der Komponenten hervorgerufen wird, ausnutzt. Man kann daraus leicht folgern, daß bei einem geringen h-Wert

$$\ln\frac{C_{\max}}{2\,C} = s\,x^2\left[1 - \frac{h}{x}\right]$$

ist.

Somit kann nach der Abweichung von der geradlinigen Abhängigkeit $\ln\frac{C_{\max}}{2\,C}$ von x^2 die Größe h errechnet werden, woraus sich dann das Kriterium δ ergibt. Auf folgende einfachere Art kann der Trennungsgrad aus der Abweichung der Elutionskurve von der Form der Gauß-Kurve bestimmt werden: Wenn zwei Punkte mit den Konzentrationen C_1 und C_2 gewählt werden, so daß $\frac{C_{\max}}{C_1}$ und $\frac{C_{\max}}{C_2}$ einen bestimmten vorgegebenen Wert beibehalten, so muß für die Gauß-Kurve die Beziehung der Breiten der Elutionskurven bei entsprechenden Konzentrationen gleichbleiben, d. h. $\frac{\mu_1}{\mu_2} =$ konst. Die Abweichung von dieser Konstanz pro Zeit ermöglicht, den Trennungsgrad zu beurteilen.

II. Die Entwicklungsmethode mit einem von der Zeit nicht abhängigem Temperaturfeld

Die einfachste Form der Anwendung eines Temperaturfeldes bei der Entwicklungsmethode ist ein von der Zeit unabhängiger Temperaturgraduent. Kürzlich erschienen Arbeiten [16, 17], die diese Methode für analytische Zwecke empfehlen. Wir haben aber festgestellt, daß ein nicht bewegter Ofen praktisch keinerlei Vorteile bringt. Zuerst sei bewiesen, daß bei einem unbewegten Temperaturgraduenten genau wie bei der einfachen isothermen Entwicklungsmethode keine höheren Konzentrationen entstehen, d. h. eine Anreicherung der Gemischkomponenten unterbleibt. Am einfachsten kann dies für die Verteilungs-Gas-Chromatographie mit linearer Isotherme und beim Fehlen zonenverbreiternder Faktoren gezeigt werden. Die Hauptgleichung des Prozesses ist folgende:

$$-v\frac{\partial c}{\partial x} = G(x)\frac{\partial c}{\partial t},$$

woraus

$$\dot{V} = \left(\frac{\partial x}{\partial t}\right)_c = \frac{v}{G(x)}$$

folgt.

Demnach besteht, wie bei der isothermen Entwicklungsmethode auch bei Vorhandensein eines unbewegten Temperaturfeldes, das durch die Funktion $G(x)$ beschrieben ist, der Prozeß nur aus der Bewegung der Konzentration mit einer Geschwindigkeit $\frac{v}{G(x)}$.

Betrachten wir zuerst die Entwicklung einer Komponente bei der Größe $G(x)$. Offenbar ist beim Fehlen zonenverbreiternder Faktoren die Konzentration der Komponenten beim Austritt aus der Trennsäule die gleiche wie am Säulenanfang.

Hieraus folgt, daß die Elutionskurve nicht von der Temperaturverteilung längs der Adsorptionssäule abhängig ist.

Bei Zonenverbreiterung und linearer Isotherme hängt für die Entwicklungsmethode, wie schon oben angeführt, die Kurvenform nicht von der Temperaturen ab, folglich übt in diesem Falle ein unbewegter Ofen auf die Form der Elutionskurve auch keinen Einfluß aus. Bei der Verteilungs-Gas-Chromatographie verringert sich, wie oben bemerkt, die Zonenverbreiterung bei Temperaturerhöhung. Deshalb wird die Zonenverbreiterung bei unbewegtem Ofen irgend einer mittleren Temperatur der Trennsäule entsprechen und kleiner sein als bei der niedrigsten Ofentemperatur. Das bezieht sich auch auf nichtlineare Isothermen. Demnach bringt der unbewegte Ofen in Bezug auf Zonenverbreiterung keinerlei Verbesserungen.

Wie aus Formel (1) hervorgeht, bezieht sich das auch auf den Abstand zwischen den Komponenten. In Wirklichkeit ist entsprechend der Gleichung (1) $\Delta x = L\frac{\Delta Q}{R}\left(\overline{\frac{1}{T}}\right)$.

Somit wird der Abstand durch den mittleren Wert der umgekehrten Temperaturen bestimmt. Bei kleinen Graduenten ist $\overline{\frac{1}{T}} = \frac{1}{\overline{T}}$. Folglich wird in diesem Falle der Abstand durch die mittlere Temperatur bestimmt. Ein unbewegtes Temperaturfeld übt weder auf den Abstand zwischen den Zonen noch auf die Zonenverbreiterung einen Einfluß aus. Die gleichen Ergebnisse lassen sich einfacher mit irgendeiner mittleren Temperatur erzielen.

III. Thermo-Gas-Chromatographie

Die Anwendung des von der Zeit unabhängigen Temperaturfeldes führt zu keiner wesentlichen Neuerung. Neue Effekte entstehen nur bei der Kombination der Entwicklungsmethode mit einem sich in Zeit und Raum veränderndem Temperaturfeld. Diese Arbeitsweise nennt man Thermo-Gas-Chromatographie. Der neue Haupteffekt, den die Abhängigkeit der Säulentemperatur von der Zeit hervorruft, ist die Konzentrationszunahme in der Gasphase.

Es müssen zwei Effekte unterschieden werden, welche die Erhöhung der Konzentration in der Gasphase herbeiführen. Bei unveränderlicher Zonenbreite ruft die Temperaturerhöhung eine Desorption hervor, und folglich wächst die Konzentration in der Gasphase. Bei linearer Isotherme wird diese Erhöhung der Konzentration (O_T) durch folgende Formel ausgedrückt:

$$O_T = \frac{G_0}{G}.$$

G_0 und G sind die entsprechenden Henry-Koeffizienten bei den Temperaturen am Säulenanfang und am Säulenende. Die zweite Ursache für die Konzentrationszunahme in der Gasphase ist bei der Thermo-Gas-Chromatographie die Zonenverengung des Adsorbats:

$$O_{\text{vereng.}} = \frac{\Delta_0}{\Delta}.$$

$O_{\text{vereng.}}$ ist der Koeffizient der Zonenverengung. Δ_0 und Δ sind die entsprechenden Zonenbreiten bei gleicher Temperatur. Durch diese Effekte wird in der Thermo-Gas-Chromatographie die Zonenverbreiterung eingeschränkt und die Trennung der Komponenten verbessert. Während die Zonenverengung die Trennung verbessert, erlechtert die Konzentrationszunahme infolge Temperaturerhöhung bei linearer Isotherme den Nachweis geringer Stoffmengen mit wenig empfindlichen Detektoren. Diese Konzentrationszunahme ist für die Analyse komplizierter Gemische mit sehr kleinen Konzentrationen besonders wichtig.

Die Änderung der Temperatur längs der Trennsäule und mit der Zeit gestattet ein Variieren der Abstände zwischen den Zonen zu trennender Komponenten.

Wenn sich infolge Temperaturänderung in Raum und Zeit das Rückhaltevolumen ändert und die wenig adsorbierbare Komponente sich die ganze Zeit bei höherer Temperatur bewegt als die gut adsorbierbare, so wird der Abstand zwischen ihnen größer sein als bei der isothermen Entwicklungsmethode bei der entsprechenden mittleren Temperatur. Somit ergeben sich aus der Art, wie die Temperatur während der Analysendauer und längs der Trennsäule geändert wird, völlig neue Möglichkeiten. Außerdem können durch Temperaturänderung die Rückhaltevolumina in weiten Bereichen variiert und während *eines* Versuches eine große Anzahl Komponenten, die sich in ihrer Adsorbierbarkeit stark unterscheiden, getrennt und quantitativ analysiert werden.

Die optimale Temperaturverteilung längs der Trennsäule und im Verlauf der Analyse hängt von der Besonderheit des zu analysierenden Gemisches und der Konzentrationsempfindlichkeit des Detektors ab.

a) *Stationäre Thermo-Gas-Chromatographie*

Die am besten ausgearbeitete Variante der Thermo-Gas-Chromatographie ist die stationäre Thermo-Gas-Chromatographie.[1]) Sie besteht in der gleichzeitigen Wirkung des Schleppgasstromes und des bewegten Temperaturfeldes auf das zu trennende Gemisch. Dabei fällt die Temperatur in der Richtung des Schleppgasstromes und der Ofenbewegung ab. Wie schon an anderer Stelle beschrieben [19], entsteht unter diesen Bedingungen eine stationäre Verteilung, d. h., die einzelnen Komponenten finden sich nahe ihren charakteristischen Temperaturen ein und alle Komponenten bewegen sich mit der gleichen Geschwindigkeit, nämlich mit der des Ofens. Die Zonenbreite des Adsorbats hängt nicht von der Zeit ab, sondern wird durch den Temperaturgraduenten im Ofen und die Konstanten bestimmt, von denen die Zonenverbreiterung [13, 20, 21] abhängt (Koeffizient der Längsdiffusion und kinetische Koeffizienten).

Die wesentliche Besonderheit der stationären Thermo-Gas-Chromatographie ist die gleichzeitig mit der Konzentrationszunahme infolge Temperaturerhöhung auftretende Zonenverengung [10]. Letztere ist mit dem Temperaturgraduenten längs der Zonenbreite des Adsorbats verbunden, der die Rückfront schneller wandern läßt als die Vorderfront. Das hat eine Reihe Vorzüge der stationären Thermo-Gas-Chromatographie zur Folge. Es ermöglicht in vielen Fällen eine Spurenanalyse. Die qualitative Zusammensetzung kann auf Grund der charakteristischen Temperaturen ermittelt werden.

Der stationäre Prozeß ermöglicht eine kontinuierliche Trennung und Analyse der Gemische. Als Varianten der Thermo-Gas-Chromatographie seien die wärmedynamische Methode [22] auf Basis einer unbewegten Säule und die Methode der bewegten Säule genannt. Die für die Trennung flüssiger Gemische anwendbare Graduent-Gas-Chromatographie ist in ihrer Idee der stationären Thermo-Gas-Chromatographie ähnlich. Glueckauf und Kitt [23] weisen darauf hin, daß der kontinuierliche Temperaturanstieg einen Effekt ergeben muß, der dem Effekt des Graduenten der Konzentration [24] ähnlich ist. Der bewegte Temperaturgraduent ist besonders bei krummlinigen Isothermen zweckmäßig, da hierbei die Bewegung zurückbleibender kleiner Stoffkonzentrationen beschleunigt wird.

Die stationäre Zuordnung der Komponenten zu ihren charakteristischen Temperaturen schließt die Säulengänge als einen die Trennung verbessernden Faktor aus. Bei konstanter Ofenlänge hängt die Elutionskurve nicht von der Säulenlänge ab. Dieser Unterschied zwischen der stationären Thermo-Gas-Chromatographie und der isothermen Entwicklungsmethode rührt daher, daß gut adsorbierbare Komponenten sich bei höheren Temperaturen aufhalten als schlechter adsorbierbare. Die charakteristischen Temperaturen entsprechen den gleichen Henryschen Koeffizienten, d. h. den gleichen Bewegungsgeschwindigkeiten. Somit fehlt in der Thermo-Gas-Chromatographie die Hauptursache für die bei der Entwicklungsmethode auftretende fortschreitende Trennung der Komponenten voneinander. Die Funktion der Säulenlänge übt in der stationären Thermo-Gas-

---

[1]) Eine eingehendere Betrachtung wurde bereits an anderer Stelle [18] publiziert.

Chromatographie die Länge des bewegten Ofens aus. Da bei der isothermen Entwicklungsmethode die Zonenbreite mit der Quadratwurzel der Säulenlänge anwächst, bei der stationären Thermo-Gas-Chromatographie aber konstant bleibt, so ist mit letzterer Methode bei Wahl einer entsprechenden Ofenlänge im Prinzip jede Trennung möglich. Vergleichen wir die stationäre Thermo-Gas-Chromatographie und die isotherme Entwicklungsmethode an zwei äußerst schmalen, sich nicht verbreiternden Zonen bei linearer Isotherme: Die zu trennenden Stoffe mögen von ähnlicher Adsorbierbarkeit sein. Infolge des geringen Unterschiedes ihrer charakteristischen Temperaturen kann die stationäre Thermo-Gas-Chromatographie bei einem geringen Temperaturgraduenten durchgeführt werden. Bei gegebener Säulenlänge ist bei der isothermen Entwicklungsmethode der Abstand zwischen den Zonen größer, da bei der stationären Thermo-Gas-Chromatographie die besser adsorbierbare Komponente sich bei höherer Temperatur bewegt und folglich mit einer größeren Geschwindigkeit wandert als die schlecht adsorbierbare Komponente. Deshalb ist bei gegebener Säulenlänge die stationäre Thermo-Gas-Chromatographie bezüglich der Analysendauer rationeller als die isotherme Entwicklungsmethode. In der Praxis sind aber für Komponenten mit ähnlichen Adsorptionseigenschaften bei der Entwicklungsmethode infolge Zonenverbreiterung die Konzentrationen so gering, daß sie unter der Nachweisgrenze des Gerätes liegen können. Die Anwendung eines Temperaturfeldes mit Graduenten ergibt neben der Möglichkeit zur Verbesserung der Abstände zwischen den Zonen zugleich eine Anreicherung der Komponenten.

b) *Nichtstationäre Thermo-Gas-Chromatographie*

Aus dem Obenerwähnten geht hervor, daß das Temperaturfeld in der stationären Thermo-Gas-Chromatographie zu einer Reihe wesentlicher Vorzüge führt, aber nicht als die allgemeine, optimale Lösungsmöglichkeit für beliebige, spezielle Aufgaben betrachtet werden kann. Vor allem gilt das für die Trennung weniger Stoffe, die sich in ihren Adsorptionseigenschaften ähneln.

Betrachten wir die allgemeinen Forderungen an das Temperaturfeld, die die optimale Trennfähigkeit schaffen. Ein von der Zeit unabhängiges Temperaturfeld bietet gegenüber der isothermen Arbeitsweise keine wesentlichen Vorteile, sondern führt zum gleichen Ergebnis wie die bei einer mittleren Temperatur betriebene Trennsäule. Ähnlich verhält sich auch ein von der Zeit abhängiges Temperaturfeld, wenn längs der Trennsäule jeweils die gleiche Temperatur herrscht. Diese Variante der nichtstationären Thermo-Gas-Chromatographie hat einige praktische Vorzüge [1, 2, 25—30].

Diese Vorzüge werden durch den allgemeinen Wert der ansteigenden Säulentemperatur bestimmt:

1. Gleichzeitige Analyse von Gemischen mit einer großen Zahl von Komponenten, die sich in ihren Adsorptionseigenschaften stark unterscheiden;
2. Ausrichten der Adsorptionsisothermen der Komponenten;
3. Beschleunigung der Analyse.

Außerdem ist die praktische Anwendung dieser Variante einfach. Bezüglich der Trennfähigkeit bleibt diese Variante hinter der isothermen Entwicklungsmethode zurück, im Gegensatz zur Thermo-Gas-Chromatographie fehlen ihr die Effekte der Zonenverengung und der charakteristischen Temperaturen, welche die qualitative Analyse erleichtern.

Das Bewegungsgesetz der Zonen wird mit folgender Gleichung beschrieben:

$$\frac{dx}{dt} = \frac{v}{G(t)}.$$

Hieraus folgt

$$x = v \int \frac{dt}{G(t)}$$

oder durch Einführen der mittleren Größe $\overline{\frac{1}{G}}$

$$x = v \cdot t \cdot \left(\overline{\frac{1}{G}}\right).$$

Auf diese Art wird wiederum, wie bei dem von der Zeit unabhängigen Temperaturfeld, die Bewegung der Komponenten durch den mittleren Wert des Rückhaltevolumens bestimmt. Dabei werden die Trenneffekte schlechter sein als die einer bei mittlerer Temperatur durchgeführten isothermen Entwicklung, da die leichter adsorbierbaren Komponenten bei höheren Temperaturen wandern werden. Betrachten wir die elementare Theorie dieses Prozesses. Die Temperatur möge sich mit der Zeit linear verändern. Dann ist

$$T = T_0 + \gamma t.$$

Hieraus folgt

$$G = A\, e^{Q/R(T_0+\gamma t)}.$$

Wenn $\gamma t/T_0$ klein ist, so ist

$$G = A\, e^{Q/R T_0\left(1-\frac{\gamma t}{T_0}\right)}$$

oder

$$G = G_0\, e^{-\sigma t},$$

worin

$$\sigma = Q\gamma/R\, T_0^2.$$

Die entsprechende Bewegungsgeschwindigkeit der Komponente wird durch die Gleichung

$$\frac{dx}{dt} = \frac{v}{G_0\, e^{-\sigma t}}$$

charakterisiert. Durch Integration erhalten wir:

$$x_1 = \frac{v}{\sigma G_0} \cdot (e^{\sigma t} - 1).$$

Da σ und γ klein sind, kann geschrieben werden:

$$x_1 = \frac{v}{G_{01}}\left(t + \frac{\sigma t^2}{2}\right).$$

Das zweite Glied in dieser Gleichung drückt die Beschleunigung aus, die durch die Temperaturerhöhung hervorgerufen wird. Der Gesamteffekt entspricht, wie schon oben angeführt, der entsprechenden mittleren Temperatur. Das bezieht sich auch auf den Abstand zwischen den Komponenten.

$$\Delta V = x \frac{\Delta Q}{R} \left(\overline{\frac{1}{T}} \right).$$

Die zweite Komponente durchläuft jedoch den gleichen Säulenabschnitt höherer Temperatur, weshalb sich der Abstand zwischen den Zonen verringern wird.

$$\Delta V = x \frac{\Delta Q}{R} \left(\overline{\frac{1}{T}} \right) \bar{G}.$$

Wenn wir ΔQ als klein annehmen, folgt für den mittleren Wert von G:

$$\bar{G}_1 = G_{01}\, e^{\sigma_1 t_1}; \qquad \bar{G}_2 = G_{02}\, e^{\sigma_2 t_2},$$

wobei t_2 die mittlere Zeit zwischen dem Austritt beider Komponenten ist. Wenn diese Komponenten wenig verschiedene Adsorptionseigenschaften haben, so kann t_2 als die Entwicklungszeit der ersten Komponente angenommen werden.

Dann ist

$$t_2 = \frac{x\, G_0}{v} \qquad \text{und} \qquad \Delta V = x \frac{\Delta Q}{R} = \left(\overline{\frac{1}{G}} \right) G_{02}\, e^{\frac{-\sigma G_{01} x}{v}}.$$

Das bedeutet, daß eine Länge vorhanden ist, die dem Abstand der Maxima auf der Elutionskurve entspricht (x_{max}).

$$x_{max} = \frac{v}{G_{01}} \cdot \frac{1}{\sigma_2}.$$

Diese Schlußfolgerung ist dann gerechtfertigt, wenn die Temperaturänderungen nicht von der Säulenlänge abhängig sind. Soll das Verlängern der Trennsäule immer ein positiver Faktor bleiben, so muß mit der Temperaturerhöhung die Geschwindigkeit des Temperaturanstiegs kleiner werden. Temperaturanstieg mit der Zeit hat praktische Vorzüge, was auch aus den Abbildungen 3.1 und 3.2 durch Elutionskurven folgender Gemische deutlich wird:

1. Methan / Äthan / Propan / Butan / Pentan / Hexan-Gemisch auf Silikagel und
2. Wasserstoff / Methan / Äthan / Äthylen / Propan / Propylen / Butan / Isopentan / Hexan-Gemisch auf Alumogel.

Das erste Gemisch wird in einer drei Meter langen Säule binnen $2^1/_2$ Minuten getrennt, das zweite in einer 2 m langen Säule binnen 15 Minuten. Dabei stieg die Temperatur von Zimmertemperatur auf 110° C an.

Die graphischen Darstellungen zeigen, daß mit dieser Methodik die Expreß-Analyse von Gemischen mit großer Komponentenanzahl möglich wird.[1])

Welches Temperaturfeld ermöglicht eine bessere Trennfähigkeit gegenüber der Entwicklungsmethode? Sind für eine bestimmte Trennaufgabe für den Abstand

[1]) Am experimentellen Teil waren beteiligt N. W. Porschnewa und A. G. Latuchowa.

zwischen den Zonen die gleichen Faktoren maßgebend wie für die Trennfähigkeit, so muß die besser adsorbierbare Komponente bei höherer Temperatur wandern als die schlechter adsorbierbare, d. h., der Temperaturgraduent muß dem Schleppgasstrom entgegengerichtet sein.

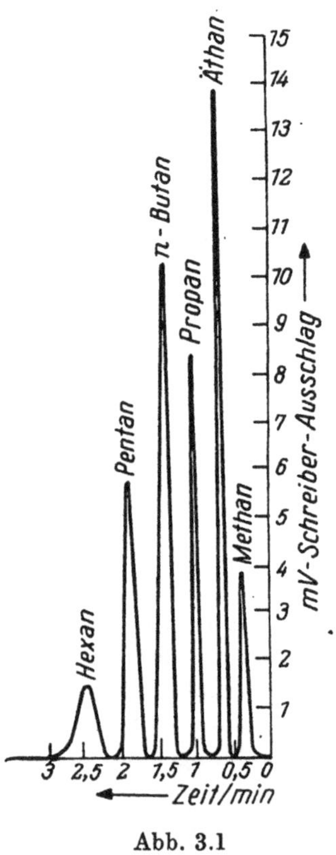

Abb. 3.1

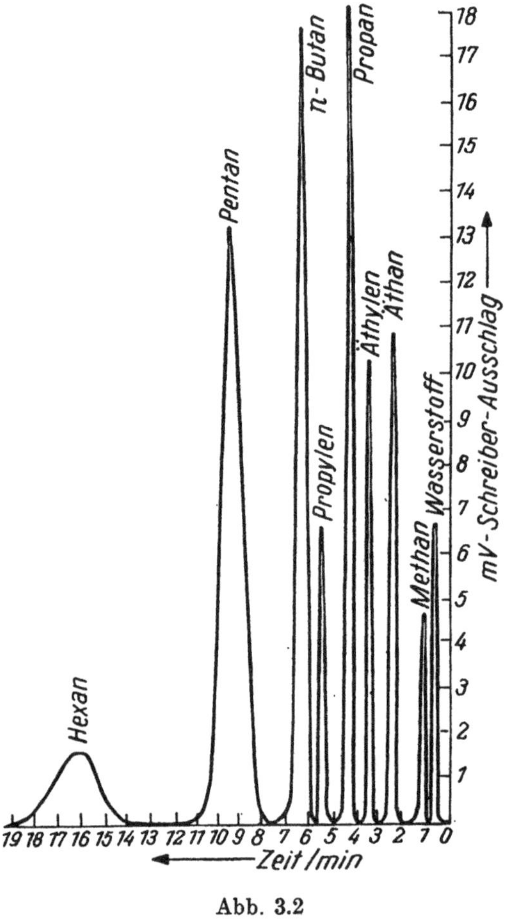

Abb. 3.2

Es müssen zwei Varianten eines solchen „entgegengesetzten Graduenten" unterschieden werden. Wenn die Richtung der Ofenbewegung für ein derartiges Temperaturfeld mit der Schleppgasrichtung übereinstimmt, so werden die aufgetrennten Komponenten durch die nachfolgenden niedrigen Temperaturen gebremst. Diese Variante nennt man „Methode der Adsorptionsbremsung" [31]. Ihre Anwendung erfordert jedoch die Beachtung einer möglichen, nicht umkehrbaren „Vereisung" der Komponenten im Adsorbens, was später noch besprochen wird. Ihre Anwendung auf die Analyse komplizierter Gemische ist schwierig.

Bei einer zweiten Variante sind Ofenbewegung und Temperaturgraduent dem Schleppgasstrom entgegengerichtet. In diesem Falle werden alle Komponenten von hohen Temperaturen getroffen und ausnahmslos beschleunigt desorbiert.

Betrachten wir die elementare Theorie des letzten Prozesses. Es gilt die Beziehung

$$G = G\, e^{-\sigma(x+wt)} .$$

Demnach ist

$$\frac{dx}{dt} = \frac{v}{G_0\, e^{-vx} \,.\, e^{-wt\sigma}} .$$

Durch Integration erhalten wir

$$1 - e^{-\sigma x} = \frac{1}{\eta\, G_0}\,(e^{\sigma w t} - 1) .$$

Wenn $\sigma\, x$ und $\sigma\, w\, t$ kleine Größen sind, so folgt aus einer Reihenentwicklung

$$x = \frac{v}{G_0}\, t + \frac{t^2\, w^2\, \sigma}{v\, \eta\, G_0}\left(1 + \frac{1}{\eta\, G_0}\right) .$$

Die so gewonnene Gleichung zeigt eine zusätzliche Beschleunigung q an, die sich aus den Adsorptionskoeffizienten ergibt.

Da $\eta\, G_0 \gg 1$, ist $q = \frac{w\, v\, \sigma}{\eta\, G_0}$.

Auf diese Art erhalten die einzelnen Komponenten zugleich mit verschiedener Geschwindigkeit auch unterschiedliche Beschleunigungen, die auch von dem Henryschen Koeffizienten abhängig sind. Deshalb ist offenbar der Abstand zwischen den Komponenten größer als bei einer bei mittlerer Säulentemperatur durchgeführten isothermen Entwicklung.

Ein Mangel dieser Variante ist, daß alle Komponenten innerhalb des Temperaturfeldes den hohen Temperaturen zustreben und unterschiedliche Temperaturen durchlaufen. Dabei wird sich die besser adsorbierbare Komponente am Ende der Entwicklung unter der Einwirkung höherer Temperaturen nahe der schlechter abdsorbierbaren befinden.

In dieser Beziehung hat die erste der besprochenen Varianten gegenüber der zweiten den Vorzug. Da bei dieser Variante eine der Komponenten sich schneller, die andere aber langsamer als das Temperaturfeld bewegt, muß die Temperatur, bei der sich die Komponenten am Anfang des Versuchs befinden, zwischen ihren charakteristischen Temperaturen liegen. Die Realisierung dieser Bedingung ist jedoch besonders für Komponenten mit wenig unterschiedlichen Adsorptionseigenschaften schwierig und kann nur automatisch vor sich gehen.

Die von uns vorgeschlagene Methode zur Bestimmung der Anfangstemperaturen mit Hilfe kontinuierlicher Proben ist keine optimale Lösung. Es muß irgendein Faktor beide Komponenten allmählich in den Bereich höherer Temperaturen überführen bis die Temperatur erreicht ist, die zwischen den charakteristischen liegt. Es wäre natürlich zweckmäßig, danach die Wirkung dieses Faktors zu untersuchen. Felder dieser Art, deren Aussehen vom Trennprozeß abhängt und die als selbstkoordinierende bezeichnet werden, behandeln wir später.

Der obengenannte Faktor muß die Trennung begünstigen. Solch ein Faktor kann die Erhöhung der Schleppgasgeschwindigkeit v oder die Verringerung der Ofengeschwindigkeit w sein. Um im Augenblick der Beschleunigung der ersten Komponente die Wirkung dieses Faktors auszuschalten, kann man folgendermaßen verfahren:

Die Wanderungsgeschwindigkeit der Komponenten wird durch einzelne Impulse erhöht, indem der Ofen so lange in seine Ausgangsstellung wieder zurückkehrt, bis nach einer dieser Temperaturfeldbewegungen die erste mit dem Schleppgas bewegte Komponente sich nicht in einer Zone befindet, deren Temperatur höher ist als die charakteristische Temperatur dieser Komponente.

Bei Anwendung des umgekehrten Graduenten muß die Gefahr einer möglichen Aufteilung einer Komponente auf die anderen Zonen berücksichtigt werden.

IV. Impuls-Gas-Chromatographie

Oben wurde die Wirkung eines in den Säulenabschnitten sich regelmäßig ändernden Temperaturfeldes geschildert. Jetzt soll die Wirkung einer starken, kurzfristigen Erwärmung (Impuls) mit darauffolgender Abkühlung beschrieben werden.

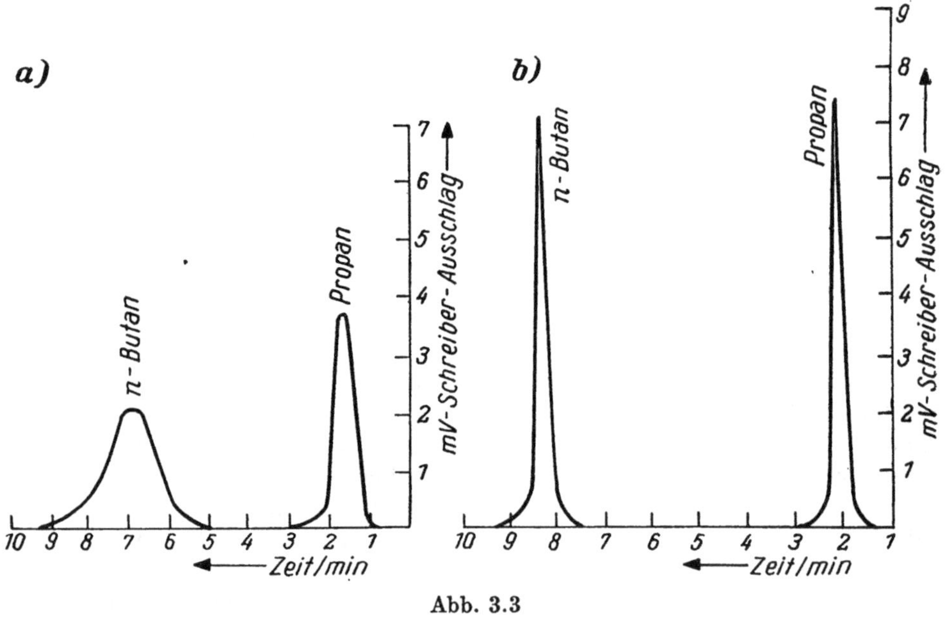

Abb. 3.3

Bei der Entwicklungsmethode ist die Länge der Trennsäule, wie schon betont, ein Faktor, der im Prinzip die Trennung beliebiger Gemische ermöglicht. Jedoch wird einer beliebigen Verlängerung der Trennsäule durch die Empfindlichkeit des Detektors im Zusammenhang mit den Faktoren, die eine Zonenverbreiterung herbeiführen, eine Grenze gesetzt.

In Abbildung 3.3a ist die Elutionskurve der Trennung eines Propan/Butan-Gemisches nach der Entwicklungsmethode mit zeitlichen Temperaturänderungen auf Silikagel SchSK dargestellt. Abbildung 3.3b zeigt eine Elutionskurve desselben Gemisches, die mit Hilfe der Impuls-Gas-Chromatographie gewonnen wurde. Dabei verringerte sich die Zonenbreite der Komponenten, aber der Abstand zwischen den Zonen (Δx) vergrößerte sich.

Wenn nämlich nach der Ausbildung der Stoffzonen im ersten Säulenabschnitt die Komponente auf irgendeinem guten Adsorbens adsorbiert ist und danach plötzlich ein Temperaturstoß folgt (ein *Impuls* gegeben wird), so konzentriert sich der Stoff auf ein kleines Volumen. Dann setzt sich der Entwicklungsprozeß durch eine jetzt beliebig lange Trennsäule fort. Diese Impulse erleichtern die Zirkulation, da die Stoffe nach dem Impuls in den Anfangsabschnitt der Säule zurückgeführt werden können.

Obwohl diese Methode den Einsatz längerer Trennsäulen gestattet und die Nachweisempfindlichkeit des Gerätes erhöht, so ist doch bei gleicher Säulenlänge die Trennung etwas schlechter als bei der Entwicklungsmethode, weil die Impulse eine gewisse Vermischung der Komponenten bewirken. Die Impuls-Gas-Chromatographie ergibt nur dann auf gleicher Säulenlänge eine bessere Trennung, wenn ein selbstkoordinierendes Feld eingesetzt wird.

V. Das selbstkoordinierende Feld

Es sollen die optimalen Bedingungen für die Schaffung eines beliebigen Temperaturfeldes vorhanden sein. Gasanalysatoren, Zählvorrichtungen und erwähnte Anlagen sollen in Abhängigkeit von der Konzentrationsverteilung zweckmäßige Temperaturveränderungen ermöglichen. Mit automatischen Anlagen können die Schleppgasgeschwindigkeit und die Temperaturverhältnisse in der Trennsäule variiert werden.

Am Anfang des Trennversuches sehr verwandter Stoffe wird die Entwicklungsmethode angewendet. Von der Größe eines der oben angeführten Kriterien hängt es ab, ob während des Trennprozesses automatisch ein kleiner umgekehrter Graduent in der Säule erzeugt werden soll. In dem Maße, wie ein Minimum entsteht und sich vertieft, kann der Temperaturgraduent steiler werden. Bei der Auftrennung in zwei Zonen (mit angegebener Genauigkeit) lassen sich die nötige Vergrößerung des Abstandes zwischen beiden Zonen und die Verringerung der Zonenbreite leicht verwirklichen. Dazu müssen im Rahmen der Impuls-Chromatographie in dem Augenblick Impulse gegeben werden, in dem der Abschnitt des strömenden Gases den Detektor durchläuft, der dem Minimum auf der Elutionskurve entspricht.

Das Obenangeführte kann bei der Formulierung des Programmes für das Thermo-Adsorptions-Gas-Chromatographie-Gerät ausgewertet werden.

Die im Artikel genannten Varianten der Thermo-Adsorptions-Gas-Chromatographie können in erster Linie ihre Anwendung in der Erdöl- und chemischen Industrie finden, z. B. für die Gemischtrennung, Identifizierung von Komponenten, für präparative Zwecke u. ä. Besonders empfiehlt sich die Anwendung der Thermo-Adsorptions-Methoden für die Analyse kleiner Stoffkonzentrationen, im besonderen bei Untersuchungen von Erdöl und Gas als Hilfsmittel der Geochemie, in der physiologischen Chemie zur Abtrennung wertvoller Verbindungen, die in Substanzgemischen nur in sehr kleinen Konzentrationen vorliegen, und für anderes mehr.

LITERATURVERZEICHNIS

[1] SCHUFTAN, P., Gasanalyse in der Technik. GNTI, Ukraina, Charkow (1933).
[2] GRIGORJEW, G. G., SUBOTTA, M. J., TURKELTAUB, N. M., JASENJEW, B. P., Gas- und Gaskernaufnahme und Gasanalyse. Gostoptechisdat (1954).
[3] GREENE, S. A., MOBERG, M. L., WILSON, E. M., Liebigs Ann. Chem., **18**, 1939 (1956).
[4] EUCKEN, A. und KNICK, H., Brennstoff-Chem., **17**, 241 (1936).
[5] TURNER, N. C., Oil Gas J., **40**, Nr. 51, 48 (1943).
[6] WAGIN, E. W., SHUCHOWITZKI, A. A., DAN SSSR, **94**, 273 (1954).
[7] SHUCHOWITZKI, A. A., SOLOTARJEWA, O. W., SOKOLOW, W. A., TURKELTAUB, N. M., DAN SSSR, **77**, 435 (1951).
[8] HAMMAR, E. G. B., Kem. Tidskrift, **63**, 125 (1951).
[9] SHUCHOWITZKI, A. A., TURKELTAUB, N. M., DAN SSSR, **94**, 77 (1951).
[10] TURKELTAUB, N. M., SCHWARZMAN, W. P., GEORGIEWSKAJA, T. W., SOLOTARJEWA, O. W., Shurnal Fisitschesskoi Chimii, **27**, 1827 (1953).
[11] BERG, C., Trans. Amer. Inst. chem. Engr., **42**, 665 (1946).
[12] SHUCHOWITZKI, A. A., TURKELTAUB, N. M., GEORGIEWSKAJA, T. W., DAN SSSR, **92**, 987 (1953).
[13] SHUCHOWITZKI, A. A., Arbeiten der Komm. der anal. Chemie. Isdat AN SSSR, **6**, 35 (1956).
[14] GLUECKAUF, E., Trans. Faraday Soc., **51**, 34 (1955).
[15] RÖCK, H., Chemie-Ing.-Techn., **28**, 489 (1956).
[16] BRODSKI, A. M., KALINENKO, R. A., LAWROWSKI, K. P., Chimija i technologija Topliwa, **8**, 18 (1956).
[17] WLADIMIROW, B. W., Neftjanoje Chosjaisstwo, Nr. 7 (1956).
[18] SHUCHOWITZKI, A. A., TURKELTAUB, N. M., Usspechi Chimii, **7**, 859 (1956).
[19] SHUCHOWITZKI, A. A., TURKELTAUB, N. M., SCHWARZMAN, W. P., Shurnal Fisitschesskoi Chimii, **28**, 1901 (1954).
[20] TURKELTAUB, N. M., Arbeiten der Komm. der anal. Chemie. Isdat AN SSSR, **6**, 147 (1955).
[21] TURKELTAUB, N. M., Heftjanoje Chosjaisstwo, Nr. **4**, 72 (1954).
[22] TURKELTAUB, N. M., SHUCHOWITZKI, A. A., Erdölgeologie, **2**, 54 (1956).
[23] ALM, R. C., WILLIAMS, R. J. P., TISELIUS, A., Acta chem. scand., **6**, 826 (1952).
[24] GLUECKAUF, E., KITT, G. P., Proc. Roy. Soc. London, **234**, 557 (1956).
[25] HOARE, M. R., PURNELL, J. H., Research Corr. Suppl. to Research, **8**, 41 (1955).
[26] HOARE, M. R., PURNELL, J. H., Trans. Faraday Soc., **52**, 222 (1956).
[27] HRAPIA, H., KÖNNECKE, H. G., J. prakt. Chem., [4], **3**, 106 (1956).
[28] WIEBE, A. K., J. physic. Chem., **60**, 685 (1956).
[29] GRANT, D. W., VAUGHAN, G. A., J. appl. Chem., **6**, 145 (1956).
[30] PHILLIPS, C. G. S., Gas Chromatography. London (1956).
[31] SHUCHOWITZKI, A. A., WAGIN, E. W., PETUCHOW, S. S., DAN SSSR, **402**, 771 (1955).
[32] LU PEI-TSCHAN, HUAN JUI-DE, KAN TAN, Acta focalia sinica, **1**, 146 (1956).

Die Theorie der Trennung durch nichtisotherme Adsorption

Von E. W. WAGIN und A. A. SHUCHOWITZKI, Moskau

Unter den verschiedensten Trennverfahren von Gemischen in der chemischen und erdölverarbeitenden Industrie gewinnen die Adsorptionsmethoden immer mehr an Bedeutung. Eine besonders breite Anwendung erfahren chromatographische Methoden. Eine dieser Methoden ist die Trennung durch nichtisotherme Adsorption, die auf der Bewegung des Adsorptionsfeldes längs der Adsorbenssäule unter Einfluß eines sich verlagernden Temperaturfeldes beruht.

Trotz verschiedener Veröffentlichungen und einer breiten industriellen Anwendung des Prozesses gibt es noch keine Theorie über die Trennung durch nichtisotherme Adsorption.

Die von WIRTH [1] gegebene Einschätzung der Trennung durch nichtisotherme Adsorption wie auch eine Prozeßerklärung JANOWSKIS [2], die auf der Theorie der Verdrängungsmethode von TISELIUS [3] aufbaut, lösen die Aufgabe einer theoretischen Darstellung nur annähernd.

In dieser Arbeit werden die Hauptumstände einer allgemeinen Theorie der Trennung durch nichtisotherme Adsorption (Thermo-Gas-Chromatographie) erläutert. Der erste Teil behandelt den Prozeß der Frontbildung eines Stoffes bei thermischer Desorption und die Beziehungen, die die Lage der Stofffronten bei linearen und Langmuirschen Adsorptionsisothermen bestimmen. Außerdem werden die Trennprobleme einiger Stoffe und das Vermischen der Substanzzonen bei der Trennung durch nichtisotherme Adsorption untersucht.

Zuerst wird auf die physikalischen Grundlagen, die die thermische Trennung hervorrufen, kurz eingegangen. Bekanntlich beruhen alle chromatographischen Methoden auf den verschiedenen Wanderungsgeschwindigkeiten der adsorbierten Stoffe längs der Trennsäule, was durch unterschiedliche Adsorbierbarkeit der Komponenten hervorgerufen wird.

Die Thermo-Gas-Chromatographie unterscheidet sich von den anderen Methoden durch die Natur des Faktors, der das Wandern der adsorbierten Stoffe hervorruft. Bei der Bewegung eines Ofens längs der Trennsäule wird das Adsorbens erwärmt, und eine örtliche Desorption tritt ein. Dank dem entstehenden okalen Druckanstieg entwickelt sich eine aerodynamische Strömung, die bei

Gemischen zur Trennung der Stoffe führt. Untersuchen wir den einfachsten Fall der thermischen Desorption, die Verteilung eines Stoffes im Temperaturfeld.

Die Länge der Trennsäule sei unendlich groß, das Temperaturfeld im Ofen konstant und unabhängig von der Zeit, wobei im Querschnitt senkrecht zur Achse der Trennsäule die Temperaturen aller Punkte gleich sein sollen. Der Ofen, der dieses Temperaturfeld schafft, bewege sich mit einer bestimmten Geschwindigkeit. Wir nehmen an, daß die Adsorptionsgeschwindigkeit unendlich groß ist und eine Längsdiffusion ausbleibt. Abbildung 4.1 zeigt die einzelnen Etappen der Frontbildung des Stoffes im Inneren der Trennsäule. Die Position b entspricht der Anfangslage, die durch Auftragen einer bestimmten Stoffmenge auf das Adsorbens entstanden ist. Die anderen Zwischenräume in der Trennsäule nimmt ein Schleppgas ein, das nicht adsorbiert wird. Das Schleppgas kann in das Adsorbens eindringen, aber auch ohne Zwang wieder entweichen. Die Verschiebung des Temperaturfeldes von b_1 nach c_1 ruft eine entsprechende Verschiebung des adsorbierten Stoffes aus b_2 nach c_2 hervor. Dabei verändert sich der Charakter der Stoffverteilung, da im Bereich der Zone mit adsorbiertem Stoff die Temperatur wechselt, aber der Druck konstant ist. Die Menge adsorbierter Stoffe bei konstantem Druck stimmt durch die Temperatur mit der Gleichung der Adsorptionsisobaren $a = f(T)$ überein. Die Stoffmenge, die an der hinteren Grenze der Zone adsorbiert ist, verringert sich ununterbrochen, die Grenze selbst aber bleibt, bezogen auf die Adsorptionszone, unbeweglich. Die Substanz, die im hinteren Teil der Zone desorbiert wird, wird an der vorderen Front der Zone adsorbiert, wobei die Menge des auf eine Adsorbenseinheit adsorbierten Stoffes an der vorderen Grenze konstant bleibt, da die Temperatur an dieser Stelle der Trennsäule noch der Anfangstemperatur entspricht. Die Stoffadsorption an der Vorderfront der Zone führt zur Verlagerung der Vorderfront längs der Trennsäule. Die Frontbildung ist beendet, sobald in jedem Querschnitt Stoffmenge und Temperatur voll übereinstimmen, was durch die Isobare $a(T)$ ausgedrückt wird, und sobald in der weiteren Folge die stabile Front sich in der Trennsäule mit der gleichen Geschwindigkeit wie der Ofen bewegt. Dieser Zustand ist in Abbildung 4.1 durch die Position d ausgedrückt. Somit entspricht nach Beendigung der Frontbildung die sich mit derselben Geschwindigkeit verlagernde Verteilung der adsorbiererten Stoffe den verlagernden Temperaturen. Die Verbindung zwischen Temperaturfeld und Stoffverteilung wird durch die Gleichung der Isobaren ausgedrückt. Im besonderen ist für die lineare Adsorptions-Isotherme

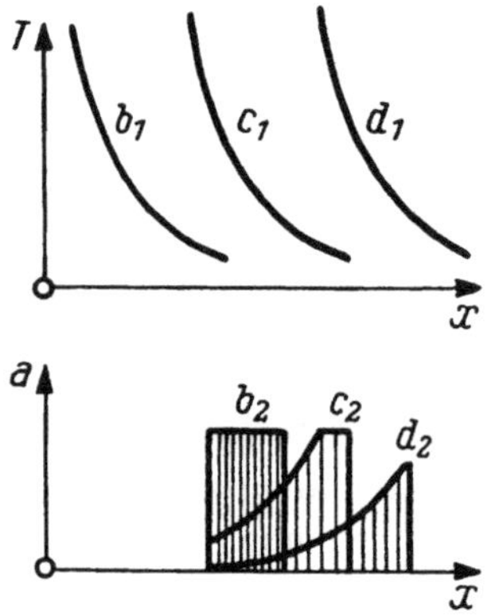

Abb. 4.1

$$a = A\, e^{Q/RT}\,. \tag{1}$$

Bei der Desorption erschöpft die Beziehung $a(T)$ (1) bei $P =$ konstant und $T(x)$ die Aufgabe und schafft die Möglichkeit, die Temperatur T_1 zu finden, welche die Lage der Substanzfront, d. h. des vorderen Randes der gebildeten Zone, bestimmt.

Die thermische Desorption eines Stoffes

Betrachten wir den Vorgang der Frontbewegung für eine Komponente. Die Menge des adsorbierten Stoffes, bezogen auf eine Einheit des Adsorbensquerschnittes, sei a_0, die Temperatur am vorderen Rand der gebildeten Zone T_1, und $a(T)$ sei die Gleichung der Isobaren, während sich $T(x)$ (s. Abb. 4.2) längs der Säule mit der Geschwindigkeit W_n verlagert. Der Anfang der Koordinate ($x = 0$) entspricht einer unendlich hohen Temperatur.

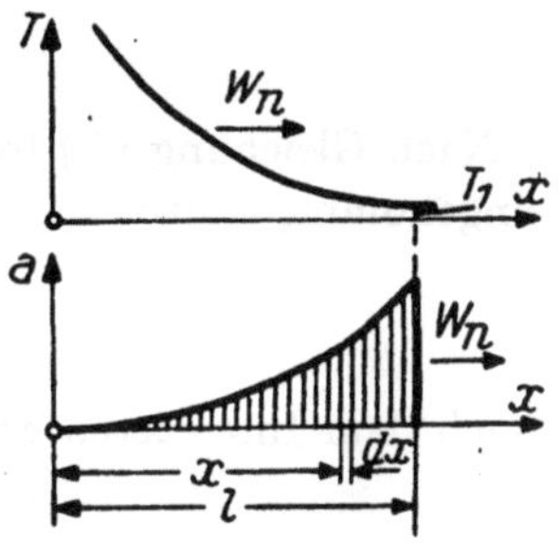

Abb. 4.2

$$da = a(T)\, dx \qquad (2)$$

oder x durch T ausgedrückt,

$$da = a(T) \frac{1}{T'(x)} \cdot dt\,. \qquad (2')$$

Die gesamte Menge des adsorbierten Stoffes beträgt:

$$a_0 = \int\limits_{\infty}^{T_1} a(T) \cdot \frac{1}{T'(x)} \cdot dT\,. \qquad (3)$$

Da T durch x eindeutig bestimmt ist, folgt

$$a(T) \frac{1}{T'(x)} = \varphi(T)$$

und

$$a_0 = \int\limits_{\infty}^{T_1} \varphi(T) \cdot dT\,. \qquad (3')$$

Aus Gleichung (3') kann die Temperatur T_1 berechnet werden. Um die Länge der Säule zu bestimmen, die von der stabilen Front des Stoffes eingenommen wird, integrieren wir Gleichung (2) gegen x:

$$a_0 = \int\limits_0^l a(T)\, dx\,. \qquad (4)$$

Da

$$T = T(x)\,,$$

folgt

$$a_0 = \int\limits_0^l f(x) \cdot dx\,. \qquad (4')$$

Aus der Gleichung (4') kann l bestimmt werden. Aus den Hauptgleichungen der thermischen Desorption (3') und (4') geht hervor, daß die Erhöhung der

Menge des adsorbierten Stoffes eine Verringerung von T_1 und eine Vergrößerung von l hervorruft. Im folgenden werden einige Fälle der thermischen Desorption eines Stoffes untersucht.

Die thermische Desorption von Gasen mit linearer Adsorptionsisotherme

Die Adsorptionsisobaren von Gasen mit linearen Isothermen genügen der Gleichung (1).

Das Temperaturfeld sei durch eine gleichseitige Hyperbel zu charakterisieren:

$$T = \frac{E}{x} . \tag{5}$$

Nach Gleichung (4′) folgt für die Zonenbreite l, die von der stabilen Gaszone eingenommen wird:

$$a_0 = \int_0^l A \cdot e^{Qx/RE} \cdot dx .$$

Nach dem Integrieren erhalten wir für die Zonenbreite l:

$$l = \frac{RE}{Q} \ln\left(1 + \frac{a_0 Q}{A R E}\right) . \tag{6}$$

Die Temperatur des vorderen Zonenrandes T_1 wird aus den Gleichungen (5) und (6) bestimmt.

$$T_1 = \frac{Q}{R} \frac{1}{\ln\left(1 + \frac{a_0 Q}{A R E}\right)} . \tag{7}$$

Formel (7) zeigt, daß bei sonst gleichen Bedingungen die Verringerung der Größe E die Temperatur des vorderen Zonenrandes verkleinert. Aus derselben Gleichung geht hervor, daß bei sonst gleichen Bedingungen bei vergrößertem Adsorptionsvolumen des Adsorbens der vordere Zonenrand bei höherer Temperatur liegt.

Die thermische Desorption von Gasen mit Langmuirscher Adsorptionstherme

Die Adsorptionsisobare nach LANGMUIR wird durch die Gleichung ausgedrückt:

$$a = \frac{A\, e^{Q/RT}}{1 + B\, e^{Q/RT}} . \tag{8}$$

Das Temperaturfeld wird ebenso wie für den vorhergegangenen Fall durch die gleichseitige Hyperbel (5) beschrieben.

Wir verwenden Gleichung (4) und bestimmen die Säulenlänge, die von der stabilen Gaszone eingenommen wird, nach

$$a_0 = \int_0^l \frac{A\, e^{Qx/RT}}{1 + B\, e^{Qx/RT}} \cdot dx ,$$

woraus

$$l = \frac{R E}{Q} \ln \frac{(1 + B)\, e^{a_0 \cdot Q B / A R E} - 1}{B} \tag{9}$$

folgt.

Ebenso wie Gleichung (6) beschreibt Gleichung (9) die logarithmische Abhängigkeit der Zonenbreite von den Eigenschaften des Adsorbats und des Adsorbenten, von den Größen, die das Temperaturfeld und die Menge des auf das Adsorbens aufgegebenen Gases charakterisieren.

Die Temperatur des vorderen Zonenrandes wird nach den Gleichungen (5) und (9) bestimmt.

$$T_1 = \frac{Q}{R} \cdot \frac{1}{\ln \frac{1}{B} \left[(1 + B)\, e^{a_0 \cdot Q B / A R E} - 1\right]} . \tag{10}$$

Gleichung (10) zeigt, daß bei sonst gleichen Bedingungen (einschließlich gleicher Stoffmengen a_0) E um so kleiner ist, je niedriger die Temperatur des vorderen Zonenrandes ist.

Gleichung (10) gilt ebenso wie Gleichung (7) für die thermische Desorption eines Stoffes bei unendlich hoher Temperatur am heißen Ende der Trennsäule. Bei einer endlichen Temperatur am heißen Ende der Trennsäule ist die Bestimmung der Temperatur an der Vorderfront interessant. Wenn L die Länge der Trennsäule bezeichnet, folgt für die Temperatur der Vorderfront T_L:

$$T_L = \frac{Q}{R} \cdot \frac{1}{\ln \frac{1}{B} \left[\dfrac{(1 + B)\, e^{\frac{a_0 Q B}{A R E}} - 1}{1 - e^{\frac{a_0 Q B}{A R E} - \frac{Q L}{R E}}} \right]} . \tag{10'}$$

Formel (10') wurde analog der Formel (10) abgeleitet.

Stoffverteilung bei der Trennung durch nichtisotherme Adsorption

Betrachten wir den Mechanismus des Prozesses der Gemischtrennung mehrerer Gase.

Es sollen die früheren Annahmen bestehenbleiben. Wir nehmen die Adsorptionsgeschwindigkeit als unendlich groß und die Längsdiffusion als fehlend an.

Die Bewegung des Temperaturfeldes ruft in jeden Querschnitt die Desorption der einen Komponente und die Adsorption der anderen Komponente und als Ergebnis dieser Prozesse das Wandern der Komponenten durch die Adsorptions-Trennsäule hervor.

Für eine beliebige i-te Komponente des zu trennenden Gemisches ist die Formel gerechtfertigt:

$$-\frac{\partial v c_i}{\partial x} = \frac{\partial a_i}{\partial t} . \tag{11}$$

$$a_i = f(c_1, c_2 \cdots c_n, T) . \tag{12}$$

x ist der Abstand vom Säulenanfang, t die Zeit, v die lineare Strömungsgeschwindigkeit, c_i die Konzentration, a_i die Adsorptionsgröße und T die Temperatur. Gleichung (11) ist die Hauptgleichung der Dynamik der Adsorption und drückt die Stoffbilanz aus. Gleichung (12) ist die thermische Gleichung der Adsorption einer Komponente des Gasgemisches. Ein dem System der Gleichungen (11) und (12) analoges Gleichungssystem begegnet uns in einer Reihe von Arbeiten über die Adsorptionsdynamik [4, 5, 6]. Der Unterschied zwischen den obenangeführten Ausdrücken und den Gleichungen in den angeführten Arbeiten besteht darin, daß in unserem Fall die Temperatur T eine Funktion von x und t ist. Diese Abhängigkeit wird völlig durch das Bewegungsgesetz des Ofens bestimmt, da wir annehmen, daß die Temperatur in jedem beliebigen Punkte des Adsorbens genau gleich der Ofentemperatur an dieser Stelle ist.

Somit muß die Abhängigkeit

$$T' = T(x, t) \tag{13}$$

durch das Bewegungsgesetz und die Charakteristik des Ofens geschaffen werden. Für die thermische Desorption ist die Unbeständigkeit von v charakteristisch. Deshalb wurde v in der Gleichung (11) unter dem Differentialzeichen eingeführt. Das System der Gleichungen (11) und (12) enthält für n-Komponenten $(2\,n + 1)$ unbekannte Funktionen, da außer c_i und a_i auch v eine noch unbekannte Funktion darstellt. Die Zahl der Gleichungen ist $2\,n$. Die fehlende Gleichung folgt aus der Forderung der Druckkonstanz in allen Punkten der Trennsäule:

$$T \cdot \sum_{i=1}^{n} c_i = B\,. \tag{14}$$

Diese Gleichung gilt für ideale Gase. Hier ist $B = \frac{P}{R}$, wobei P den Gesamtdruck im System und R die Gaskonstante bedeutet. Somit ermöglicht das System der Gleichungen (11), (12), (13) und (14) unter entsprechenden Grenz- und Anfangsbedingungen die unbekannte Stoffverteilung zu einem beliebigen Zeitpunkt zu berechnen.

Bei asymptotischer Annäherung an die Geschwindigkeit w können alle Konzentrationen c_i, Adsorptionsgrößen a_i und folglich die Geschwindigkeiten v mit einer allgemeinen Veränderlichen y verbunden werden:

$$y = x - w\,t\,. \tag{15}$$

Gleichung (15) ist die Gleichung einer Wellenbewegung, worin w die Bewegungsgeschwindigkeit der Adsorptionswellen, d. h. die Geschwindigkeit der Ofenbewegung ist. Nach dem Austausch der Veränderlichen x und t in Gleichung (11) haben wir

$$\frac{d v\, c_i}{dy} = w \cdot \frac{da_i}{dy}\,.$$

Das Integrieren dieser Formel ergibt:

$$v\, c_i = w\, a_i + K\,.$$

Die Integrationskonstante K ist Null, da für $c_i = 0$ auch $a_i = 0$; folglich ist

$$v\, c_i = w\, a_i\,. \tag{16}$$

Die letzte Gleichung bildet zusammen mit Gleichung (14) und der thermischen Adsorptionsgleichung ein algebraisches Gleichungssystem, das die asymptotische Verteilung charakterisiert.

Verbleiben wir bei einigen Einzelfällen der thermischen Trennung und bestimmen wir für diese die asymptotische Verteilung.

Asymptotische Verteilung von Stoffen mit linearen Adsorptionsisothermen

In diesem Falle haben alle Komponenten des zu trennenden Gemisches lineare Adsorptionsisothermen $a_i = G_i \cdot c_i$ mit unterschiedlichen Adsorptionskoeffizienten G_i, die nur von der Temperatur abhängig sind.

Gleichung (16) nimmt folgende Form an:

$$v = G_i\, w\,. \tag{17}$$

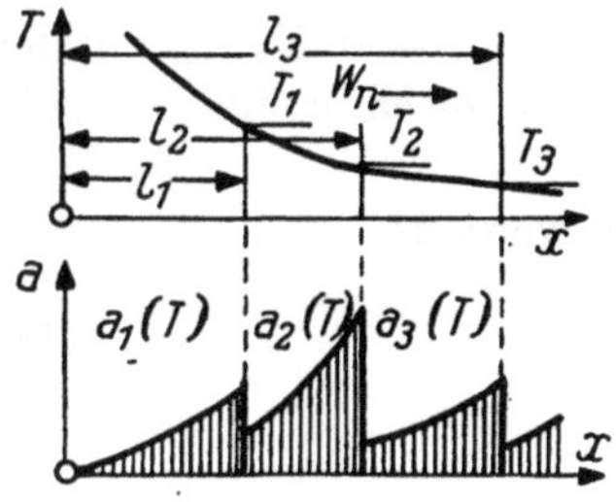

Abb. 4.3

Die Strömungsgeschwindigkeit ist im gegebenen Zeitpunkt und im gegebenen Punkt eine konstante Größe. Deshalb geht aus Gleichung (17) hervor, daß die Adsorptionskoeffizienten G_i aller Komponenten untereinander gleich sind. Dieses steht im Widerspruch zu den Ausgangsbedingungen und bedeutet, daß in der asymptotischen Verteilung die Komponenten nicht koexistent sein können. Die einzige Verteilung, die Gleichung (17) entspricht, ist die Verteilung der Komponenten unter voller Berücksichtigung der Gleichung (14).

Für den zu untersuchenden Fall zeigt sich die asymptotische Verteilung der Komponenten in folgender Form: In der Zone hoher Temperaturen lagert sich die Komponente mit dem größten Adsorptionskoeffizienten ab. Das Verteilungsgesetz der adsorbierten Menge dieses Stoffes wird durch seine Adsorptionsisobare bestimmt, da an allen Punkten der Trennsäule der Druck konstant sein muß. Die weiteren Komponenten lagern sich entsprechend ihrer Adsorbierbarkeit ab. Eine solche asymptotische Verteilung der Stoffe mit linearen Adsorptionsisothermen für ein Gasgemisch ist in Abbildung 4.3 dargestellt.

Folglich muß für die Voraussage der asymptotischen Verteilung die Adsorptionsisobare der einzelnen Komponenten bekannt sein. Verbleiben wir kurz bei der physikalischen Erläuterung der gewonnenen Ergebnisse. Gleichung (17) bestimmt die Bewegungsgeschwindigkeit der Komponente in der Trennsäule. Diese Geschwindigkeit hängt nur vom Adsorptionskoeffizienten G_i der Komponente i ab. Deshalb wird sich ein weniger adsorbierbarer Stoff an irgendeiner Stelle der Trennsäule auf beliebigem Adsorbenten und in verschieden zusammengesetzten Gasphasen schneller als alle anderen Komponenten bewegen. Gleiche Verschiebungsgeschwindigkeiten w in der Trennsäule können die Komponenten nur dann erreichen, wenn sie sich in verschiedene Zonen des Temperaturfeldes eingeordnet haben. Folglich muß sich bei einer großen Trennsäulenlänge die asymptotische Verteilung der Komponenten in verschiedene Zonen des Temperaturfeldes in Übereinstimmung mit ihrer Adsorbierbarkeit einstellen.

Die asymptotische Verteilung von Stoffen mit Langmuirschen Adsorptionsisothermen

Bekanntlich wird die Adsorption einer beliebigen i-ten Komponente, die der Langmuirschen Gleichung unterliegt, durch die Gleichung beschrieben:

$$a_i = \frac{G_i \cdot c_i}{1 + \frac{1}{Z} \sum_1^m G_n \cdot c_n}.$$

G_i ist der Adsorptionskoeffizient des betreffenden Gases für $c \to 0$, Z die Zahl der Adsorptionszentren, m die Anzahl der Komponenten im Gemisch, n eine Laufzahl 1 bis m.

Die Gleichung kann folgendermaßen umgeschrieben werden:

$$\frac{a_i}{c_i} = \frac{G_i}{1 + \frac{1}{Z} \sum_1^m G_n \cdot c_n}. \tag{18}$$

Dann nimmt die Gleichung für die Bewegung der unbekannten asymptotischen Verteilung (16) dieses Aussehen an:

$$v = w \frac{G_i}{1 + \frac{1}{Z} \sum_1^m G_n \cdot c_n}. \tag{19}$$

Für alle m Komponenten ist in Gleichung (19) der Nenner eine einstellige Größe. Die Strömungsgeschwindigkeit v und die Bewegungsgeschwindigkeit w der asymptotischen Verteilung bedeuten, wie oben angeführt, im jeweiligen Augenblick und im betrachteten Querschnitt Größen, die für eine beliebige Komponente konstant sind. Deshalb geht aus Gleichung (19) wiederum als paradoxe Schlußfolgerung die Gleichheit der Adsorptionskoeffizienten G_i aller Komponenten hervor.

Deshalb können für den Fall der thermischen Gemischtrennung, beschreibbar mit der Langmuirschen Gleichung, in der asymptotischen Verteilung die Komponenten nicht koexistent sein, sondern trennen und verteilen sich auf die verschiedensten Zonen des Temperaturfeldes des Ofens. Die Komponentenverteilung erfolgt in diesem Falle analog der Verteilung von Stoffen mit linearen Adsorptionsisothermen. Eine für die Trennung günstige Verteilung der Komponenten ist nicht für alle thermischen Adsorptionsgleichungen möglich. Betrachten wir als Beispiel das Gemisch zweier Gase, von denen das eine eine lineare und das andere eine gebogene unabhängige Isotherme hat. Mögen sich diese Isothermen bei einigen von den Temperaturen abhängigen Drücken P_2 schneiden, wie Abbildung 4.4 zeigt, so bedeutet dies, daß sich die Isobaren für den Druck in der Adsorptionsschicht (zum Beispiel P_2) bei irgendeiner Temperatur T_2 überschneiden. Bei allen Temperaturen, die höher als T_2 sind, wird der Druck entsprechend der Überschneidung der Isothermen größer als P_2 sein, d. h. in einem Bereich, der für den zu klärenden Fall ohne Interesse ist. Im Bereich des Druckes, der niedriger als P_2 ist, schneiden sich die Isothermen bei Temperaturen, die über T_2 liegen, nicht (Abb. 4.4). Das bedeutet, daß die Beziehung a/c (oder a/P), enthalten in Gleichung (16), in dem zu untersuchenden Druckbereich (von 0 bis P_2) für den Stoff mit einer gebogenen Isotherme größer ist. Folglich wird sich dieser Stoff langsamer bewegen und kann mit dem zweiten Stoff, der eine lineare Adsorptionsisotherme aufweist, nicht koexistent sein. Bei der Temperatur T_2 ist die Beziehung a/c für beide Komponenten gleichgroß. Deshalb wird, beginnend mit Temperaturen T_2 und niedriger, eine immer größere Menge der zweiten Komponente sich mit der ersten Komponente vereinigen. Dabei wird der Partialdruck der ersten Komponente gleich dem Druck der Überschneidung der Isothermen sein, und der Partialdruck der zweiten Komponente wird den der ersten zu P_2 ergänzen. Im Ergebnis werden bei einigen quantitativen Beziehungen die Komponenten am Ende der Trennsäule Bereiche bilden, in denen beide Komponenten vermischt sind.

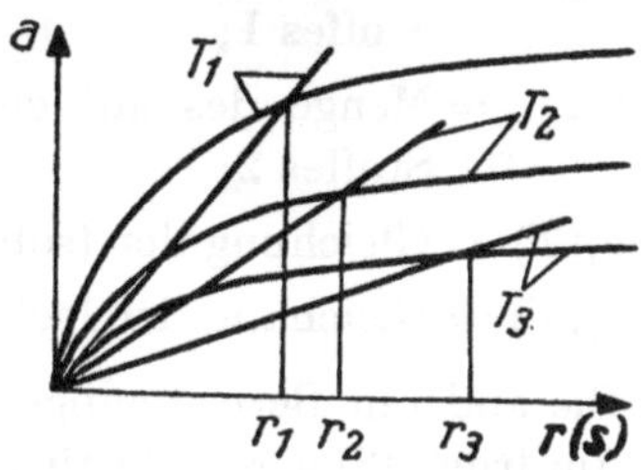

Abb. 4.4

Wesentlich ist, daß diese Verteilung stabil bleibt. Tatsächlich kann auch eine andere, nicht stabile Verteilung die Gleichung (16) befriedigen. In dieser Verteilung nimmt ein Teil des sich leichter adsorbierbaren Stoffes den Temperaturbereich über T_2 ein. Unterhalb der Temperatur T_2 lagert sich rein und vollständig der zweite Stoff ab, danach ordnen sich bei noch niedrigeren Temperaturen Reste des ersten Stoffes ein.

Solch eine Verteilung entspricht der Gleichung (16), aber sie geht durch einen geringfügigen Impuls, der zu einer Vermischung führt, leicht in die obenbeschriebene stabile Verteilung über. Der betrachtete Fall der Adsorptionsazeotrope ist nicht der einzig denkbare. Wenn die Adsorption der Komponenten unabhängig verläuft, so ist die Trennung bei gebogenen Isothermen nicht immer möglich. Tatsächlich können zum Beispiel für das binäre System zwei Konzentrationen gefunden werden, die bei gegebener Temperatur beiden Forderungen, (14) und (16), entsprechen.

Lage der Komponenten bei asymptotischer Verteilung

Lassen wir alle Annahmen und Einschränkungen, die für den Fall der Desorption eines Stoffes galten, in Kraft. Die Isobare eines jeden Stoffes im Gemisch sei bekannt. Die Gleichung des Temperaturfeldes sei $T' = T(x)$. Aus dem früher Dargelegten folgt, daß im Ergebnis der thermischen Trennung in der Adsorptionssäule sich die asymptotische Stoffverteilung zu einem Zeitpunkt einstellen kann, der durch die Adsorptionsaffinität zum Adsorbens bestimmt wird (Abb. 4.3). Die asymptotische Verteilung bewegt sich in der Trennsäule mit der Ofengeschwindigkeit w.

Aus unserer Annahme über das Fehlen einer Längsdiffusion folgt, daß die Druckkonstanz in jedem Säulenquerschnitt durch den Druck einer Komponente geschaffen wird. Wir bestimmen die charakteristischen Temperaturen T_1, T_2, T_3, ..., welche die Lage einer jeden Stofffront im Temperaturfeld fixieren und führen folgende Bezeichnungen ein:

a_{01} = Menge des auf eine Querschnitteinheit der Trennsäule aufgegebenen Stoffes 1;

a_{02} = Menge des auf eine Querschnitteinheit der Trennsäule aufgegebenen Stoffes 2;

$a_1(T)$ = Gleichung der Isobare des ersten Stoffes;

$a_2(T)$ = Gleichung der Isobare des zweiten Stoffes.

Die anderen Bezeichnungen sind bereits bekannt. Für den ersten Stoff ist der Ausdruck (3) gerechtfertigt, und T_1 geht aus Gleichung (20) hervor.

$$a_{01} = \int_{\infty}^{T_1} a_1(T) \frac{1}{T'(x)} dT . \tag{20}$$

Bei der Aufstellung der Differentialgleichungen analog (2′) für den zweiten, dritten und die weiteren Stoffe und durch die Integration dieser Gleichungen in entsprechenden Temperaturgrenzen erhalten wir:

$$a_{02} = \int_{T_1}^{T_2} a_2(T) \cdot \frac{1}{T'(x)} \cdot dT . \tag{20'}$$

Durch Anwendung der Gleichungen (20), (20′) usw. bestimmen wir T_1, T_2, ..., T_m.

Über das Verwaschen der Berührungsgrenzen der Komponenten

Die theoretische Elutionskurve hat für den Fall der thermischen Trennung unbeschadet des Einflusses der Prozeßkinetik, der Längsdiffusion und anderer realer Verwaschungsfaktoren das Aussehen einer rechtwinkligen Stufe (punktierte Kurve in Abb. 4.5). Die Lage des vertikalen Abschnittes der Elutionskurve hängt von der charakteristischen Temperatur ab, die, wie oben angeführt, theoretisch bestimmt werden kann. Die Längsdiffusion und die Kinetik des Prozesses verwaschen den Übergangsbereich der Elutionskurve. Der Verlauf der Elutionskurve ist für diesen Fall in Abbildung 4.5 mit einer durchgezogenen Linie wiedergegeben.

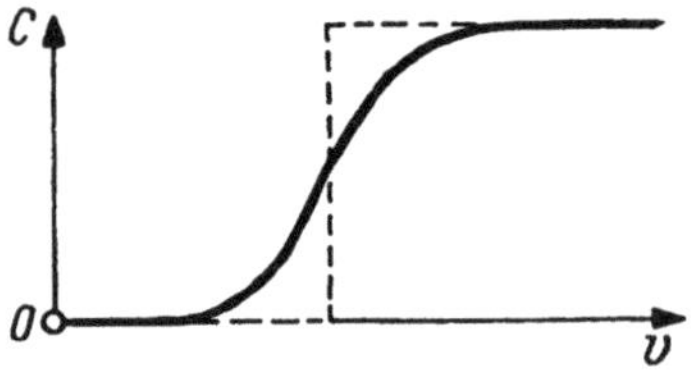

Abb. 4.5

Somit ist, zum Unterschied vom Idealprozeß, bei dem die Stoffentwicklung bei einer streng bestimmten Temperatur T_x vor sich geht, für den realen Prozeß der Temperaturbereich charakteristisch, in dem der Übergang von der Elution des einen Stoffes zu der eines anderen erfolgt. Die tatsächliche charakteristische Temperatur liegt innerhalb dieses Bereichs. Bei Berücksichtigung der Längsdiffusion wird der Prozeß durch folgende Differentialgleichung charakterisiert:

$$-\frac{\partial v\,c}{\partial x} + \frac{\partial}{\partial x}\left(D\,\frac{\partial c}{\partial x}\right) = \frac{\partial a}{\partial t}\,. \tag{23}$$

D ist der Koeffizient der Längsdiffusion. Suchen wir eine stationäre Lösung in Form der Welle $c = f(y)$; $y = x - w\,t$:

$$-\frac{dv\,c}{dy} + \frac{d}{dy}\left(D\,\frac{dc}{dy}\right) = -w\,\frac{da}{dy}\,. \tag{24}$$

Die Integration dieser Gleichung ergibt:

$$-v\,c + D\,\frac{dc}{dy} = -w\,a + B_1\,.$$

Die Integrationskonstante $B_1 = 0$, weil $c = 0$, $a = 0$ und $dc/dy = 0$ ist.

$$D\,\frac{dc}{dy} = v\,c - w\,a\,. \tag{25}$$

Für die gradlinige Isotherme $a = G\,c$ lautet die Gleichung (25)

$$D\,\frac{dc}{dy} = v\,c - w\,G\,c$$

oder

$$D\,\frac{d\ln c}{dy} = v - w\,G\,. \tag{26}$$

Die Integration dieser Gleichung ist kompliziert, weil v eine unbekannte Funktion von y ist.

Schreiben wir die Gleichung (26) für den Säulenquerschnitt im Abstand x vom *Anfang* des Ofens, so haben wir für den ersten Stoff

$$D\,\frac{d\ln c_1}{dx} = v - w\,G_1\,.$$

Für den zweiten Stoff ist

$$D\,\frac{d\ln c_2}{dx} = v - w\,G_2\,.$$

Schalten wir v aus:

$$D\,\frac{d\ln\frac{c_1}{c_2}}{dx} = w\,(G_2 - G_1)\,. \tag{27}$$

Hier sei bemerkt, daß der Diffusionskoeffizient im granulierten Körper direkt umgekehrt proportional der linearen Geschwindigkeit v ist, die in unserem Falle eine veränderliche Größe darstellt. Zur Vereinfachung der mathematischen Berechnungen wollen wir den Diffusionskoeffizienten als annähernd konstant annehmen, indem wir unter D eine mittlere Größe verstehen, die sich vom tatsächlichen Diffusionskoeffizienten wenig unterscheidet.

Die Lösung der Gleichung (27) ergibt

$$D \ln \frac{N_1}{N_2} = w \int_0^z (G_2 - G_1) \cdot dz \,. \tag{28}$$

Hier sind N_1 und N_2 die Molenbrüche des ersten und zweiten Stoffes und z die Länge der Zone, wobei für $N_1 = N_2$ $z = 0$ ist.

Bekanntlich ist für die geradlinige Isotherme

$$G = A\, e^{Q/RT} \,.$$

Wenn das Temperaturfeld mit dem linearen Gesetz $T = T_x - \gamma \cdot z$ beschrieben wird, so ist $G = A e^{Q/RT_x} (1 - \gamma z/T_x)$.

T_x ist die charakteristische Temperatur. Für $\gamma z/T_x$ sind die Einheiten wesentlich kleiner.

Es wird

$$G \approx A\, e \frac{Q\,(1 + \gamma z/T_x)}{R\, T_x} = A\, e^{Q/R T_x} \cdot e^{Q z \gamma / R T^2 x}$$

$$G = p\, e^{\sigma x} \tag{29}$$

wobei

$$p = A\, e^{Q/R T_x}, \qquad \sigma = \frac{Q \gamma}{R\, T^2} \,.$$

Durch Integration von (28) und (29) erhalten wir:

$$D \ln \frac{N_1}{N_2} = w \left[\frac{1}{\sigma_2} (G_2 - G_2^x) - \frac{1}{\sigma_1} (G_1 - G_1^x) \right] . \tag{30}$$

In Gleichung (30) sind G_1^x und G_2^x die Adsorptionskoeffizienten des ersten und zweiten Stoffes bei charakteristischer Temperatur.

Gleichzeitig mit der Längsdiffusion ist die Endlichkeit der Adsorptionsgeschwindigkeit ein wesentlicher Faktor, der die Berührungsgrenze der Komponenten verwäscht.

Den Einfluß dieses Faktors charakterisieren für geradlinige Isothermen die Differentialgleichungen:

$$-\frac{\partial v\, c}{\partial x} = \frac{\partial a}{\partial t} \,, \tag{31}$$

$$\frac{\partial a}{\partial t} = \beta \left(c - \frac{a}{G} \right) . \tag{32}$$

In diesem System ist Gleichung (31) die Hauptgleichung der Adsorptionsdynamik, Gleichung (32) die Gleichung der Adsorptionskinetik, in der β den kinetischen Koeffizient bedeutet. Suchen wir die stationäre Lösung dieses Systems. Auf

Grund früherer Überlegungen ist $y = x - w\,t$, und die Integration der ersten Gleichung ergibt $v \cdot c = w \cdot a$. Die Gleichung der Kinetik (32) wird zu:

$$-w \frac{da}{dy} = \beta\left(c - \frac{a}{G}\right).$$

Aus der Lösung dieser Gleichung erhalten wir zusammen mit Gleichung (16)

$$-v \frac{dc}{dy} = \beta\, c\left(1 - \frac{v}{G\,w}\right). \tag{33}$$

Gleichung (33) kann umgebildet werden:

$$\frac{v^2}{\beta} \cdot \frac{d \ln c}{dy} = v - w\,G.$$

Die gewonnene Gleichung stimmt mit Gleichung (26) überein, wenn angenommen wird, daß $D = v^2/\beta$ ist.

Folglich wirkt die Endlichkeit der Adsorptionsgeschwindigkeit analog der Längsdiffusion mit dem Koeffizienten $D = v^2/\beta$ auf die Form der Elutionskurven ein. Somit wird der Einfluß der Längsdiffusion und der Endlichkeit der Adsorptionsgeschwindigkeit auf das Verwaschen der Berührungsgrenzen mit einer allgemeinen Gleichung (30) beschrieben. In diesem Falle ist D der gesamte effektive Diffusionskoeffizient.

Die Analyse der Gleichung (30) ist durch eine gewisse Kompliziertheit der Funktionen in der eckigen Klammer erschwert. Diese Funktionen können jedoch etwas vereinfacht werden:

$$D \ln \frac{N_1}{N_2} = w\left[\frac{p_2}{\sigma_2}\left(e^{\sigma_2 z} - 1\right) - \frac{p_1}{\sigma_1}\left(e^{\sigma_1 z} - 1\right)\right].$$

Die Exponentialfunktion wird als Reihe entwickelt. Man beschränkt sich auf die ersten drei Glieder und erhält

$$\ln \frac{N_1}{N_2} = \frac{w}{D}\left[z\,(p_2 - p_1) + \frac{z^2}{2}\,(p_2 \sigma_2 - p_1 \sigma_1)\right]. \tag{34}$$

Gleichung (34) zeigt, daß sich die Verwaschung der Elutionskurve verringert, wenn der Unterschied in den Adsorptionseigenschaften der zu trennenden Gase größer wird, wenn das Temperaturfeld schneller wandert und der allgemeine Diffusionskoeffizient kleiner wird. Ein verringertes Verwaschen in der Elutionskurve ermöglicht einen steileren Temperaturgraduenten und eine niedrigere Temperatur T.

Die angeführten theoretischen Zustände wurden experimentell überprüft. Die Versuchsdaten bestätigten die Richtigkeit der theoretischen Schlußfolgerungen.

Zusammenfassung

1. Es wurde eine Theorie der Gastrennung durch nichtisotherme Adsorption gegeben, deren Basis die Annahme der Druckgleichheit in der Trennsäule ist. Bei einer unendlich großen Adsorptionsgeschwindigkeit in Abwesenheit der Längsdiffusion stellt sich im Verlauf der thermischen Desorption die Verteilung des

adsorbierten Stoffes ein, die dem Temperaturfeld entspricht, wobei die Bewegungsgeschwindigkeit des Temperaturfeldes und die Verteilung untereinander gleich sind. Die Lage der Front des adsorbierten Stoffes im Temperaturfeld kann nur bestimmt werden, wenn man die gesamte Stoffmenge, die Adsorptionsisobare und die Temperaturverteilung längs der Trennsäule kennt.

2. Es wurde nachgewiesen, daß Gasgemische mit linearen Adsorptionsisothermen und mit Langmuirschen Isothermen sich gänzlich trennen müssen. Für diesen Fall sind Beziehungen angegeben, welche die Lage einer jeden Komponente im Temperaturfeld bestimmen.

3. Es wurde eine Gleichung aufgestellt, die das Verwaschen der Berührungsgrenzen der Komponenten beschreibt, und gezeigt, daß der Einfluß der Längsdiffusion und der Einfluß der Endlichkeit der Adsorptionsgeschwindigkeit auf das Verwaschen der Berührungsgrenzen der Komponenten mit einer gemeinsamen Formel beschrieben werden können.

LITERATURVERZEICHNIS

[1] WIRTH, H., Mh. Chem., **84**, 156 (1953).
[2] JANOWSKI, M. J., Dissertation MICHM (1947).
[3] TISELIUS, A., Ark. Kem., Mineralog. Geol., **16 A**, 18 (1943).
[4] SHUCHOWITZKI, A. A., SABESHINSKI, J. L., TICHONOW, A. N., Shurnal Fisitschesskoi Chimii, **19**, 253 (1945).
[5] DUBININ, M. M., JAWITSCH, S. J., Shurnal Prikladnoi Chimii, **9**, 119 (1936).
[6] WICKE, E., Angew. Chem., **13**, 15 (1947).

Die Adsorbens-Selektivität und die Trennleistung

Von Lu Pei-tschan und Huan Jui-de, Dairen, China

Für die Analyse von Gemischen, welche Methan–Äthan, Äthylen, Propan, Propylen, n-Butan und α-Butylen enthalten, haben Shuchowitzki und Mitarbeiter [1] die Methode der Thermo-Gas-Chromatographie vorgeschlagen. Diese Methode fand bereits breite Anwendung [2]. Auf Grund theoretischer Untersuchungen an den Elutionskurven vertritt Shuchowitzki die Ansicht, daß die Hauptursache für die Verbreiterung der Substanzzonen die Diffusion in Längsrichtung der Trennsäule sei. Außerdem ist untersucht worden, wie die Zonenverbreiterung eingeschränkt werden kann [3] und wie der Adsorptionsprozeß [4] abläuft. Spätere Arbeiten [5—7] zeigten, daß für ein Gelingen der thermo-gas-chromatographischen Trennung des schon erwähnten Gemisches nicht nur die Wahl der optimalen Bedingungen wichtig ist, sondern daß vor allem die Selektivität des verwendeten Silikagels entscheidenden Einfluß hat. Für den Fall einer ungenügenden Trennung wäre es wünschenswert zu wissen, ob die Ursache in ungünstigen Analysenbedingungen oder in einer ungeeigneten Adsorbens-Selektivität liegt. Es soll deshalb eine Maßzahl zur Bewertung der Selektivität von Trennsäulen für die Thermo- und für die Adsorptions-Gas-Chromatographie definiert werden.

Die maximal erreichbare Verengung der Substanzzonen hat Shuchowitzki aus den Gesetzmäßigkeiten der Ausbildung und Fortbewegung dieser Substanzzonen abgeleitet. Damit ist aber nur eine Bewertung der Trennleistung gegeben, aus der allein nicht hervorgeht, ob ein bestimmtes Substanzpaar mit der vorhandenen Säule getrennt werden kann. Ob die Trennung eines vorgegebenen Stoffpaares gelingt, hängt von der Größe verschiedener Parameter und von den Arbeitsbedingungen ab, und wird durch das Trennvermögen der thermo-gas-chromatographichen Kolonne ausgedrückt.

Auf den Ausführungen von Shuchowitzki aufbauend, haben wir in dieser Arbeit mit der Größe G die Selektivität der thermo-gas-chromatographischen Trennsäule und mit der Größe F die Trennleistung der Säule charakterisiert. Wir haben experimentell nachgewiesen, daß F und G als charakteristische Größen zu werten sind. Mittels dieser beiden Größen können für eine vorgegebene Trennaufgabe Trennsäule und Arbeitsbedingungen ausgewählt werden.

Es zeigt sich dabei, daß eine Auswahl der Analysenbedingungen nur von seiten der Trennleistung zu falschen Schlüssen führt.

Vorliegender Beitrag zeigt, welche Ergebnisse mit der Thermo-Gas-Chromatographie bei der Analyse von Gasgemischen erzielt werden.

Die Trennleistung der Thermo-Trennsäule

C_{max}/C_0 als Größe für die Auftrennung

Wird die Temperatur am Säulenende an der Abszisse aufgetragen, so nimmt die Elutionskurve die in Abbildung 5.1 wiedergegebene Form an. Für eine quantitative Auswertung der Analyse ist eine Elutionskurve um so besser geeignet, je kleiner C_0 ist. Werden die Substanzen im Schleppgas durch direkte Messung physikalischer Größen (wie z. B. Wärmeleitfähigkeit oder Interferenz) nachgewiesen und nicht volumetrisch nach Absorption des Schleppgases, so ist es für eine quantitative Auswertung nicht erforderlich, daß $C_0' \to 0$. Geht man bei der Auswertung von C_{max} oder $C_{max} \cdot \Delta T_H$ aus, genügt es, wenn

$$\frac{C_{max}}{C_0} \gg 4 .$$

Für eine quantitative Bestimmung durch Ausmessen der Flächen oder bei einer integralen Detektionsmethode (volumetrischer oder tritrometrischer Nachweis der getrennten Substanzen) ist eine nahezu völlige Auftrennung notwendig. C_0 ist dann Null. Da von C_0 die Größe C_0' abhängt, kann die Auftrennung durch C_{max}/C_0 beschrieben werden.

Angenommen, die C_{max} zweier benachbarter Stoffe seien etwa gleichgroß, dann erfolgt überhaupt keine Trennung, wenn $C_{max}/C_0 \leq 2$ ist. In den von uns angeführten Beispielen ist $C_{max}/C_0 \geq 10^4$, was eine praktisch vollständige Trennung bedeutet und eine genaue Auswertung ermöglicht.

Die Größen F und G als Maß für Trennleistung und Selektivität

SHUCHOWITZKI u. a. [3] drücken die Elutionskurven durch folgende Gleichung aus:

$$C = C_{max} \cdot e^{-\frac{v s}{2 D_{eff}} (x - x_{max})^2} , \tag{1}$$

wobei

$$s = \frac{Q \gamma}{R T_{max}^2} \tag{2}$$

und

$$T = -\frac{Q}{R \ln \eta A} , \tag{3}$$

$$\Delta = 2 (x - x_{max}) = \sqrt{\frac{2 D_{eff}}{s \cdot v} \ln \frac{C_{max}}{C}} . \tag{4}$$

Aus Gleichung (4) erkennt man die Bedingungen, die die höchste Trennleistung (geringste Bergbreite) erbringen:

1. $\frac{D_{eff}}{v}$ muß klein sein,
2. s muß groß sein.

Damit s groß wird, müssen Q und γ groß, T_{max} und demzufolge auch η und A klein sein.

Läßt man sich von diesen Schlußfolgerungen bei der Auswahl der Analysenbedingungen leiten, so zeigt sich, daß nur die erste Schlußfolgerung richtig war, die zweite aber zu einigen Fehlergebnissen führt.

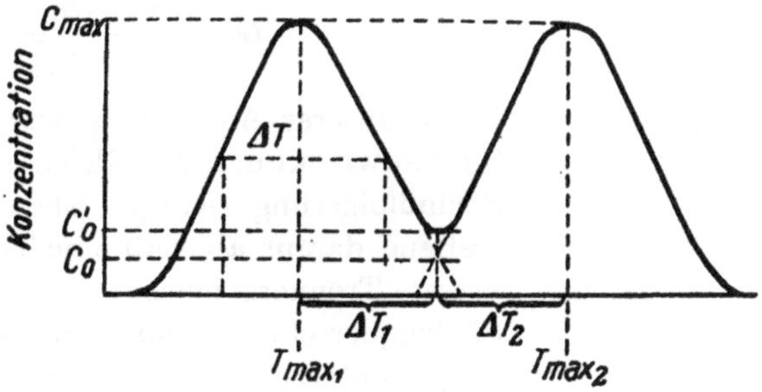

Abb. 5.1. Überlagerung der Konzentration/Temperatur-Kurven zweier Komponenten

Aus Abbildung 5.1 erkennt man, daß C_0 die Konzentration der Stoffe am Schnittpunkt ihrer Elutionskurven darstellt, und es folgt:

$$(T_{max2} - T_{max1}) = \Delta T_1 + \Delta T_2 = \frac{1}{2}\gamma\,(\Delta_1 + \Delta_2)\,. \qquad (5)$$

Nach den vereinfachenden Annahmen

$$C_{max1} = C_{max2} \qquad \text{und} \qquad D_{eff1} = D_{eff2}$$

erhalten wir eingesetzt in Gleichung (4):

$$\ln\frac{C_{max}}{C_0} = \frac{1}{\sqrt{2R}}\cdot\sqrt{\frac{v}{D_{eff}\cdot\gamma}}\cdot\frac{T_{max2} - T_{max1}}{\dfrac{T_{max1}}{\sqrt{Q_1}} + \dfrac{T_{max2}}{\sqrt{Q_2}}}\,. \qquad (6)$$

Aus dieser Gleichung folgt, daß die Auftrennung von zwei Faktoren abhängt, von der Trennleistung und von der Selektivität, wobei die Trennleistung vor allem durch die Arbeitsbedingungen gegeben ist und durch

$$F = \frac{1}{\sqrt{2R}}\cdot\sqrt{\frac{v}{D_{eff}\cdot\gamma}} \qquad (7)$$

dargestellt werden kann, während die Selektivität der Trennsäule durch die Beziehung

$$G = \frac{T_{max2} - T_{max1}}{\dfrac{T_{max2}}{\sqrt{Q_2}} + \dfrac{T_{max1}}{\sqrt{Q_1}}} \qquad (8)$$

beschrieben wird.

Wenn $F\cdot G \leqq 0{,}84$, dann ist $C_{max}/C_0 = 2$, und die betrachteten Stoffe werden überhaupt nicht aufgetrennt. Für $F\,G \geq 3{,}1$ ist $C_{max}/C_0 \geq 10^4$, und es findet eine völlige Auftrennung statt.

Aus Gleichung (6) ist zu ersehen, daß η auf die Trennleistung F keinen Einfluß hat. Die Veränderung der Auftrennung ist hauptsächlich durch die Einwirkung von η auf den Wert G begründet.

Falls für das betrachtete Gaspaar $A_1 = A_2$ gesetzt werden kann, folgt aus den Gleichungen (3) und (8)

$$G = \frac{Q_2 - Q_1}{\sqrt{Q_1} + \sqrt{Q_2}} . \tag{9}$$

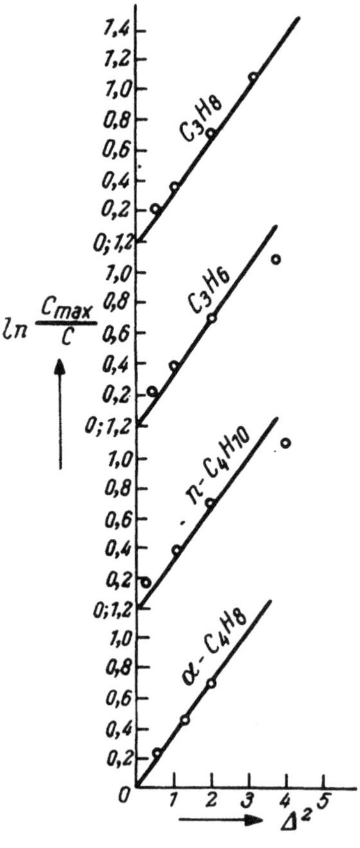

Abb. 5.2. Bestimmung des effektiven Diffusionskoeffizienten D_{eff}

Nach unserer Auffassung war die erste von Shuchowitzki u. a. aus Gleichung (4) abgeleitete Schlußfolgerung richtig. Ebenso leitet er zutreffend daraus ab, daß eine Trennsäule um so bessere Trennergebnisse zeitigen wird, je kleiner Säulenquerschnitt und Korndurchmesser des Trägermaterials sind. Aus Gleichung (4) wäre aber ebenso zu schließen, daß infolge $D_{eff} \sim v^x$ und $x > 1$ ein Erhöhen von D_{eff} zum Absinken der Trennleistung führt. Die zweite Schlußfolgerung Shuchowitzkis aus Gleichung (4) führt nicht immer zu einer Erhöhung der Trennleistung. Aus Gleichung (9) geht hervor, daß A und η die Trennleistung F nicht beeinflussen. Wenn $(Q_2 - Q_1)$ sich nicht ändert, aber Q_1 und Q_2 größer werden, so tritt nicht nur keine Verbesserung der Auftrennung ein, sondern die Auftrennung wird schlechter. Gleichung (7) zeigt, daß die Trennleistung F um so besser sein wird, je kleiner γ ist. Unsere Aussagen stehen somit offensichtlich im Widerspruch zu den Schlußfolgerungen Aiwasows [8].

Andererseits nimmt Aiwasow an, daß die Erhöhung der Trennleistung für kleinere η-Werte von der Verwendung eines Interferometers mit größeren Meßkammervolumen abhängt. Das bedeutet, daß ein größeres v, das zu einem kleinerem η-Wert führt, nicht die Trennleistung der thermo-gas-chromatographischen Säule erhöht, sondern lediglich die Zonenverbreiterung durch Diffusion infolge zu großen Kammervolumens des Detektors einschränkt.

Experimentelle Bestätigung der Konstanz des F-Wertes für alle Gaspaare

Für die Experimente wurde die schon in der Literatur [1] beschriebene Apparatur verwendet. Der elektrische Ofen hat eine Länge von 105 cm. Der Temperaturgraduent beträgt 40 cm. Die höchste Temperatur liegt zwischen 120 und 150° C. Die Ofengeschwindigkeit kann auf 0,7; 2; 4 und 7 cm/Min. eingestellt werden. Verwendet wurde Silikagel aus der Schinjansker Produktion von 0,35 bis 0,5 mm Korndurchmesser. Die Säulenlänge beträgt 40 cm, der Säulenquerschnitt 2,2 cm². Als Detektor wird eine Wärmeleitfähigkeits-Meßzelle verwendet. Der Meßdraht, 25 cm lang und 0,06 mm stark, ist in eine Brückenschaltung einbezogen. Um die Empfindlichkeit zu vergrößern, nahmen wir als Schleppgas Wasserstoff. Nach der Literatur [3] kann die Beziehung zwischen

$$\ln \frac{C_{max}}{C} \text{ und der Bergbreite } \Delta^2$$

graphisch dargestellt werden, wobei sich für C_3H_8, C_3H_6, n-C_4H_{10}, α-C_4H_8 lineare Abhängigkeit ergibt, wie sie auch SHUCHOWITZKI gefunden hat (Abb. 5.2). Aus der Neigung dieser Geraden ergibt sich nach Gleichung (4) D_{eff}. Nach Gleichung (8) wird daraus F errechnet. Die so erhaltenen F-Werte sind in Tabelle 1 zusammen-

TABELLE 1

Die Trennleistung F

1a) F-Werte, ermittelt an Silikagel, behandelt bei verschiedenen Temperaturen

Gas	Adsorbens	v	w	F	Abb.
C_3H_8	105° C Silikagel	215	4	1,5	Abb. 5.3 (D)
C_3H_6	105° C Silikagel	215	4	1,6	Abb. 5.3 (D)
C_3H_8	500° C Silikagel	200	4	1,8	Abb. 5.3 (A)
C_3H_6	500° C Silikagel	200	4	1,6	Abb. 5.3 (A)
n-C_4H_{10}	500° C Silikagel	200	4	1,6	Abb. 5.3 (A)
α-C_4H_8	500° C Silikagel	200	4	1,6	Abb. 5.3 (A)
C_3H_8	700° C Silikagel	215	4	1,7	aus Abb. 4 einer früheren Mitteilung [5]
C_3H_6	700° C Silikagel	215	4	1,6	
C_3H_8	500° C Silikagel	150	4	1,7	Abb. 5.3 (B)
C_3H_6	500° C Silikagel	150	4	1,7	Abb. 5.3 (B)

1b) Der Einfluß der Arbeitsbedingungen auf D_{eff} und F

Gas	v	w	η	D_{eff}	F	Abb.
C_3H_8	175	2	0,011	6,4	1,6	Aus einer früheren Mitteilung [5] Abb. 1
C_3H_6	175	2	0,011	7,4	1,5	
n-C_4H_{10}	175	2	0,011	7,7	1,5	
α-C_4H_8	175	2	0,011	7,6	1,5	
C_3H_8	150	4	0,027	5,2	1,7	Abb. 5.3 (B)
C_3H_6	150	4	0,027	5,3	1,7	Abb. 5.3 (B)
C_3H_8	250	4	0,016	12	1,4	Abb. 5.3 (D)
C_3H_6	250	4	0,016	12	1,4	Abb. 5.3 (D)
C_3H_8	150	2	0,013	6,9	1,6	Abb. 5.3 (C)
C_3H_6	150	2	0,013	5,9	1,6	Abb. 5.3 (C)

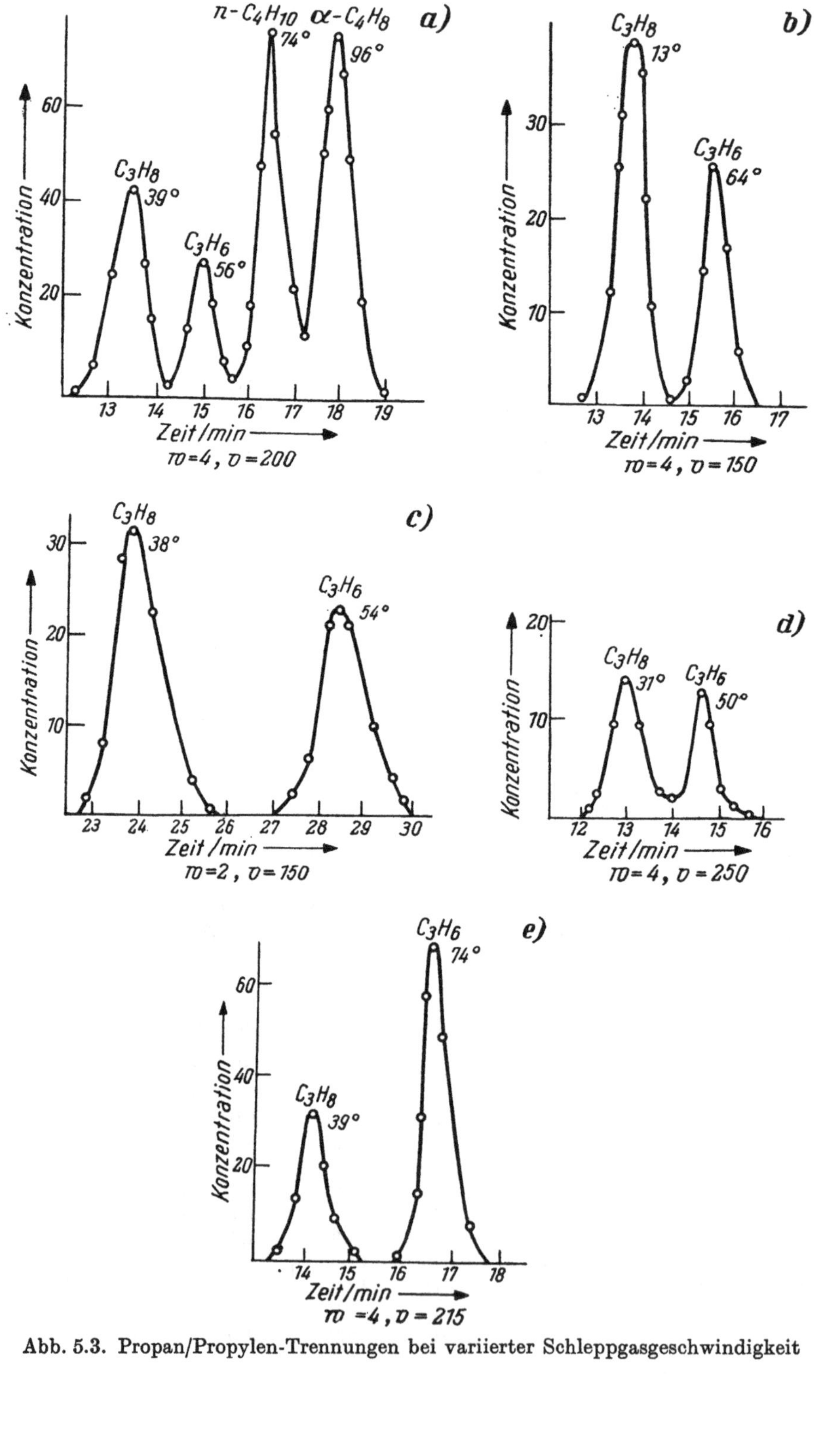

Abb. 5.3. Propan/Propylen-Trennungen bei variierter Schleppgasgeschwindigkeit

gestellt. In diese Tabelle wurden außerdem Daten aus Abbildung 4 einer früheren Arbeit [5] und aus Abbildung 5.3 des vorliegenden Artikels miteinbezogen. Aus den Werten der Tabelle 1a ist zu ersehen, daß nicht nur unter gleichen Arbeitsbedingungen, sondern auch bei Anwendung von Silikagel, das bei verschiedenen Temperaturen getempert wurde, der F-Wert für verschiedene Gaspaare trotz Änderung von G konstant bleibt. Wir folgern daraus, daß F als Maß für die Trennleistung geeignet ist. Tabelle 1 zeigt weiter, daß w und η keinen Einfluß auf die Trennleistung F haben. Ein Verringern von v erhöht die Trennleistung F etwas, aber die Trennung wird kaum wesentlich besser.

Experimenteller Nachweis, daß G ein Maß der Selektivität der Thermo-Trennsäule ist, nach dem die Auswahl des Adsorbens erfolgen kann

In Abbildung 5.4 ist $1/T_{max}$ für die einzelnen Gase als Funktion von $\log \eta$ für bei verschiedenen Temperaturen getempertes Silikagel dargestellt. Aus dieser Abbildung kann nach Gleichung (3) die Adsorptionswärme der einzelnen Stoffe errechnet werden. Nach Gleichung (8) kann G für verschiedene η-Werte bestimmt werden. Die für G erhaltenen Werte sind in Tabelle 2 zusammengestellt. Aus dieser Tabelle geht klar hervor, daß bei 105° C getrocknetes Silikagel für C_3H_8/C_3H_6, n-C_4H_{10}/α-C_4H_8 einen relativ großen G-Wert hat ($G > 3{,}1$), aber für C_3H_6/n-C_4H_{10} ist die Selektivität Null, und dieses Gaspaar wird nicht getrennt. Verwendet man auf 700° C erhitztes Silikagel, beträgt der G-Wert für C_3H_6/n-C_4H_{10} 3,0, wobei allerdings die Selektivität bei den beiden anderen genannten Stoffpaaren auf $G = 1{,}5$ zurückgeht. Für bei 500° C getempertes Silikagel ist der kleinste G-Wert aller drei Stoffpaare 1,9. Aus den G-Werten muß geschlossen werden, daß bei 500° C getempertes Silikagel für dieses Gasgemisch die günstigste Selektivität aufweist.

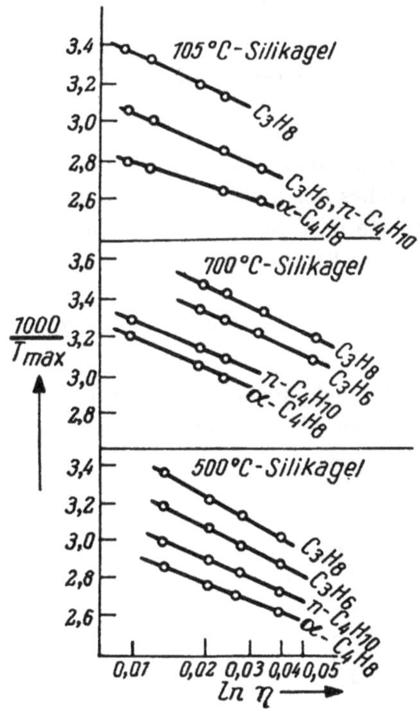

Abb. 5.4. Kurven charakteristischer Temperaturen

Thermisch unbehandeltes Silikagel trennt C_3H_6/n-C_4H_{10} nicht. Ein Erhitzen des Silikagels auf hohe Temperaturen (etwa 700° C) ändert die Selektivität dahingehend, daß Verbindungen gleicher Kohlenstoffzahl schlechter getrennt werden. Daraus erklären sich die Versuchsergebnisse einer früheren Arbeit [5].

TABELLE 2

Ermittelte G-Werte

	105° C-Silikagel			500° C-Silikagel			700° C-Silikagel		
	η	G	G/mittel	η	G	G/mittel	η	G	G/mittel
C_3H_8/ C_3H_6	0,020	4,5		0,020	2,1		0,020	1,5	
	0,023	4,5		0,027	2,1		0,020	1,5	
	0,030	4,5	4,5	0,030	2,0	2,0	0,030	1,5	1,5
	0,040	4,5		0,035	1,8		0,035	1,5	
				0,040	1,8		0,040	1,5	
C_3H_6/ n-C_4H_{10}	0,020	0		0,020	2,4		0,020	2,9	
	0,030	0		0,027	2,3		0,023	3,0	
	0,035	0	0	0,030	2,4	2,4	0,030	2,9	3,0
	0,040	0		0,035	2,4		0,035	3,0	
				0,040	2,5		0,040	3,0	
n-C_4H_{10}/ α-C_4H_8	0,020	3,3		0,020	1,9		0,020	1,4	
	0,030	3,2		0,027	1,9		0,030	1,5	
	0,035	3,2	3,2	0,030	1,9	1,9	0,035	1,5	1,5
	0,040	3,1		0,035	1,9		0,040	1,5	
				0,040	1,9				

Als Prinzip für die Wahl des Adsorbens für die Thermo-Trennsäule schlagen wir auf Grund unserer Ergenisse vor, daß als bestes Adsorbens dasjenige gilt, für welches der kleinste G-Wert aller Stoffpaare an einer Säule am größten ist. Die Werte in Tabelle 2 zeigen, daß η auf die G-Werte und somit auf die Selektivität keinen Einfluß hat.

Die thermo-gas-chromatographische Analyse gasförmiger Kohlenwasserstoffgemische

Als Schleppgas wird Kohlendioxyd verwendet. Das am Säulenausgang austretende Gas durchperlt konzentrierte Kalilauge, worin das Schleppgas CO_2 ab-

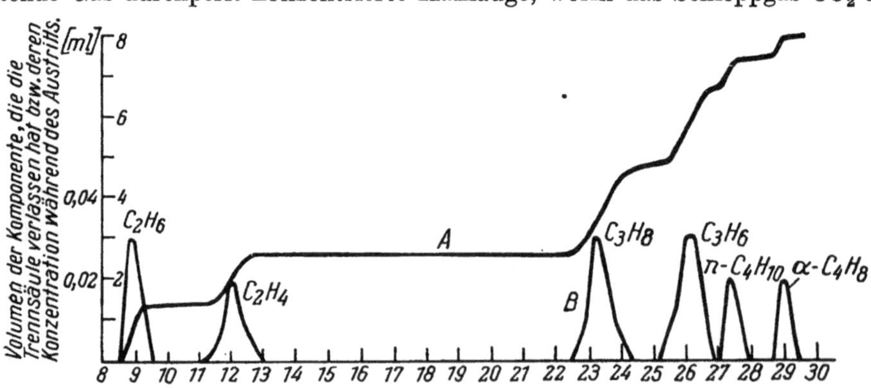

Abb. 5.5. Elutionskurve der Volumen-Gas-Chromatographie

sorbiert wird. In einer Bürette wird das Volumen des nichtabsorbierten Gases bestimmt.

Es wird ein feinporiges, bei 500° C getempertes Silikagel von 0,35 bis 0,50 mm Korngröße verwendet. Die Trennsäule ist 60 cm lang und hat einen Querschnitt von 1,1 cm². Der Ofen bewegt sich um 2 cm pro Minute vorwärts.

Von einem Modellgemisch rührt die Elutionskurve *A* her (Abb. 5.5), deren Differential durch die Kurve *B* wiedergegeben wird. In Tabelle 3 sind die Analysenergebnisse von Gasproben mit der bekannten Zusammensetzung verglichen. Daraus geht hervor, daß der mittlere Analysenfehler zwischen 0,02 und 0,13% schwankt, und der maximale Fehler 0,3% nicht übersteigt. Der Fehler hängt in der Hauptsache vom verwendeten Azotometer ab.

TABELLE 3

Die Analysengenauigkeit

Bekannter Gehalt*) des Modellgemisches in Prozenten	C_2H_6 3,25	C_2H_4 2,45	C_3H_8 4,14	C_3H_6 4,05	n-C_4H_{10} 1,56	α-C_4H_8 0,97
Analysenergebnisse in %						
1	3,24	2,41	3,86	3,95	1,52	1,01
2	3,28	2,51	4,15	4,11	1,56	0,87
3	3,24	2,45	4,23	3,97	1,53	0,90
Mittlerer absoluter Fehler	0,02	0,03	0,13	0,08	0,02	0,07

Bedeutung der Symbole

C_{max} = Maximale Konzentration der i-ten Komponente im Schleppgas beim Austritt aus der Trennsäule.

C_0 = Konzentration jeder Komponente im Schnittpunkt der Konzentration-Temperatur-Kurven der beiden Komponenten am Säulenausgang. Die Konzentration beider Komponenten ist in C_0 gleich.

v = Lineare Geschwindigkeit des Schleppgases in der Trennsäule (cm/Min.).

D_{eff} = Effektiver Diffusionskoeffizient für die Diffusion in der Gasphase.

x = Abstand vom Säulenanfang bis zum betrachteten Punkt der Trennsäule (mm).

Q_i = Adsorptionswärme der i-ten Komponente.

γ = Graduent des Temperaturfeldes im Elektroofen (°C/cm).

R = Universelle Gaskonstante.

T_{max} = Temperatur am Ende der Trennsäule bei Austritt der maximalen Konzentration der i-ten Komponente.

η = w/v

w = Bewegungsgeschwindigkeit des Ofens (mm/Min.).

K = Adsorptionskoeffizient = $A\, e^{Q/RT}$

Δ = Zonenbreite (mm).

*) Den Restanteil des Modellgemisches bildeten H_2, N_2, CH_4. Die Probemenge betrug 10 bis 13 ml.

LITERATURVERZEICHNIS

[1] Shuchowitzki, A. A., Solotarjewa, O. W., Sokolow, W. A. und Turkeltaub, N. M., DAN SSSR, 77, 435 (1951).
[2] Shuchowitzki, A. A., Turkeltaub, N. M., Usspechi Chimii, **25**, 859 (1956).
[3] Shuchowitzki, A. A., Turkeltaub, N. M. und Schwarzman, W. P., Shurnal Fisitschesskoi Chimii, **28**, 1901 (1954).
[4] Turkeltaub, N. M., Schwarzman, W. P., Naumowa, W. W. und Shuchowitzki, A. A., Shurnal Fisitschesskoi Chimii, **30**, 417 (1956).
[5] Lu Pei-tschan, Huan Jui-de, Kan Tan, Acta focalia sinica, **1**, 146 (1956).
[6] Sbenzizki, E. J., Lubewa, N. J., Tarassow, A. J. und Semskowa, E. J., Sawodskaja Laboratorija, **22**, 1399 (1956).
[7] Brodski, A. M., Kalinenko, R. A. und Lawrowski, K. P., Chimija i technologija Topliwa, **8**, 18 (1956).
8] Aiwasow, B. W. und Wjachirew, D. A., Shurnal Prikladnoi Chimii, **26**, 505 (1953).

Der Einfluß der Silikagelfeuchtigkeit auf die chromatographische Gastrennung

Von N. M. Turkeltaub, A. J. Koljubjakina und M. S. Selenkina, Moskau

Der Hauptvorzug von adsorptions-gas-chromatographischen Analysen gegenüber auf Destillation beruhenden Methoden ist die Möglichkeit, den Adsorbenten so zu variieren, daß der Unterschied in der Adsorbierbarkeit sich erhöht [1]. Es gibt eine bedeutende Anzahl verschiedener Adsorbenten, die für die Trennung und Analyse von Gasgemischen verwendbar sind. Außerdem können sich in Abhängigkeit von der Herstellungsart in breiten Bereichen die Adsorptionseigenschaften des gegebenen Adsorbenstypus verändern [2]. Die Thermo-Gas-Chromatographie [3, 4] gewährleistet durch die gleichzeitige Wirkung des Eluiermittelstromes und des sich bewegenden Temperaturfeldes auf das adsorbierte Gemisch einen hohen Trennungsgrad auch bei komplizierten Gasgemischen. Gewöhnlich wird für die getrennte Bestimmung gesättigter und ungesättigter Kohlenwasserstoffe, für die Analyse von Industriegasen, Crackgasen und für die Erdölpyrolyse der Thermo-Gas-Chromatograph Nr. 5 verwendet. Als Adsorbens dient Silikagel [5].

Da die von unserer Industrie erzeugten Silikagele nicht genügend standardisiert sind, haben verschiedene Analysenserien keine identischen Ergebnisse, wenn Silikagel ein und derselben Sorte und Körnung aus verschiedenen Chargen stammt. Das bezieht sich in erster Linie auf die Trennung gesättigter und ungesättigter Kohlenwasserstoffe und besonders auf die Trennung der Äthan/Äthylen- und Propylen/Butan/Butylen-Gemische. Außerdem ist bei einigen Silikageltypen eine teilweise Polymerisation ungesättigter Kohlenwasserstoffe möglich, besonders bei Isobutylen. Zur Beseitigung der obenangeführten Mängel muß eine Methodik erarbeitet werden, mit deren Hilfe man die Adsorbenseigenschaft in weiten Bereichen variieren kann. In diesem Artikel werden Adsorbenseigenschaften, ihre Standardisierung und der Einfluß von Wasserzusatz zum Silikagel auf die Vollständigkeit der Trennung gesättigter und ungesättigter Kohlenwasserstoffe beschrieben.

Betrachten wir die möglichen Wege zur Lösung der gestellten Aufgaben, der Unterdrückung der Polymerisationserscheinungen auf Silikagel und der Möglichkeit der lückenlosen Variierung seiner Adsorptionseigenschaften. Beide Aufgaben haben große Bedeutung für die Analyse von Gemischen mit ungesättigten

Kohlenwasserstoffen. Wenden wir uns deshalb kurz dem Adsorptionsmechanismus ungesättigter Kohlenwasserstoffe zu. Die Größe der Molekularadsorption gesättigter und ungesättigter Kohlenwasserstoffe mit der gleichen Anzahl Kohlenstoffatome unterscheidet sich kaum. Das geht aus den Daten über die Adsorbierbarkeit dieser Kohlenwasserstoffe auf Aktivkohle hervor. Bei Anwendung dieser halbempirischen Beziehung dürfen ungesättigte Kohlenwasserstoffe, die in den meisten Fällen eine sehr geringe Siedetemperatur aufweisen, nicht stärker adsorbiert werden als gesättigte. Offensichtlich hat die spezifische Adsorption ungesättigter Kohlenwasserstoffe auf Silikagel den Charakter einer aktivierten Adsorption. Wahrscheinlich entsteht eine Acceptoren-Donatoren-Verbindung zwischen den π-Elektronen von Äthylen und den Wasserstoffionen, die dauernd im Silikagel vorhanden sind. Bekanntlich hängt die katalytische Aktivität des Gels mit den vorhandenen Wasserstoff-Ionen zusammen [6]. Offenbar ermöglicht die bedeutende Rolle der Acceptoren-Donatoren-Verbindung eine irreversible Adsorption ungesättigter Kohlenwasserstoffe. Daraus erwächst die Aufgabe, eine Abschwächung und Regulierung dieser spezifischen Wechselwirkung zu erreichen. Durch den Zusatz von Alkali zum Silikagel kann dessen Säuregehalt und damit gleichzeitig auch die katalytische Aktivität stark verringert werden. Es besteht jedoch die Gefahr, daß dabei gleichfalls das Adsorptionsvolumen herabgedrückt wird.

Ein weitaus schonenderes Reagens ist Wasser. Der Einfluß der Adsorbens-Feuchtigkeit auf seine Adsorptionseigenschaften wurde schon öfter untersucht [7—9]. Das Wassermolekül, das sich in einem orientierten Zustande adsorbiert, bildet um das Wasserstoff-Ion eine Hydrathülle. Das kann bis zu einem Grade zur Verringerung der obengenannten Wechselwirkung führen, wobei der katalytische Effekt fehlt, die spezifische Adsorption ungesättigter Verbindungen jedoch erhaltenbleibt. Es ist auch möglich, daß die Wassermoleküle wegen ihrer kleinen Abmessungen die aktivsten Zentren blockieren, an denen die katalytischen Prozesse der Polymerisierung ungesättigter Kohlenwasserstoffe ablaufen würden. Silikagel wird aus technischem Wasserglas und technischer Schwefelsäure gewonnen. Vom p_H-Wert des Waschwassers hängt es ab, ob feinporiges oder grobporiges Silikagel entsteht. Das Trocknen geschieht gewöhnlich bei 450° C mit Rauchgas. Die so gewonnenen Silikagele sind nicht standardisiert, sie enthalten verschiedene Mengen HCL, H_2SO_4 und andere Beimischungen.

Als Adsorbens verwendeten wir in unseren Versuchen inländisches, aktiviertes, feinporiges Silikagel der Sorten ASM und MSM sowie grobporiges der Sorten SchSK und KGSG. Bekanntlich hängt die Menge der Hydroxylgruppen, die sich an der Silikageloberfläche befinden und seine Natur bestimmen, von der Herstellungsart des Adsorbens [10, 11] und seiner zusätzlichen Aktivierung vor der Analyse ab. In unseren Untersuchungen war die Silikagelbearbeitung standardisiert.

Das bei einer Temperatur von 200° C getrocknete Silikagel wurde gesiebt und die Fraktionen mit einer Körnung von 0,25 bis 0,5 mm nochmals bei 250° C bis zur Gewichtskonstanz getrocknet. Danach wurde das Silikagel im Elektroofen bei 1100° C 16 Stunden zur Bestimmung der absoluten Menge des Strukturwassers gehärtet. Auf diese Weise fand man für Silikagel der Sorten MSM, ASM, SchSK und KGSG entsprechend 3,18%; 4,71%; 4,29%; 4,40% Wasser. Außerdem wurde der Ionengehalt an SO_4^{2-} und Cl^- im Waschwasser bestimmt.

Äthylen, Propylen und Butylen wurden durch Dehydrierung von Alkohol im Ofen unter Anwendung von aktiven Aluminiumoxyd als Katalysator gewonnen. Gesättigte Kohlenwasserstoffe wurden durch die Hydrierung entsprechender ungesättigter Kohlenwasserstoffe im Wasserstoffstrom an Nickel hergestellt. Die Trennung der Kohlenwasserstoffe vom restlichen Wasserstoff erfolgte durch Kondensation in flüssigem Stickstoff. Ungesättigte Kohlenwasserstoffe wurden durch Adsorption in Schwefelsäure und Bromwasser abgetrennt. Die Reinheit der Fraktion wurde durch die Bestimmung der Kohlenstoffzahl und im Chromatographen Nr. 4 geprüft.

Die Untersuchungsmethodik besteht darin, daß Stoffgemische bestimmter Konzentrationen in die Adsorptions-Trennsäule eingefüllt werden. Dann entwickeln sich die Chromatogramme durch gleichzeitige Wirkung eines von Wasserdämpfen und sauren Gasen gereinigten Luftstromes sowie durch die Wirkung eines beweglichen Temperaturfeldes eines Elektroofens, der einen konstanten Temperaturgraduenten enthält.

Die Konzentrationsmessungen hinter der Trennsäule erfolgten ununterbrochen in einem thermo-chemischen Gasanalysator (Verbrennungszelle) oder in einer Wärmeleitfähigkeit-Meßzelle.

Die charakteristischen Temperaturen, bei denen sich die Komponenten absondern, wurden bei einer Genauigkeit von 1° C mit einem Kupfer-Konstantan-Thermoelement am Ende der Trennsäule gemessen.

Zur Feststellung des Adsorbensvolumens wurde das Rückhaltevolumen mit der Frontalmethode nach der Gleichung bestimmt

$$a_0 = \Phi_0(C) = V_0\, C\,. \tag{1}$$

Hier ist C die Stoffkonzentration in der Gasphase; V_0 das Volumen Schleppgas, das unbedingt durch die Säule strömen muß, bevor ein Stoff mit entsprechender Konzentration austritt. Die Adsorptionswärme Q für Propylen und Butan auf Silikagel wurde aus der Grundgleichung der Thermo-Gas-Chromatographie [12] errechnet

$$T_{\text{char}} = -\frac{Q}{R \ln A \dfrac{w}{v}}\,. \tag{2}$$

Hier ist R die Gaskonstante, A die Adsorptionskonstante; w die Bewegungsgeschwindigkeit des Ofens; v die lineare Strömungsgeschwindigkeit.

Bei Einsatz einer bestimmten Stoffmenge pro Menge Adsorbens und bei Veränderung der Größen v und w wird die Temperatur im Maximum der Elutionskurve gemessen. Die Genauigkeit der Bestimmung beträgt 1%. Die Vollständigkeit der Desorption gesättigter und ungesättigter Kohlenwasserstoffe wird durch die Bestimmung der Flächen der Elutionskurven berechnet. Anfangs wird eine Menge des Stoffes in ein leeres Rohr eingeführt und mit Luft herausgedrückt. Die durchlaufenden Konzentrationen werden mit Hilfe eines Anzeigegerätes geringen Meßvolumens als Elutionskurve ununterbrochen registriert. Danach wird dieselbe Stoffmenge auf das Adsorbens aufgetragen und durch Luft entwickelt. Wenn die Flächen der Elutionskurven beim Gasdurchgang durch das leere Rohr mit den Flächen beim Durchgang durch die Adsorbenssäule übereinstimmen, so kann man annehmen, daß eine Vollständigkeit der Desorption des Stoffes vom Adsorbens erreicht wurde.

TABELLE 1

Desorption an Silikagel ASM

	verwendet mm^2	gefunden mm^2	Desorption %
Silikagel ASM getrocknet bei 200°			
Propylen	800	140	17,5
Butylen	1480	163	11,0
Silikagel ASM gereinigt, trocken			
Propylen	700	700	100
Butylen	1015	930	91,6
Silikagel ASM trocken + 5% H_2O			
Propylen	340	338	99,93
Butylen	1000	990	99,0
Silikagel ASM + 0,5% KOH			
Propylen	110	110	100
Butylen	—	—	—
Silikagel ASM gereinigt + 1,65% HCl			
Propylen	750	550	73
Butylen	1015	670	66
Silikagel ASM gereinigt + 5% HCl			
Propylen	750	350	47
Butylen	1015	540	51
Silikagel ASM gereinigt + 0,1% H_2SO_4			
Propylen	640	285	44,6
Butylen	850	150	17,7
Silikagel ASM gereinigt + 0,5% H_2SO_4			
Propylen	640	30	4,7
Butylen	850	65	7,7

Bei Anwendung von trockenem Silikagel wird der Wasserdampf aus der Luft in einer mit Calciumchlorid und Phosphorpentoxyd gefüllten Säule entfernt. Bei Anwendung von feuchtem Silikagel wird die Luft vorher mit Wasserdampf bis zu einer Konzentration angereichert, die dem Feuchtigkeitsgehalt im Silikagel gleich ist.

In erster Linie war es wichtig, die Polymerisation ungesättigter Kohlenwasserstoffe auf Silikagel zu klären. Es wurden Elutionskurven von Propylen und

Butylen auf trockenem, ungereinigten Silikagel ASM, auf von H_2SO_4 und HCl gereinigten Silikagel ASM, auf Silikagel ASM, KGSG, SchSK und MSM mit 5-Gew.-% Ätzkalizusatz aufgenommen. Dabei zeigte sich, daß auf ungereinigten ASM-Silikagel Propylen und Butylen irreversibel adsorbiert werden. Die Desorption von Propylen beträgt nur 15,5%, die vom Butylen 11%. Bei Anwendung desselben Silikagels im vom H_2SO_4 und HCl gereinigten Zustand bei identischen Versuchsbedingungen ist die Desorption ungesättigter Kohlenwasserstoffe quantitativ.

Der Wasserzusatz von 4 bis 5% des Silikagelgewichtes ermöglicht ebenso eine völlige Desorption. Der Zusatz von 0,6 und 3% Ätzkali hat die gleiche Wirkung. Bei Zusatz von 0,1% des Silikagel-Gewichtes an Schwefelsäure zum gereinigten Silikagel bleibt dagegen die Desorption unvollständig: Propylen wird nur zu 44,6% und Butylen zu 17,7% herausgewaschen. Bei 5% HCl-Zusatz bleibt die Desorption ungesättigter Kohlenwasserstoffe ebenso unvollständig. Die Irreversibilität der Adsorption ungesättigter Kohlenwasserstoffe auf Silikagel wird demnach in erster Linie durch Schwefelsäure und teilweise durch Salzsäure hervorgerufen. Die Neutralisierung mit Alkali oder das Auswaschen der obenangeführten Säuren ermöglicht die völlige Desorption ungesättigter, gasförmiger Kohlenwasserstoffe.

In Tabelle 1 ist die Vollständigkeit der Desorption ungesättigter Kohlenwasserstoffe dargestellt. Die Anwendung von trockenem Silikagel, das vorher mit Säuren (H_2SO_4 und HCl) gereinigt wurde, ermöglicht nicht eine Trennung gesättigter und ungesättigter Kohlenwasserstoffe. Die schwierigste Aufgabe ist die Trennung von Gemischen, die Äthan, Äthylen, Propylen, Butan, Butylen enthalten. Bei Anwendung von trockenem Silikagel trennen sich Äthan und Äthylen gut, dagegen Propylen und Butan nicht. Die Adsorptionswärmen des Propylens und Butans auf SchSK-Silikagel belaufen sich im Konzentrationsbereich von 3,6% auf 6900 cal/Mol., aber auf ASM betragen sie 8000 cal/Mol.

Abbildung 6.1 zeigt die Elutionskurven für Kohlenwasserstoffgemische auf Silikagel MSM, ASM und KGSG bei zwei Temperaturen. Auf der Abszisse ist die Menge des Schleppgases und auf die Ordinate der Ausschlag des Anzeigegerätes festgehalten.

Bei $v = 100$ cm/Min., $w = 2{,}5$ cm/Min. und einer maximalen Ofentemperatur von 90° C tritt eine gute Trennung von Wasserstoff, Methan, Äthan, Äthylen, Propan und Propylen ein. Bei dieser Temperatur werden Butan und Butylen so gut wie gar nicht desorbiert, aber bei einer maximalen Ofentemperatur von 150° treten sie quantitativ aus, jedoch Propylen und Butan trennen sich nicht. Eine Ausnahme bildet das trockene Silikagel MSM (Produktion 1951), das eine Trennung des Gemisches Äthan/Äthylen/Propylen/Butan/Butylen bewirkt. Der Alkalizusatz verbessert die Trennung von Propylen und Butan nicht. Bei einem Zusatz von 3% Ätzkali geht das Adsorptionsvolumen des ASM-Silikagels stark zurück. Bei einem Zusatz von 1,5% Ätzkali verringern sich die Adsorptionswärmen von Propylen und Butan von 8000 auf 6000 cal/Mol. Daher ist der Zusatz von Alkali unzweckmäßig. Es wurde der Einfluß von Zusätzen verschiedener Wassermengen zu MSM-, ASM-, SchSK- und KGSG-Silikagel auf den Trennungsgrad des Gemisches Wasserstoff/Methan/Äthan/Äthylen/Propan/Propylen/Butan/Butylen/Luft untersucht. Die Ergebnisse sind in den Abbildungen 6.2 und 6.3 und in der Tabelle 2 festgehalten.

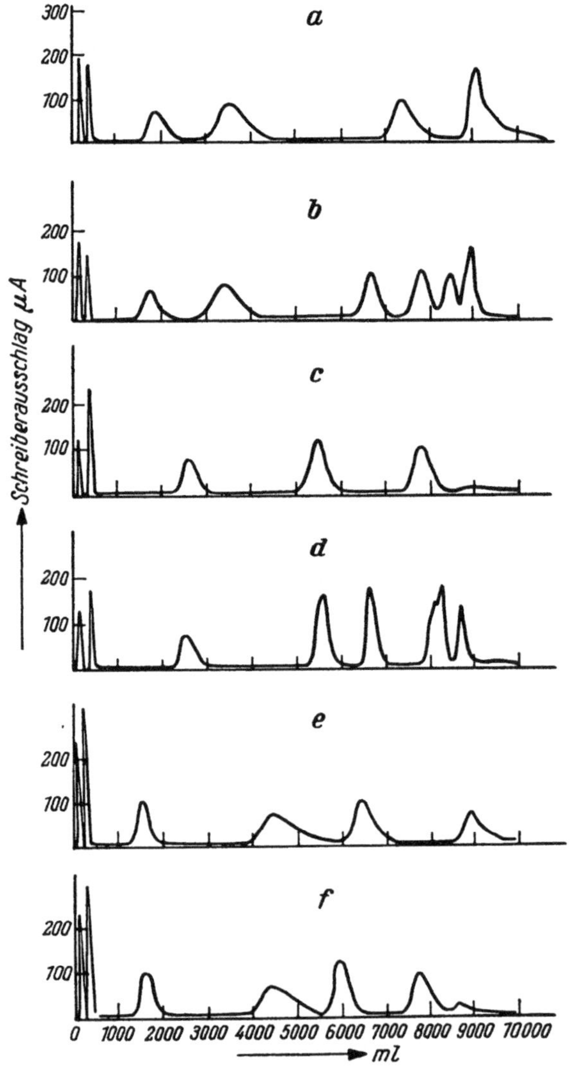

Abb. 6.1. Elutionskurven der Gemische: Wasserstoff/Methan/Äthan/Äthylen/Propan/Propylen/Butan/Butylen auf trockenem Silikagel verschiedener Sorten:

a) — MSM; $t_{max} = 90°$ C; b) — MSM; $t_{max} = 150°$ C
c) — ASM; $t_{max} = 90°$ C; d) — ASM; $t_{max} = 150°$ C
e) — KGSG; $t_{max} = 90$e C; f) — KGSG; $t_{max} = 150°$ C

TABELLE 2

Rückhaltevolumen und Feuchtigkeit des Silikagels

Silikagel-Sorte	Feuchtigkeit %	Gewicht g	Rückhaltevolumen cm^3							
			H_2	CH_4	C_2H_6	C_2H_4	C_3H_8	C_3H_6	C_4H_{10}	C_4H_8
MSM	trock.	100	150	350	1900	3500	7400	9100		
SchSK		90	150	350	2000	4400	6900	nicht de-	nicht de-	nicht de-
ASM		100	150	425	2600	5550	7900	sorbiert	sorbiert	sorbiert
KGSG		100	125	300	1550	4500	6500	9000		
MSM	0,5	100	150	325	1750	3000	7100	8800	9200	
SchSK		90	150	350	1600	3200	6600	8700	nicht de-	nicht de-
KGSG		100	150	300	1350	3100	6000	8750	sorbiert	sorbiert
MSM	1	100	150	300	1600	4200	7100	8750	9200	
SchSK		90	150	300	1500	2850	6450	8700	nicht de-	nicht de-
ASM		100	150	400	2100	4100	7350	9000	sorbiert	sorbiert
KGSG		100	150	275	1300	2700	5800	8500	8750	
MSM	2	100	150	300	1600	2400	6800	8500	9000	
SchSK		90	150	250	1200	2000	6050	8000	8800	nicht de-
ASM		100	150	350	1850	3400	7000	8650	9000	sorbiert
KGSG		100	150	275	1100	2050	5300	8000	8600	
MSM	3	100	150	300	1200	1650	6250	7700	8800	n. desorb.
SchSK		90	150	250	1000	1600	4800	7300	8550	9150
ASM		100	150	350	1600	2600	6600	8600	9000	n. desorb.
KGSG		100	150	275	850	1400	3800	7050	8300	9100
MSM	4	100	150	275	1200	1600	5900	7200	8450	8800
SchSK		90	150	250	850	1300	3600	6800	7900	8950
ASM		100	150	300	1450	2300	6300	8250	8750	n. desorb.
KGSG		100	150	250	800	1200	3200	6700	7700	8750
MSM	5	100	125	225	1100	1100	4400	6400	8200	8600
SchSK		90	150	250	700	1050	3000	6300	7000	8800
ASM		100	100	250	1200	1800	5700	7700	8700	9159
KGSG		100	125	200	650	950	2400	5700	7050	8650
MSM	6	100	125	200	900	900	3600	6000	8000	8550
SchSK		90	150	250	650	900	2300	5100	6850	8600
ASM		100	100	250	1000	1450	4500	7050	8400	8950
KGSG		100	125	200	550	800	2000	4700	6500	8300
MSM	7	100	125	175	800	800	3100	5900	7700	8600
ASM		100	100	250	900	1300	3800	6700	8100	8900
KGSG		100	125	200	475	650	1550	3250	5600	7700
MSM	8	100	125	175	750	750	2800	5200	7100	8300
SchSK		90	125	200	450	600	1300	2750	4850	7500
ASM		100	100	250	750	1050	3000	6000	7450	8650
KGSG		100	125	175	400	525	1150	2300	3800	7000

Aus Tabelle 2 geht hervor, daß sich im Umfang der Feuchtigkeitserhöhung des Silikagels die Rückhaltezeit einzelner Kohlenwasserstoffe verringert.

Wasserstoff wird so gut wie gar nicht adsorbiert, deshalb ist die Veränderung der Silikagelfeuchtigkeit von geringem Einfluß auf die Wasserstoff-Rückhaltezeit.

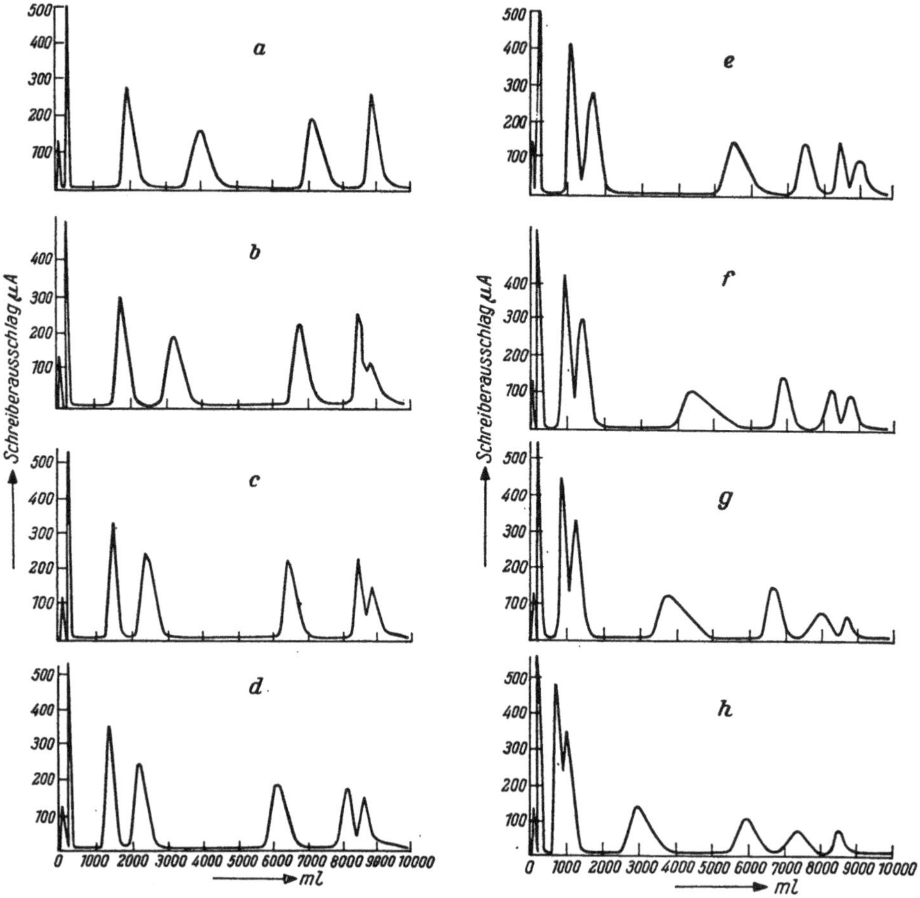

Abb. 6.2. Elutionskurven der Gemische: Wasserstoff/Methan/Äthan/Äthylen/Propan/Propylen/Butylen auf ASM-Silikagel

Silikagelfeuchtigkeit: a) 1%; b) 2%; c) 3%; d) 4%; e) 5%; f) 6%; g) 7%; h) 8%

Für Methan ist im Grade der Feuchtigkeitserhöhung des Silikagels eine Verringerung des Rückhaltevolumens festzustellen. Den größten Einfluß auf das Rückhaltevolumen übt die Silikagelfeuchtigkeit bei Äthylen aus. Bei einem Zusatz von 1% Wasser verringert sich das Rückhaltevolumen für Äthylen auf Silikagel um 35 bis 40%, aber bei einem Zusatz von 5% Feuchtigkeit verringert sich das Rückhaltevolumen um das Drei- bis Vierfache. Propan bewegt sich bei geringer Silikagelfeuchtigkeit mit der Geschwindigkeit des Elektroofens in seiner Temperaturzone und ändert sein Rückhaltevolumen relativ wenig. Von 2% Silikagelfeuchtigkeit an bewegt sich Propan vor dem Ofen, und sein Rückhaltevolumen verändert sich stark. Propylen, Butan und Butylen bewegen sich in ihren Temperaturzonen und verändern deshalb ihre Lage bei Erhöhung der Silikagelfeuchtigkeit relativ wenig. Der Wasserzusatz übt auf Propylen und Butylen eine stärkere Wirkung aus als auf Butan.

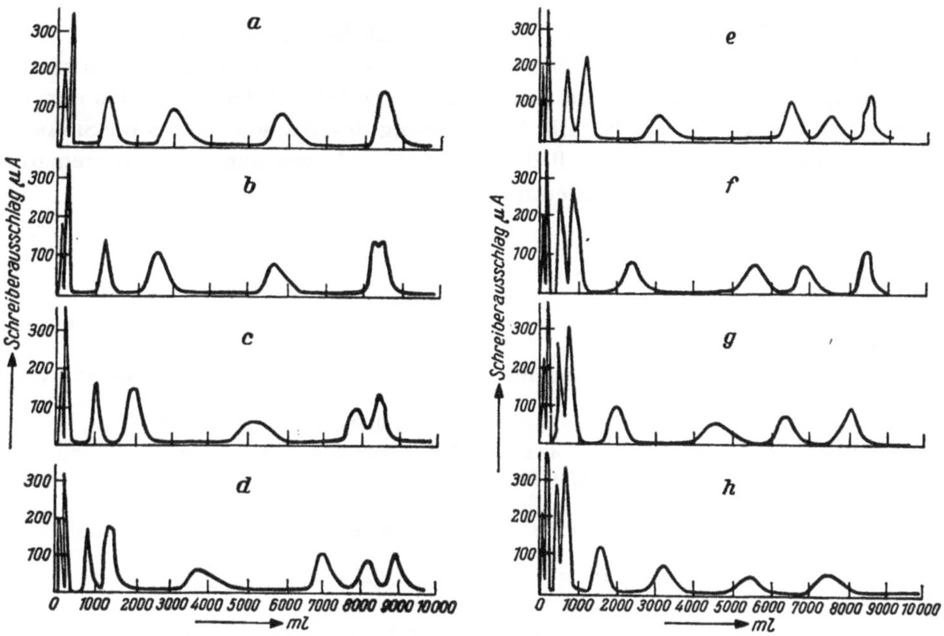

Abb. 6.3. Elutionskurven der Gemische: Wasserstoff/Methan/Äthan/Äthylen/Propan/Propylen/Butan/Butylen auf KGSG-Silikagel

Silikagelfeuchtigkeit: a) 0,5%; b) 1%; c) 2%; d) 3%; e) 4%; f) 5%; g) 6%; h) 7%

Damit ist erklärt, daß sich auf feuchtem Silikagel Propylen von Butan und Butylen trennt, aber Butan sich schlechter als auf trockenem Silikagel abtrennt. Der Wasserzusatz zum Silikagel verringert also das Adsorptionsvolumen gegenüber ungesättigten Kohlenwasserstoffen stärker als gegenüber gesättigten, was mit der aktivierten Adsorption ungesättigter Kohlenwasserstoffe auf Silikagel erklärt werden kann. Das aktivste der untersuchten Silikagele ist das aktivierte feinporige Silikagel ASM.

Die Untersuchungsergebnisse zeigen, daß eine quantitative Trennung auf ASM-Silikagel bei 5 bis 6% Feuchtigkeit, auf SchSK bei 4 bis 5%, auf MSM bei 3 bis 4% Feuchtigkeit und auf KGSG bei 4 bis 5% Feuchtigkeit erreicht wird. Auf ASM-Silikagel mit 5% betragen die Adsorptionswärmen für Propylen 6600 cal/Mol und für Buten 7400 cal/Mol, auf SchSK mit 5% Feuchtigkeit entsprechen 5100 cal/Mol und 6500 cal/Mol. So gibt der Zusatz von Wasser zum

Silikagel die Möglichkeit, das Volumen des Adsorbens in breiten Bereichen zu variieren.

Die Autoren danken A. A. Shuchowitzki für eine Reihe wertvoller Hinweise und das der Arbeit entgegengebrachte Interesse.

Zusammenfassung

Die Adsorption ungesättigter Kohlenwasserstoffe auf Silikagel trägt offensichtlich den Charakter der aktivierten Adsorption. Die irreversible Adsorption ungesättigter Kohlenwasserstoffe auf Silikagel erklärt sich hauptsächlich daraus, daß es Schwefelsäure enthält. Die Veränderung des Wassergehaltes im Silikagel gibt die Möglichkeit, den Prozeß der aktivierten Adsorption zu regulieren und das Rückhaltevolumina zu variieren.

LITERATURVERZEICHNIS

[1] Tswett, M. S., Arbeiten der Warschauer Gesellschaft für Naturforscher, Abt. Biologie, **14**, 20 (1903).
[2] Neimark, J. E., Arbeiten der Komm. der anal. Chemie. VI (IX). Isdar AN SSSR, 76 (1955).
[3] Shuchowitzki, A. A., Turkeltaub, N. M., DAN SSSR, **94**, 77 (1954).
[4] Turkeltaub, N. M., Schwarzman, W. P., Georgiewskaja, T. W. u. a., Shurnal Fisitschesskoi Chimii, **27**, 1827 (1952).
[5] Turkeltaub, N. M., Neftjanoje Chosjaistwo, **4**, 72 (1954).
[6] Semenow, N. N., Über einige Probleme der chem. Kinetik und Reaktionsfähigkeiten. Isdat AN SSSR (1954).
[7] Kaplan, S. und Möller, F., Shurnal Obschtschei Chimii, **19**, 2038 (1949).
[8] Fuchs, N. A., Sawodskaja Laboratorija, **16**, 878 (1953).
[9] Puri, B. R., Lakhanpal, M. L., J. Indian chem. Soc., **31**, 921 (1934).
[10] Kiselev, A. W., Kolloidni Shurnal, **2**, 17 (1930).
[11] Boreskow, G. K., Borisowa, W. S., Dsheko, W. A. u. a., Shurnal Fisitschesskoi Chimii, **22**, 603 (1948).
[12] Shuchowitzki, A. A., Solotarjewa, O. W., Sokolow, W. A. und Turkeltaub, N. M., DAN SSSR, **77**, 435 (1951).

Der Einfluß der Silikagelstruktur auf die Trennung gasförmiger Kohlenwasserstoffe durch Gas-Chromatographie

Von D. A. Wjachirew, N. P. Tschernjaew und A. J. Bruck, Gorki, UdSSR

Silikagel wurde in die Praxis der Gas-Chromatographie als hocheffektives Adsorbens eingegliedert. Deshalb ist der Einfluß seiner physikalisch-chemischen Eigenschaften auf die chromatographische Trennung gasförmiger Gemische, im besonderen Kohlenwasserstoff-Gemische, von großem Interesse.

Die sowjetischen Forscher Kiselew und Neimark haben mit ihren Mitarbeitern grundlegende Untersuchungen von Silikagelen verschiedener Strukturen und Adsorptionsaktivitäten durchgeführt.

In diesen Arbeiten galt die Hauptaufmerksamkeit dem Einfluß der Struktur auf den Charakter der Adsorptionsisotherme des Kohlenwasserstoffes und der Adsorptionswärme. Für eine erfolgreiche gas-chromatographische Trennung sind nicht die absoluten Größen der Adsorption und der Adsorptionswärme von Bedeutung, sondern der Unterschied dieser Größen bei den zu trennenden Stoffen.

Eine Reihe von Arbeiten zeigte, daß der für zwei Stoffe notwendige Unterschied der Logarithmen der Rückhaltevolumina oder der Rückhaltezeiten direkt proportional den Unterschieden der Adsorptionswärmen ΔQ ist. Die Größe ΔQ ist für ein betrachtetes Stoffpaar und seine Trennung die wichtigste charakteristische Größe. Jedoch kann bei einer bedeutenden Längsdiffusion der chromatographischen Zonen der Fall eintreten, daß trotz bedeutender Unterschiede der Adsorptionswärmen keine völlige Trennung erreicht wird. Deshalb ist es zweckmäßig, als konkretes Charakteristikum die Trennungskriterien K_1 und K_2 nach Shuchowitzki und Turkeltaub anzuwenden. Diese Kriterien berücksichtigen nicht nur die Größe ΔQ, sondern auch die Längsdiffusion sowie eine Reihe von Versuchsparametern, wie Säulenlänge, Strömungsgeschwindigkeit des Schleppgases, Säulentemperatur. Die Gleichung für die Trennungskriterien K_1 und K_2 bei der Entwicklungsmethode zeigt, daß unter der gleichen Trennungsbedingung, aber mit verschiedenen Adsorbenten die Auftrennung in bedeutendem Maße von ΔQ und relativ wenig von Q und anderen Versuchsparametern abhängt.

Silikagele verschiedener Strukturen wurden aus der Gorkowschen Industrieversuchsbasis WNJJNP bezogen oder durch verschiedenartige Bearbeitung des Weskrensensker Silikagels MSM gewonnen. Die Silikagele der OPB WNJJNP wurden nach der von Neimark und Mitarbeitern erarbeiteten Methode hergestellt.

Alle Silikagele wurden gemahlen und gesiebt, wobei man Fraktionen mit einem Korndurchmesser von 0,25 bis 0,5 mm entnahm. MSM Silikagel wurde mit konzentrierter Salzsäure durch zweistündiges Erhitzen im Wasserbad behandelt und durch anschließendes Waschen mit destilliertem Wasser von SO_4^{--}- und Cl^--Ionen befreit. Nach der Reinigung mit Wasser wurde das Silikagel 18 Stunden in einer 0,1 n Kalilauge gelagert und danach mit Wasser bis zu einem $p_H = 6{,}5$ gewaschen und schließlich im Ofen bei 240° C bis zur Gewichtskonstanz getrocknet. Die Behandlung des Silikagels mit Salzsäure führt zur Auflockerung der Oberfläche und zur Vergrößerung des Porendurchmessers. Für Proben verschiedener Porösität wurde MSM-Silikagel in jeweils zwei Stunden ein-, zwei- und dreimal mit Salzsäure behandelt.

Nach dem Trocknen der Proben bei 240°C wurden die strukturellen Charakteristika gemessen: die spezifische Oberfläche, der mittlere Durchmesser der Poren, ihr spezifisches Volumen und die Porösität. Zur Errechnung der letzten beiden Charakteristika wurde das scheinbare Schüttgewicht und das tatsächliche spezifische Gewicht bestimmt.

Außer mit Salzsäure und Kalilauge behandeltem MSM-Silikagel wurde zum Vergleich nichtbehandeltes MSM- und MSK-Silikagel und außerdem zur Entfernung der SO_4''- und Cl'-Ionen mit Wasser getränktes MSM-Silikagel untersucht.

Die strukturellen Charakteristiken der Silikagele des OPB WNJJNP wurden im Labor von OPB gemessen.

Die strukturellen Charakteristika von MSM-Silikagel vor und nach der Behandlung mit Salzsäure und 0,1 n Kalilauge deuten eine starke Verringerung der spezifischen Oberfläche und einen Anstieg des Porendurchmessers nach seiner ersten Bearbeitung mit Salzsäure und eine relativ unwesentliche Veränderung dieser Größen nach der zweiten und dritten Behandlung an. Nach dem Waschen des MSM-Silikagels mit destilliertem Wasser (ohne Behandlung mit Salzsäure) werden ein gewisser Anstieg der spezifischen Oberfläche und eine ganz unwesentliche Verringerung des Porendurchmessers beobachtet, was wahrscheinlich durch Entfernen der im Wasser gelösten Beimischungen bedingt ist.

Zum Vergleich der Adsorptionsaktivitäten der Silikagel-Serien (MSM-Silikagel vor und nach der Behandlung und OPB-Silikagel), wurde die Adsorptionsisotherme von n-Butan auf jedem der Silikagele bestimmt. Die Adsorptionsisotherme wurde nach der dynamischen Methode im Stickstoffmedium bestimmt. Die Reihenfolge ihrer Anordnung zeugt davon, daß sich die Adsorptionsaktivität mit dem Vergrößern der Oberfläche und dem Verringern des Porendurchmessers erhöht. Zur quantitativen Einschätzung der Adsorptionsaktivität der Silikagele wurden die gewonnenen Isothermen auf Übereinstimmung mit der Langmuir'schen Gleichung geprüft. Die aus der Adsorptionsisotherme errechneten Größen der Adsorptionskoeffizienten G und ebenso die Größen der maximalen Adsorption Z sowie die Beziehung G/Z zeigen, daß MSM-Silikagele, die ein-, zwei- und dreimal mit Salzsäure behandelt und danach einer Behandlung mit 0,1 n Kalilauge unterworfen wurden, weniger gekrümmte Adsorptionsisothermen aufweisen.

Die Behandlung des MSM-Silikagels mit Salzsäure und 0,1 n Kalilauge senkt dessen Adsorptionsaktivität infolge Vergrößerung des Porendurchmessers und Verringerung der spezifischen Oberfläche. Dabei verschwindet allerdings die Polymerisation ungesättigter Kohlenwasserstoffe (Propylen und Butylen), die bei nichtbehandeltem Silikagel beobachtet wird.

Zur Klärung des Einflusses der Silikagelstruktur auf den Grad der chromatographischen Trennung bestand unsere Hauptaufgabe in der Bestimmung von ΔQ zwischen den benachbarten Komponenten des zu trennenden Gemisches und ebenso in der Bestimmung der Trennungskriterien. Diese Größen wurden von uns in einer gas-chromatographischen Anlage aus den Elutionskurven des volumetrisch bestimmten Pyrolyse-Gases für das Paar C_2H_6—C_2H_4 ermittelt. Nach den Berechnungen steigt der Unterschied der Adsorptionswärmen ΔQ und der Trennungskriterien K_1 für das Paar Äthan-Äthylen mit der Erhöhung der Adsorptionsaktivität des Silikagels an, was bedingt ist durch die strukturellen Charakteristika, d. h., mit der Erhöhung der spezifischen Oberfläche und der Verringerung des Porendurchmessers im Silikagel wird eine vollständigere Trennung erreicht. Eine übermäßige Erhöhung des Abstandes zwischen den Bergen führt zu längerer Analysendauer. Deshalb ist es zweckmäßig, für die gas-chromatographische Trennung gasförmiger Kohlenwasserstoffe nur Silikagele mittlerer Aktiviät anzuwenden und zwar nach der obenbeschriebenen Methode behandeltes MSM-Silikagel oder OPB Nr. 4 und Nr. 5.

Die volumetrische Analyse gasförmiger Kohlenwasserstoffgemische mittels Adsorptions-Gas-Chromatographie

Von Lu Pei-tschan, Kan Tan, Huan Jui-de, Dairen, China[1])

Das Wesen der chromatographischen Stofftrennung besteht darin, daß die einzelnen Komponenten eines Stoffgemisches sich mit unterschiedlichen Verteilungskoeffizienten auf die mobile und die stationäre Phase aufteilen und somit die chromatographische Säule mit scheinbar unterschiedlicher Geschwindigkeit durchwandern. Wenn nämlich ein Stoffgemisch mit der Geschwindigkeit der bewegten Phase durch die Trennsäule geschleppt wird, so verteilt es sich ununterbrochen immer aufs neue zwischen mobiler und stationärer Phase. Da der jeweils in der stationären Phase befindliche Anteil sich nicht wie die mobile Phase in Richtung auf das Säulenende bewegt, so bleibt der Anteil hinter der bewegten Phase und den darin enthaltenden Stoffanteilen zurück. Die Auftrennung des Stoffgemisches geschieht dadurch, daß die einzelnen Komponenten infolge unterschiedlicher Verteilungskoeffizienten verschieden lange gegenüber der mobilen Phase zurückbleiben.

Um diese Trennwirkung chromatographischer Säulen zu nutzen, kann nach verschiedenen Methoden gearbeitet werden. Für die Gas-Chromatographie wird die mobile Phase vom Schleppgas gebildet. Der Vorzug dieser Methode besteht in der sehr kleinen Probenmenge, in der mehrmaligen Verwendbarkeit einer Trennsäule und in der einfachen Bestimmung der Konzentration der getrennten Substanzen in dem die Trennsäule verlassenden Gasstrom. Das ist von Vorteil für Untersuchungen zur Theorie der chromatographischen Trennung, wobei allerdings für einige Umstände näherungsweise ideales Verhalten vorausgesetzt wird.

Die Gas-Chromatographie ist für sehr viele Stoffgemische eine geeignete Analysenmethode: Sie eignet sich aber nicht für die Trennung von Stoffen geringer Flüchtigkeit, von thermisch leicht zersetzlichen Verbindungen oder von Substanzen, die mit der stationären Phase beständige, unter Analysenbedingungen irreversible Verbindungen bilden.

Für die Analyse von Stoffen mit einem sehr niedrigen Siedepunkt, also von Gasen, eignet sich besonders die Adsorptions-Gas-Chromatographie. Im allge-

---

[1]) Unter Mitarbeit von: Sun Shun-di, Ljui Tsu-Fen und Liu Jui-Tschan.

meinen arbeitet man dabei nach der Entwicklungsmethode [1—4] oder wendet die Methode der Frontalanalyse [5, 6] an.

Für die Lösung einer gegebenen Trennaufgabe genügt nicht allein ein Adsorbens mit geeigneter Trennwirkung, sondern es bedarf vielmehr auch einer entsprechend hohen Trennleistung der Säule, d. h., die einer Auftrennung entgegenwirkende Verbreiterung der Chromatographie-Zonen muß möglichst weit zurückgedrängt werden. Um das zu erreichen, wurden auch neue Chromatographie-Methoden entwickelt, deren wichtigste die entwickelnde Thermo-Gas-Chromatographie [7, 8] und die entwickelnde Druck-Chromatographie [9] sind. Bei der entwickelnden Thermo-Gas-Chromatographie wird durch einen besonderen Ofen ein sich ständig längs der Säule bewegendes Temperaturfeld angewendet, das eine Verbreiterung der sich entwickelnden Substanzzonen unterdrückt. Dabei geht aber die Möglichkeit verloren, durch Vergrößern der Adsorbensmenge (Verlängern der Trennsäule) die Trennwirksamkeit zu erhöhen. Die Trennwirkung wird vielmehr von der Länge des Temperaturfeldes bestimmt. Infolge Änderung der Temperatur in der Säule wird die Adsorptionsfähigkeit des Adsorbens in weiten Grenzen variiert, was eine Trennung von Stoffen sehr unterschiedlicher Adsorbierbarkeit ermöglicht. Durch die Anwendung von Wärmeleitfähigkeits-Meßzellen und bei einer strengen Kontrolle der Arbeitsbedingungen sind die Analysenergebnisse reproduzierbar. Wenn für die quantitative Bestimmung zur Titrations- oder Volumen-Gas-Chromatographie (mit CO_2 als Schleppgas) [3, 4] übergegangen wird, so müssen die einzelnen Substanzzonen sorgfältig voneinander getrennt aufgefangen werden. Das wird weniger Schwierigkeiten bereiten als eine quantitative Bestimmung nach früheren Analysenmethoden. Die Apparatur für diese Volumen-Gas-Chromatographie und das Arbeiten damit sind sehr einfach. Allerdings lassen sich damit nur Gasgemische, aber keine flüssigen Proben untersuchen.

Ausschlaggebend für die Trennung eines Gasgemisches ist die Auswahl des Adsorbenten, der eine gut selektive Adsorptionsfähigkeit haben muß. Als Adsorbenten werden im allgemeinen Aktivkohle [1—13], Silikagel [3, 4, 13], aktives Aluminiumoxyd [10, 11] und Zeolith [4] verwendet. Beim Einsatz von Aktivkohle als Adsorbent können Gemische getrennt werden, die neben mehr als 70% Propan und n-Butan noch Wasserstoff, Stickstoff, Sauerstoff, Methan, Äthan, Äthylen und Acetylen enthalten [4].

Durch Anwendung der Volumen-Gas-Chromatographie mit Silikagel als Adsorbens könnten im gleichen Gasgemisch Wasserstoff und Stickstoff nicht von Methan und Propylen nicht vom n-Butan getrennt werden [4]. Es gibt zwar Mitteilungen über die Propylen/n-Butan-Trennung [8], aber diesen ist nichts Näheres zu entnehmen. Es wurde dort [8] ebenfalls über die Beseitigung von Schwierigkeiten bei der Thermo-Gas-Chromatographie berichtet.

Zweck vorliegender Arbeit ist, die Anwendbarkeit der entwickelnden Volumen-Gas-Chromatographie für die Propylen/n-Butan-Trennung auf Aktivkohle und die Trennung Propan/n-Butan auf Silikagel zu untersuchen und eine einfache Bestimmungsmethode für Gemische gasförmiger Kohlenwasserstoffe zu entwickeln.

Die selektive Adsorptionsfähigkeit der Adsorbenten und die qualitativen Ergebnisse

Bei Anwendung der entwickelnden Adsorptions-Gas-Chromatographie sind für eine bestimmte Trennsäule die Rückhaltezeiten (t_{max}) der einzelnen Stoffe konstant, vorausgesetzt, daß Temperatur der Säule und Geschwindigkeit des Schleppgases unverändert bleiben [2]. Die Rückhaltezeit t_{max} ist die Zeit, nach der das Konzentrationsmaximum der getrennten Komponente im Schleppgas die Trennsäule verläßt. Auf Grund der Rückhaltezeit t_{max} können die einzelnen Komponenten der untersuchten Gasprobe identifiziert werden. t_{max} dient in der Gas-Chromatographie als qualitatve Kenngröße. JANÁK definiert als qualitativen Kennwert die „charakteristische Adsorptionsgröße“ U.

$$U = \frac{V_{max}}{m} = \frac{w \cdot t_{max}}{m}. \tag{1}$$

V_{max}: Schleppgasvolumen (ml), das bis zum Austritt der maximalen Konzentration einer Komponente im Schleppgas die Säule durchwandert hat
m : Menge des Adsorbens [g];
w : Schleppgasmenge [ml/sec];
t_{max} : Rückhaltezeit [sec].

Die von JANÁK eingeführte Größe U ist bei bestmmter Temperatur nur von den Eigenschaften des Adsorbens und der getrennten Komponente, nicht aber von Säulendurchmesser, Adsorbensmenge und Schleppgasmenge abhängig.

Die physikalische Bedeutung von U ist jedoch nicht näher erklärt. Wir nehmen an, daß im Falle geradliniger Adsorptionsisothermen die Größe U gleich K ist. K ist das Gasvolumen, das bei einer bestimmten Temperatur und bei einer Konzentration $C = 1$ im Gleichgewicht von 1 ml Adsorbens adsorbiert wird. Im Falle einer geradlinigen Isotherme brauchen Faktoren, wie Radialdiffusion und Wandeffekt, nicht berücksichtigt zu werden, und es folgt aus der Stoffbilanz:

$$\frac{w}{q} \cdot \frac{\partial c}{\partial x} = \frac{\partial a}{\partial t}, \tag{2}$$

$$\frac{da}{dt} = \beta\left(c - \frac{a}{K}\right). \tag{3}$$

q: Querschnitt der Trennsäule [cm²];
c: Konzentration in der Gasphase [ml Gas/ml Schleppgas];
a: das von 1 ml Adsorbens adsorbierte Gasvolumen [ml];
t: Zeit [sek];
β: Koeffizient der Adsorptionskinetik.

Aus Gleichung (2) folgt

$$\left(\frac{\partial x}{\partial t}\right)_0 = -\frac{\left(\frac{\partial c}{\partial t}\right)_x}{\left(\frac{\partial c}{\partial x}\right)_t} = \frac{w}{q} \cdot \frac{1}{\left(\frac{\partial a}{\partial c}\right)_x}. \tag{4}$$

Im Punkt a_m ist

$$\frac{\partial a_m}{\partial t} = 0\,, \qquad \text{d. h.} \qquad C_{\max} - \frac{Q_{\max}}{K} = 0$$

und

$$\frac{\partial a_{\max}}{\partial t} = K\,. \tag{5}$$

Aus

$$t_{\max} = \frac{L}{\left(\frac{\partial x}{\partial t}\right)_c}$$

$(L = \text{Säulenlänge})$

folgt nach Einsetzen von Gleichung (4) und (5) in Gleichung (1)

$$U = \frac{w \cdot t_{\max}}{m} = K\,. \tag{6}$$

Wenn die Säulentemperatur T ist, das Schleppgasvolumen sich aber auf $T_{\text{Meß}}$ bezieht, ist eine Korrektur nötig:

$$U' = \frac{T \cdot w_{\text{Meß}} \cdot t_{\max}}{T_{\text{Meß}} \cdot m} = K\,. \tag{6'}$$

Wenn bei geradliniger Isotherme der Einfluß des Adsorbens unbeachtet bleiben kann, da

$$K = A\, e^{a/RT}\,,$$

so ist

$$\ln U' = + \ln A + \frac{Q}{R\,T}\,. \tag{7}$$

Es ist zu beachten, daß sich längs der Säule die lineare Schleppgasgeschwindigkeit ändert. Bei der Thermo-Gas-Chromatographie tritt diese Änderung der Schleppgasgeschwindigkeit innerhalb der Trennsäule als Folge der Temperaturänderungen auf. Trotzdem wird im Strömungsmesser für die Temperatur $T_{\text{Meß}}$ eine konstante Schleppgasmenge registriert. Wird die Schleppgasmenge korrigiert, kann eine von Shuchowitzki und Mitarbeitern [8] aufgestellte Gleichung $K = 1/\eta$ verwendet werden.

$$\eta' = \frac{O}{\frac{W_{\text{Meß}}}{q} \cdot \frac{T_{\max}}{T_{\text{Meß}}}} = \frac{1}{K}\,. \tag{8}$$

O: Bewegungsgeschwindigkeit des Ofens.

Analog zu Gleichung (6') ergibt sich:

$$U' = \frac{1}{\eta'} = K\,. \tag{9}$$

Somit ist U' nicht nur ein qualitativer Kennwert, sondern charakterisiert auch die Selektivität des Adsorbens. Aus Gleichung (9) geht hervor, daß zwei Komponenten um so leichter getrennt werden, je größer die Differenz ihrer U-Werte (ΔU) ist. Aus der graphischen Darstellung von $\ln U' \Big/ \frac{1}{T}$ erkennt man, ob zwei Komponenten getrennt werden. Nach diesem Prinzip wurde bei einigen Temperaturen die Adsorbens-Selektivität von Aktivkohle (aus Fuschun) und von feinporigem Silikagel (aus Mukden) gegen gasförmige Kohlenwasserstoffe bestimmt. Aus Abbildung 8.1 ist zu entnehmen, daß für die gasförmigen Kohlen-

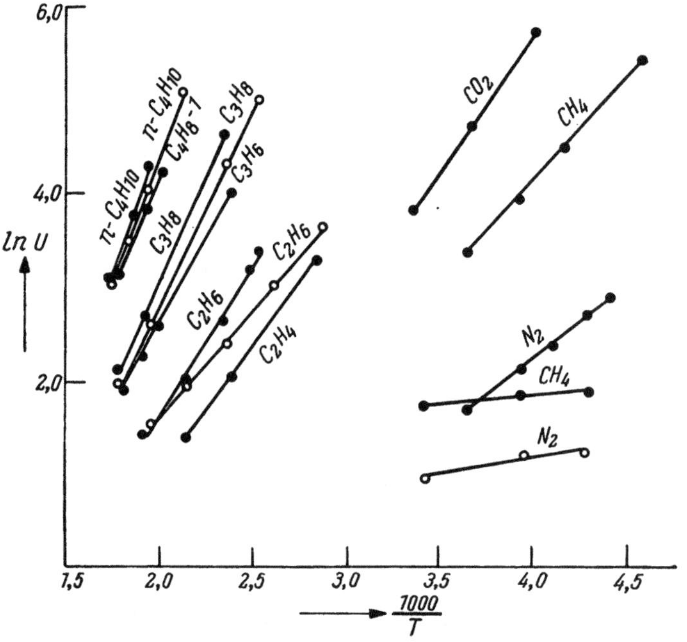

Abb. 8.1. Temperaturabhängigkeit der U-Werte einiger Kohlenwasserstoffe
U-Werte für N_2 und Alkene (CO_2 als Schleppgas)
U-Werte von Alkenen (CO_2 als Schleppgas)
U-Werte von N_2 und Alkanen (H_2 als Schleppgas)

wasserstoffe mit unterschiedlicher Anzahl an C-Atomen die Aktivkohle eine gute Adsorbens-Selektivität aufweist, während die Selektivität für die Trennung Alkan/Alken gleicher C-Zahl nicht ausreicht. Silikagel hingegen trennt die letztgenannten Stoffpaare gut, aber es adsorbiert zum Beispiel Alkene so fest, daß eine Trennung Propylen/Butan erschwert wird. Durch ein zweistündiges Tempern bei 400° C kann man aber die starke Adsorptivität des Silikagels gegenüber den Alkenen etwas abschwächen. Aus Abbildung 8.2 geht hervor, daß die Adsorptivität gegen Alkene um so schwächer wird, je höher die Temper-Temperatur war. Eine höhere Temperatur beim Tempern vergrößert die Selektivität für Propylen/Butan, die Selektivität der Alkan/Alken-Trennung (mit gleicher C-Zahl) ging zurück. Wird zu niedrig getempert, erfolgt keine Trennung Propylen/Butan. Wir sind der Meinung, daß Silikagel zur Trennung von Propan, Propylen, Butan

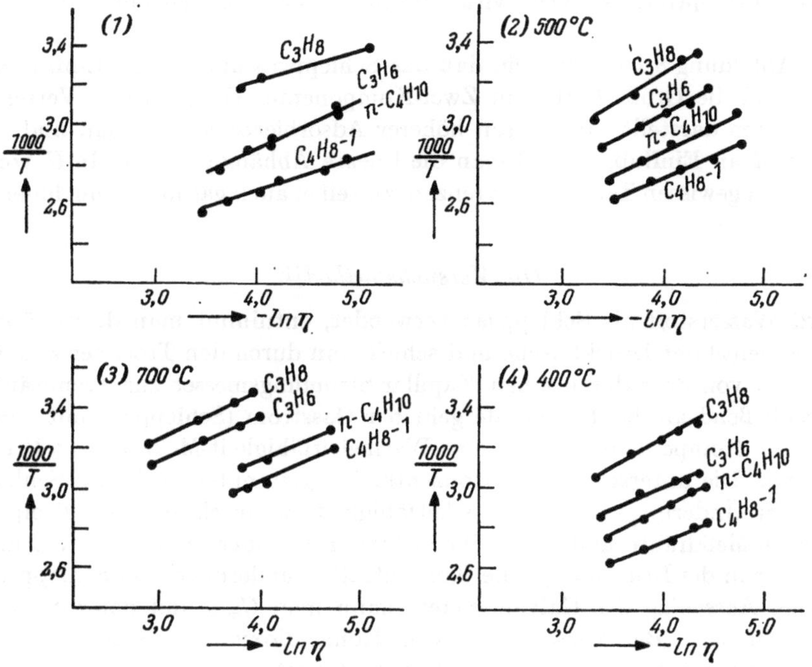

Abb. 8.2. Einfluß der Temperatur der thermischen Vorbehandlung des Silikagels auf dessen Adsorptionseigenschaften

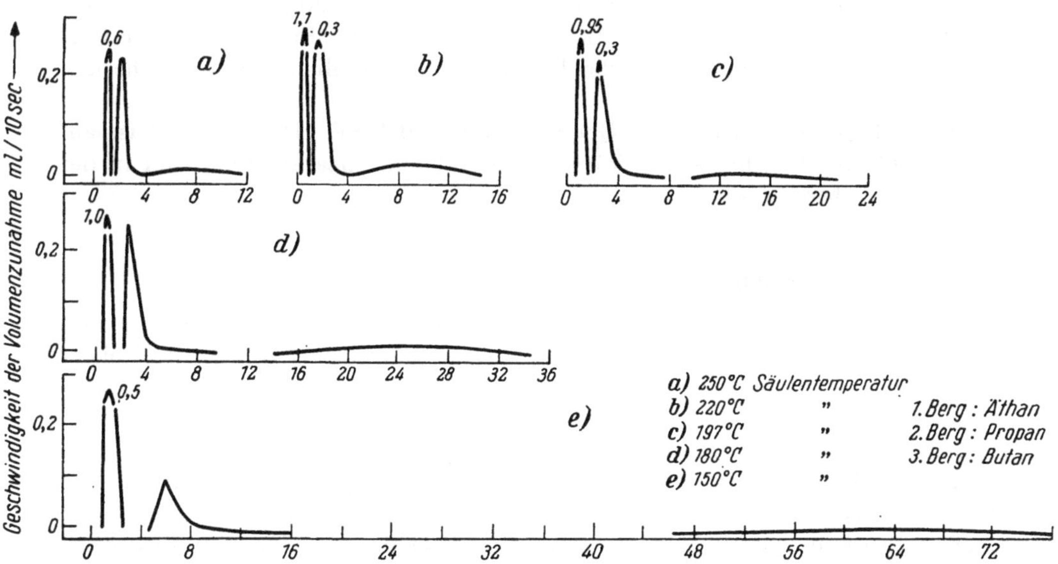

Abb. 8.3. Trennung gasförmiger Kohlenwasserstoffe bei verschiedenen Säulentemperaturen

und Butan-1 optimal selektiv wirkt, wenn es zwei Stunden auf 500° C erhitzt wurde.

Aus Abbildung 8.1 ergibt sich, daß das Schleppgas auch einen Einfluß auf U ausübt und die Größe K für ein Zwei-Komponenten-Gemisch den Verteilungskoeffizienten darstellt. Bei Gasen höherer Adsorbierbarkeit (Äthan und höher) gewinnt K an Einfluß, so daß man die lineare Abhängigkeit des $\ln U$ von $1/T$ nur noch in gewissen Temperaturgrenzen, zuweilen auch gar nicht annehmen darf.

Die Versuchsmethodik

Wird Wasserstoff als Schleppgas verwendet, entnimmt man diesen über ein Reduzierventil der Druckflasche und schickt ihn durch den Trockner zum Gasometer und von dort durch einen Kapillar-Strömungsmesser zur Trennsäule.

Anschließend an die Trennsäule geht der Gasstrom (Schleppgas mit den aufgetrennten Komponenten) durch eine Wärmeleitfähigkeit-Meßzelle mit Brückenschaltung. Die unterschiedliche Konzentration getrennter Stoffe im Schleppgas verursacht Änderungen der Wärmeleitfähigkeit, wodurch sich die Temperatur der Platin-Meßdrähte und damit ihr elektrischer Widerstand ändert. Ein Galvanometer in der Brücke zeigt die Konzentrationsänderungen im Schleppgas an. Aus dem Ausschlag des Galvanometers kann man C_{max} und demzufolge auch t_{max} bestimmen. Bei Verwendung von Kohlendioxyd als Schleppgas wurde t_{max}, wie in der Literatur [15] angegeben, bestimmt.

Bevor die U Werte ermittelt werden können, muß Silikagel 1 Stunde bei 150 bis 250° C getrocknet werden, weil Feuchtigkeit die Adsorptionseigenschaften verändert. Die Trennsäule wird auf $\pm 2°$ C konstant gehalten. Sie hat einen Innendurchmesser von 5 mm. Der Korndurchmesser der Aktivkohle beträgt 0,5 bis 0,7 mm. Es werden 10 ml Aktivkohle verwendet. Für die Thermo-Gas-Chromatographie ist am Ausgang der Trennsäule auf der Silikagelseite ein Thermoelement angebracht.

Die Silikagel-Säule hat einen Querschnitt von 0,2 cm². Das Silikagel ist auf 0,3 bis 0,5 mm Durchmesser gekörnt. Die anderen Apparaturteile sind in der Literatur [8] bereits beschrieben.

Die Genauigkeit der quantitativen Trennung

Bei Verwendung von Aktivkohle als Adsorbens gelingt die Trennung von Wasserstoff, Stickstoff und Methan bei Zimmertemperatur, wobei die Probenmenge auf die zulässige Fehlergröße abgestimmt sein muß. Zur Kontrolle wird danach eine so große Menge Aktivkohle eingesetzt, daß bei genügend großem t_{max} eine völlige Trennung der einzelnen Komponenten erreicht ist.

Aus Abbildung 8.3 ist zu ersehen, daß für die Analyse der C_2- und höheren Kohlenwasserstoffe eine verhältnismäßig hohe Säulentemperatur am zweckmäßigsten ist, um die Analysengenauigkeit zu erhöhen und die Zeit wesentlich zu verkürzen. Eine zu hohe Säulentemperatur ist aber andererseits von Nachteil, weil dann die Differenz der einzelnen Rückhaltezeiten (Δt_{max}) zu klein wird und die Trennungen ungenau werden.

Es wurden Sechs-Komponenten-Gemische aus H_2, N_2, CH_4, C_2H_6, C_3H_8 und n-C_4H_{10} auf Aktivkohle mit der Volumen-Gas-Chromatographie getrennt. Apparatur und Arbeitsweise sind an anderer Stelle [15] beschrieben. Mit Silikagel als Adsorbens konnte ein sieben Komponenten enthaltendes Gemisch (Methan,

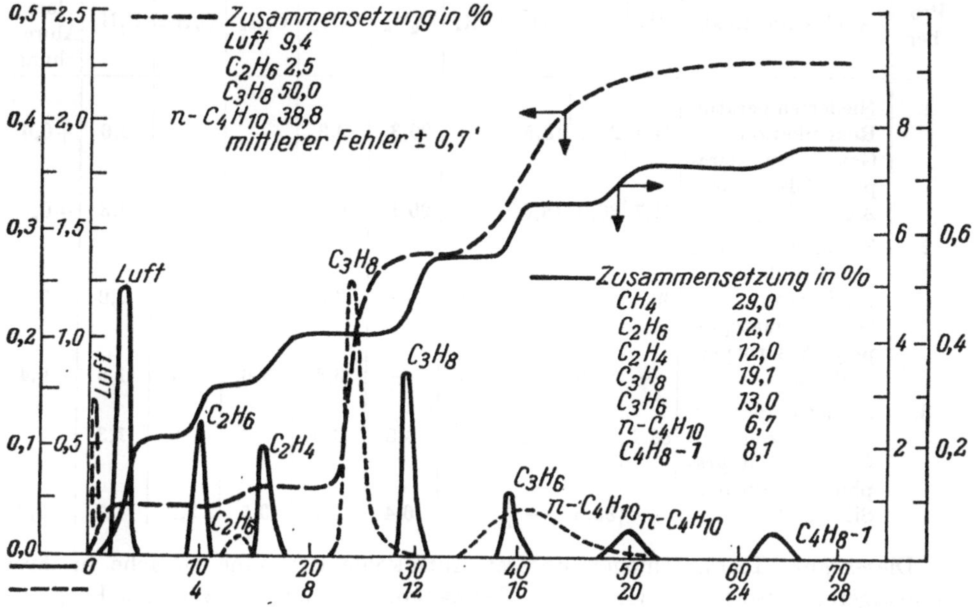

Abb. 8.4. — — — — — Elutionskurve der gesättigten Kohlenwasserstoffe C_2—C_4 auf Aktivkohle

————— Elutionskurve gesättigter und ungesättigter Kohlenwasserstoffe C_1—C_4 auf Silikagel

Äthan, Äthylen, Propan, Propylen, n-Butan, Butylen) getrennt werden. Arbeitsbedingungen und Apparatur, ähnlich denen des vorangegangenen Beispiels, sind in der Literatur [16] beschrieben.

Der Analysenfehler betrug im allgemeinen 0,2%. Die Analysenergebnisse an Modellgemischen sind in Tabelle 1 zusammengefaßt und mit den Ergebnissen der Niedertemperatur-Rektifikation verglichen worden.

Um die Trennung zu verbessern, wurde eine größere Säule eingesetzt, die mit 40,2 ml Silikagel gefüllt war, das eine zweistündige thermische Vorbehandlung bei 500° C erfahren hatte. An dieser Trennsäule konnte die Probenmenge auf 50 ml erhöht werden. Trotzdem betrug der Analysenfehler nur noch 0,05%.

In Arbeiten von Janák [3, 4] ist angegeben, daß Propan/Butan auf Aktivkohle nur völlig getrennt werden kann, wenn ihr Anteil am Gasgemisch 7% nicht übersteigt, und daß ferner eine teilweise Trennung beider Gase nicht möglich ist, wenn sie 70% der Probe ausmachen. Aus Abbildung 8.4 geht hervor, daß auf unserer Aktivkohle Propan und Butan auch bei einem Gesamtgehalt von mehr als 80% noch völlig getrennt werden.

TABELLE 1

Die Genauigkeit volumetrischer Ergebnisse der Adsorptions-Gas-Chromatographie

Proben	Analysenmethode	H_2	N_2	CH_4	C_2H_4	C_2H_6	C_3H_8	C_3H_6	C_4H_{10}	C_4H_8	Mittlere Abweichung
1.	Niedertemperatur Rektifikation	21,4	20,3	18,5	—	20,3	9,3	—	—	9,6	+0,6
	Gas-Chromatographie (Adsorbens: Aktivkohle)	21,7	20,0	18,6	—	20,1	9,7	—	—	9,3	+0,7
2.	Zusammensetzung des Modellgemisches	39,5	45,7	—	4,9	—	3,5	3,8	1,5	2,0	0
	Gas-Chromatographie (Adsorbens: Silikagel)	—	84,6	—	4,6	—	3,5	3,6	1,4	1,9	+0,4
3.	Niedertemperatur Rektifikation	68,1	—	14,1	1,2	6,8	3,0	3,6	1,9	1,3	—
	Gas-Chromatographie (Adsorbens: Silikagel)	—	82,3	—	1,1	6,4	3,1	3,5	2,2	1,7	—0,3

Dieses gute Trennvermögen unserer Aktivkohle hat seine Ursache in ihrer günstigeren Adsorbens-Selektivität. JANÁK konnte auch auf Silikagel Propylen nicht von n-Butan trennen. Diese Trennaufgabe wurde auf getempertem Silikagel gelöst. Unsere Säulentemperaturen waren durchweg höher als die in der Literatur angegebenen. Wie Tabelle 1 zeigt, wurden trotz verhältnismäßig hoher Säulentemperaturen sowohl auf Aktivkohle als auch auf Silikagel genaue Analysenwerte gewonnen.

Zusammenfassung

Es wurden die physikalische Bedeutung des von JANÁK definierten U-Wertes und seine Beziehung zu K, dem Verteilungskoeffizienten der einzelnen Komponenten zwischen stationärer, fester und mobiler, gasförmiger Phase für bestimmte Temperaturen untersucht. Daraus ergab sich, daß U nicht nur qualitative Aussagen zur Volumen-Gas-Chromatographie erlaubt, sondern ein Maß für die Adsorbens-Selektivität darstellt. Auf diese Weise wurden für die Aktivkohle aus Fuschun und das feinporige Silikagel von Mukden die Adsorbens-Selektivitäten ermittelt. Hierbei zeigte sich, daß die Aktivkohle für die Trennung der gasförmigen Kohlenwasserstoffe nach ihrer C-Zahl gut geeignet ist, während Alkene neben den Alkanen nur schlecht bestimmt werden konnten. Das feinporige Silikagel hingegen hatte für die Trennung der gesättigten von den ungesättigten

Kohlenwasserstoffen eine günstigere Adsorbens-Selektivität; allerdings erschwert die starke Adsorptionsfähigkeit gegenüber Propylen dessen Trennung vom n-Butan.

Die Adsorbens-Selektivität läßt sich durch thermische Vorbehandlung des Silikagels beeinflussen. Je höher die Temperatur beim Tempern ist, um so besser gelingt die Propylen/n-Butan-Trennung. Zu hohe Temperatur ist aber von Nachteil für die Trennung der Alkane und Alkene gleicher *C*-Zahl. Die besten Ergebnisse wurden durch zweistündiges Erhitzen des Silikagels auf 500° C erzielt.

Es wurden Bedingungen für die volumetrische Analyse der gasförmigen Kohlenwasserstoffe mittels Adsorptions-Gas-Chromatographie festgelegt. Mit Aktivkohle als Adsorbens konnte innerhalb 30 Minuten ein Gemisch aus Wasserstoff, Stickstoff, Methan, Äthan, Propan und Butan getrennt werden. Die Analyse des Sieben-Komponenten-Gemisches aus Äthylen, Propylen, Butylen und den Alkanen mit ein bis vier C-Atomen gelang unter Verwendung von feinporigen Silikagel als Adsorbens, Die Volumen-Gas-Chromatographie arbeitet mit Kohlendioxyd als Schleppgas. Aufbau und Bedienung der Apparatur sind einfach. Bei einer Probenmenge von 3 bis 50 ml beträgt der Analysenfehler 0,05 bis 0,2%.

Die gas-chromatographisch erhaltenen Analysenergebnisse eines Modellgemisches stimmen völlig mit dessen Zusammensetzung und den Ergebnissen der Tieftemperatur-Rektifikation überein.

Nachtrag

In unserem Laboratorium werden Gemische gasförmiger Kohlenwasserstoffe mittels Adsorptions-Gas-Chromatographie auf zwei Arten getrennt. Die Analyse von Proben, die Wasserstoff, Stickstoff, Methan, Äthan, Propan und n-Butan enthalten, geschieht auf Aktivkohle als Adsorbens. Sollen Wasserstoff, Stickstoff, Methan, Äthan, Äthylen, Propan, Propylen, n-Butan und Butylen nebeneinander bestimmt werden, benutzen wir Silikagel als stationäre Phase.

Für diese beiden Trennungen sind Apparatur und Arbeitsweise in Shan-ljao-Sjue-bao (Acta Focalia Sinica), Band 1, Nr. 1 und 2, eingehend beschrieben. An dieser Stelle sei die Methodik nur kurz skizziert:

Für die erstgenannte Trennaufgabe besteht die Apparatur aus zwei mit Aktivkohle gefüllten Säulen, durch die Kohlendioxyd als Schleppgas strömt. Nachdem das Schleppgas durch Kalilauge absorbiert ist, werden die getrennten Komponenten volumetrisch bestimmt. Die in Richtung des Gasstromes erste Säule ist mit 4,6 ml Aktivkohle der Körnung 0,5 bis 0,7 mm Durchmesser gefüllt, die zweite mit 50,2 ml Aktivkohle gleicher Korngröße. Die Trennung von H_2, N_2 und CH_4 erfolgt über beide Säulen. Danach wird Säule 2 geschlossen und Säule 1 elektrisch auf 250° C geheizt, wodurch nacheinander Äthan, Propan und Butan desorbiert wird. Die Analyse dauert insgesamt 30 Minuten. Der Fehler liegt im Durchschnitt nicht über 0,2%.

Das zweite, kompliziertere Stoffgemisch wird an einer im Prinzip gleichartigen Apparatur analysiert. Lediglich die Trennsäulen sind andere: Säule 1 ist mit

15 ml, 2 Stunden auf 500° C erhitztem Silikagel von 0,5 bis 0,7 mm Korndurchmesser gefüllt. Säule 2 enthält 12 ml ungetempertes Silikagel gleicher Körnung. Anfangs werden über beide Säulen Wasserstoff, Stickstoff und Methan von Äthan getrennt. Nachdem auch Äthylen beide Säulen passiert hat, wird die Säule 2 geschlossen und die Trennsäule 2 auf 130° C aufgeheizt. Nun vollzieht sich die Trennung von Propan, Propylen und n-Butan. Das Butylen tritt aus, nachdem die Trennsäule auf 160° C erhitzt wurde. Die gesamte Analyse erforderte 40 Minuten. Der mittlere Fehler übersteigt ebenfalls nicht 0,2%.

LITERATURVERZEICHNIS

[1] TURKELTAUB, N. M., Shurnal Analititschesskoi Chimii, **5**, 200 (1950).
[2] CREMER, E., PRIOR, F., Z. Elektrochem. angew. physik. Chem., **55**, 66 (1951).
[3] JANÁK, J., Sbornik Českoslov. chim. rabot., **18**, 798 (1953).
[4] JANÁK, J., Chem. Techn., **8**, 125 (1956).
[5] DUBININ, M. M. und JAWITSCH, S., Shurnal Prikladnoi Chimii, **9**, 119 (1936).
[6] OHM, W., Oel u. Kohle, Gemeinsch. Brennstoff-Chem., **40**, 654 (1944).
[7] SHUCHOWITZKI, A. A., SOLOTARJEWA, O. W., SOKOLOW, A. W., u. a., DAN SSSR, **77**, 435 (1951).
[8] SHUCHOWITZKI, A. A., TURKELTAUB, N. M., Usspechi Chimii, **25**, 859 (1956).
[9] GRIFFITHS, J., JAMES, D., PHILLIPS, C., Analyst, **77**, 1369 (1956).
[10] GREENE, S. A., MOBERG, L. M., WILLSON, E. M., Liebigs Ann. Chem., **28**, 1369 (1956).
[11] LICHTENFELS, D. H., FLECK, A. S., BIEROW, F. H., ibid., **27**, 170 (1955).
[12] RAY, N. H., J. appl. Chem., **4**, 82 (1954).
[13] HRAPIA, H., KÖNNECKE, H. G., J. prakt. Chem., **3**, 106 (1956).
[14] SHUCHOWITZKI, A. A., WAGIN, E. W., PETUCHOW, S. S., DAN SSSR, **102**, 771 (1955).
[15] LU PEI-TSCHAN, KAN TAN, Acta focalia sinica, **1**, 47 (1956).
[16] LU PEI-TSCHAN, HUAN JUI-DE, KAN TAN, Acta focalia sinica, **1**, 146 (1956).

Über Faktoren, die das Trennvermögen gas-chromatographischer Säulen bestimmen

Von Lu Pei-tschan, Lju Pei-fan und U Chuei-fan, Dairen, China

Einleitung

In den letzten Jahren hat die Analytik komplizierter Stoffgemische mit Siedepunkten bis 350° C mit Hilfe der Gas-Chromatographie wesentliche Fortschritte gemacht. Zur Zeit werden hauptsächlich die entwickelnde Adsorptions-Gas-Chromatographie [1—4], die Thermo-Gas Chromatographie [8—12] und die Verteilungs-Gas-Chromatographie [8—12] angewendet. Die Besonderheit dieser Methoden besteht darin, daß zu die untersuchenden Stoffe während des Trennvorganges nur mit sehr geringem Partialdruck in der Gasphase vorhanden sind und deshalb viele Faktoren nahe dem Idealzustand auftreten.

So kann zum Beispiel eine geringe Dampfmenge der zu untersuchenden Stoffe als ideales Gas und der Verteilungskoeffizient der Stoffe zwischen der Gas- und der flüssigen Phase als Konstante angesehen werden, die nicht von der Konzentration abhängig ist. Folglich begannen viele Forscher mit der Untersuchung der Verteilungskoeffizienten und der Adsorptionsfähigkeiten der flüssigen Phasen auf der Basis der Elutionskurven der Gas-Chromatographie [13—18]. Gleichzeitig wurde die Theorie der chromatographischen Trennung [16—22, 19—26] in großem Umfange entwickelt. Die Mehrzahl dieser Arbeiten beschränkte sich jedoch auf das Studium der Gesetzmäßigkeiten an individuellen Stoffen im chromatographischen Prozeß. Obwohl einige Autoren die Wahl der Trennungsbedingungen theoretisch zu beurteilen versuchten, ist bis jetzt die Wahl der Analysenbedingung eine empirische. Die theoretischen Grundlagen für die optimalen Bedingungen sind äußerst mangelhaft. Sogar zwei Kernfragen sind noch ungeklärt, und zwar, in welcher Weise die Selektivität oder Trennwirkung der anzuwendenden Trennsäulen verglichen werden kann und wie die Zweckmäßigkeit der anzuwendenden Analysebedingungen zu charakterisieren ist. Das bedeutet, daß für Selektivität und Trennleistung der Säulen Kenngrößen benötigt werden. In der Regel wird bei der Gas-Chromatographie als Größe für die Selektivität das von James und Martin vorgeschlagene relative Rückhaltevolumen $\left(\frac{V_{gl}}{V_{g_1}}\right)$ verwendet.

Als Kenngröße für die Trennleistung wird die Trennstufenzahl (N) benutzt. James z. B. nimmt an, daß in der Gas-Chromatographie eine völlige Trennung zweier Stoffe dann eintritt, wenn der Unterschied der Rückhaltevolumina dieser beiden Stoffe 20% übersteigt. Beträgt der Unterschied nur von 10 bis 15%, so ist die Trennung der beiden Berge unvollständig, bei weniger als 7% wird überhaupt keine Trennung erzielt.

Van de Craats [28] nimmt an, daß eine Trennung zweier Stoffe möglich ist, wenn das Verhältnis der Rückhaltevolumina 1,1 übersteigt.

Noch viele andere Wissenschaftler, wie z. B. Phillips [16, 29], Keulemans [30], Purnell [18], Grant [17] und Wiebe [31] haben auf Grund der relativen Rückhaltevolumina die Selektivität der Trennsäulen charakterisiert.

Auf dem Symposium 1956 in London wurde versucht, die Bestimmungsmethode der Trennstufenzahl zwecks breitester Anwendung zu standardisieren [32]. Unlängst hat Turkeltaub [11], der wie wir C_{max}/C als Kenngröße für den Trenneffekt annimmt, verschiedene Faktoren getrennt beurteilt, die auf das Trennvermögen einer Säule in zwei Richtungen verändernd wirken, erstens auf den Abstand benachbarter Bergmaxima und zweitens auf die Bergbreite in der Elutionskurve, und auf diese Weise viele interessante Ergebnisse erzielt. Er stellte jedoch keine Größen für die Selektivität und die Trennleistung der Trennsäulen auf, weil er eine kombinierte Einschätzung mit den Besonderheiten der Gas-Chromatographie unterließ.

In einer früheren Mitteilung [5][1]) führten wir die Größen G und F ein, die als Kenngrößen für die Selektivität und die Trennleistung der Trennsäulen gedacht sind, stellten sie für die Verteilungs-Gas-Chromatographie als zutreffend dar und betrachteten die Diffusionsgeschwindigkeit in der Gas- und in der flüssigen Phase als Hauptursachen für die fortwährende Verbreiterung der Substanzzonen des Chromatogramms. Folglich erweisen sich das relative Rückhaltevolumen als Maß für die Selektivität der Trennsäule und die Trennstufenzahl als Ausdruck der Trennleistung als falsch.

Es wurden Analysenergebnisse von sieben C_3- und C_4-Kohlenwasserstoffen bei Anwendung des Äthylesters der Acetessigsäure als Trennflüssigkeit untersucht und die Rechtfertigung der Größen G und F überprüft. Die Einflüsse der verschiedensten Parameter auf die Trennleistung wurden untersucht und eine empirische Formel für die Berechnung der Größe F für bestimmte Bereiche gefunden. Zum Schluß wurden Prinzipien für die Wahl der Trennsäule und ihrer Arbeitsbedingungen vorgeschlagen und eine kombinierte Volumen-Gas-Chromatographie-Methode für die Analyse von Gemischen folgender zwölf Gase angegeben: H_2, N_2, CH_4, C_2H_6, C_2H_4, C_3H_8, C_3H_6, Iso-C_4H_{10}, n-C_4H_8, $C_4H_8^{-1}$, Trans-$C_4H_8^{-2}$ und Cis-$C_4H_8^{-2}$.

$\frac{C_{max}}{C_0}$ als Kenngröße für den erzielten Trenneffekt

Bei Anwendung der entwickelnden Chromatographie wird eine Elutionskurve (auch Konzentrations-Rückhaltevolumen-Bild) erhalten, wie sie in Abbildung 9.1 dargestellt ist. (Auf die Abszisse ist das Volumen des Eluiermittels — Schleppgas — und auf die Ordinate die Konzentration der zu trennenden Stoffe im Eluiermittel — bezogen auf 100 ml Schleppgas — aufgetragen.)

[1] In diesem Band auf S. 61—70 wiedergegeben.

C_0 stellt den Schnittpunkt der Elutionskurven beider getrennter Stoffe dar. Bei der Entwicklung des gegebenen Stoffgemisches kann, wenn der Einfluß des Volumens der Meßkammer des Detektors unbeachtet bleibt, eine Elutionskurve mit einer normalen C_0-Größe gewonnen werden. Dabei werde angenommen, daß $C_0' = 2\,C_0$ sei. Für eine völlige Trennung binärer Gemische geht $C_0' \to 0$. Das hängt hauptsächlich von der Güte und Empfindlichkeit des Detektors [5] ab, so beträgt zum Beispiel hauptsächlich infolge Null-Linien-Schwankungen bei der

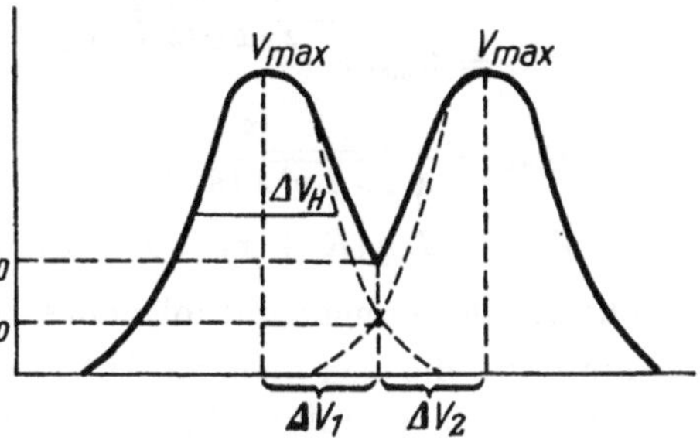

Abb. 9.1. Elutionskurve der Chromatographie

Wärmeleitzelle der Analysenfehler gewöhnlich 5 bis 7%. War $C_0'' > 6\%$ von C_{max}, so konnte mit der Wärmeleitfähigkeitsmeßzelle nicht mehr festgestellt werden, ob eine tatsächlich volständige Trennung erreicht worden war.

Für $\frac{C_{max}}{C_0} = \frac{100}{6/2} = 33{,}3$ kann man annehmen, daß $C_0' \to 0$ geht, d. h., daß diese zwei Komponenten völlig getrennt sind. Es sei noch ein anderes Beispiel angeführt: Zur Registrierung getrennter Gasvolumina bei der Volumen-Gas-Chromatographie wird gewöhnlich eine Meßbürette mit einer Skaleneinteilung von 0,01 ml je Skalenstrich verwendet [3]. Bei der Analyse von C_3- und höheren gasförmigen Kohlenwasserstoffen übersteigt C_{max} in der Regel nicht 0,3 ml/10 ml Schleppgas. C_{max} ist für viele Stoffe nicht größer als 0,15 ml/10 ml Schleppgas, folglich sind $\frac{C_{max}}{C_0} - \frac{0{,}15}{\frac{0{,}01}{2}}$ bis $\frac{0{,}30}{\frac{0{,}01}{2}} = 30$ bis 60 und beide Stoffe praktisch schon vollkommen getrennt. Für eine chromatographische, quantitative Analyse unter Anwendung von C_{max} durch Multiplikation mit der Halbbreite ΔV_H [33] ist nur ein ganz geringes Verhältnis von $\frac{C_{max}}{C_0}$ erforderlich. Wenn aber $\frac{C_{max}}{C_0} = 2$ ist, können nicht zwei Berge festgestellt werden. In diesen Fällen darf man vermuten, daß sich das binäre Gemisch nicht auftrennt. Shuchowizki [34] hat weiterhin bewiesen, daß Verunreinigungen, die sich in jeder Fraktion befinden, und der Analysefehler $\frac{C_{max}}{C_0}$-Funktionen sind. Damit wäre auch die Richtigkeit der Anwendung von $\frac{C_{max}}{C_0}$ als Maß des Trenneffektes der Trennsäulen bewiesen. Turkeltaub verwendet praktisch auch $\frac{C_{max}}{C_0}$ als Charakteristikum für den Trenneffekt.

Die Kenngröße der Säulenselektivität für die Verteilungs-Gas-Chromatographie und die Trennleistung

Wenn die Diffusion in der flüssigen Phase die Hauptursache für das Verwaschen der Substanzzonen im Chromatogramm bildet, dann beschreiben wir die Elutionskurve der isothermen Gas-Chromatographie durch eine Gleichung, die KLINKENBERG aus der vereinfachten Bodentheorie gewonnen hat:

$$C = C_{\max} e^{-\frac{(V - V_{\max})^2}{2 \gamma L q^2 (K + x^2)}}, \tag{1}$$

$$C_{\max} = \frac{m}{\sqrt{2 \pi L q^2 \lambda (K + x)^2}}, \tag{2}$$

$$V_{\max} = L q (K + x) \doteq L q K. \tag{3}$$

Für die drei obenangeführten Gleichungen gilt folgendes:

A. K stellt eine Konstante dar, die sich nicht in Abhängigkeit von der Konzentration verändert. In Versuchen muß nachgewiesen werden, daß sich V_g mit der Änderung von $C_{\max}$ nicht ändert.

B. Im Vergleich mit $V_{\max}$ ist das Volumen der zuzugebenden Probe m sehr klein und kann unberücksichtigt bleiben. Experimentell muß bewiesen werden, daß die Probenmenge m in den anwendbaren Bereichen keinen Einfluß auf die Zonenbreite ΔV ausübt.

C. $\frac{V_{\max}}{\lambda q \cdot x + \lambda q/K} > 100$ bedeutet, daß $V_{\max}$ und K genügend groß und q, x und λ genügend klein sein müssen. In der Praxis muß die Elutionskurve der symmetrischen Kurve der Gauß-Verteilung möglichst ähnlich sein.

Auf Grund der Untersuchungsergebnisse von TUNIZKI [20—22] kann angenommen werden, daß λ (für die Verteilungs-Gas-Chromatographie) die Funktion folgender Größen ist:

$$\lambda = k_1 \frac{D_{\rm I}}{v} + k_2 \cdot d_p + k_3 \frac{v K l^2}{(1 + K)^2 D_{\rm II}}. \tag{4}$$

KLINKENBERG [19] vereinfachte die Formel von LAPIDUS und AMUNDSON [35], verglich die vereinfachte Abhängigkeitsformel mit der Bodentheorie und stellte im Ergebnis eine der Gleichung (4) ähnliche Formel auf. Aus den Ergebnissen KLINKENBERGS geht hervor, daß bei der Verteilungs-Gas-Chromatographie das dritte Glied der Formel (4) im wesentlichen die Hauptrolle spielt, wenn $v > 10$ mm/sec ist. In der Praxis ist v gewöhnlich größer als 10 mm/sec. Die Ergebnisse unserer Versuche zur Verteilungs-Gas-Chromatographie mit Schamotte-Trägermaterial bestätigten unsere Annahme, daß das dritte Glied die Hauptrolle spielt.

Deshalb sind die zwei von FUKS [10] aufgestellten Gleichungen (4a) dann richtig, wenn die Diffusion in der flüssigen Phase den Haupteinfluß auf die Ausbildung der Substanzzonen in der chromatographischen Säule bildet.

Die Gleichung (4a) lautet:

$$\lambda = k_3 \frac{v K}{(1 + K)^2} \frac{l^2}{D_{\rm II}}. \tag{4a}$$

Wenn K einen genügend großen Wert hat, wird

$$\lambda \doteq k_3 \frac{v\,l^2}{K\,D_{II}} \doteq k_3 \frac{v\,l^2\,L\,q}{D_{II}\,g\,V_g}\,. \qquad (4a')$$

Dieses in Gleichung (1) eingesetzt, liefert uns:

$$\Delta V = V - V_{max} = \sqrt{\ln \frac{C_{max}}{C}} \cdot \frac{1}{k_3'} v^{0.5}\,g^{0.5}\,V_g^{0.5}\,q^{0,5}\,l\,D_{II}^{-0.5}\,. \qquad (5)$$

Aus Abbildung 9.1 geht hervor, daß im Falle $C = C_0$ die Größe ΔV die Zonenbreite von V_{max} bis zum Schnittpunkt darstellt; dann ist für $D_{II} = D_I\,V_{max}$

$$V_{max_2} - V_{max_1} = g\,(V_{g_2} - V_{g_1}) = \Delta V_1 + \Delta V_2$$

$$= \sqrt{\ln \frac{C_{max}}{C_0}}\,\frac{1}{k_3'} v^{0.5}\,q^{0.5}\,g^{0.5}\,l\,D_{II}^{-0.5}\,(V_{g_1}^{0.5} + V_{g_2}^{0.5})\,,$$

und zwar

$$\sqrt{\ln \frac{C_{max}}{C_0}} = k_3'\,g^{0.5}\,q^{0.5}\,l^{-1}\,D_{II}^{0.5}\,v^{-0.5}\,\frac{V_{g_2} - V_{g_1}}{V_{g_2} + V_{g_1}}\,, \qquad (6)$$

wobei

$$k_3' = \frac{1}{\sqrt{2\,k_3}}\,.$$

Wie schon oben erwogen wurde, kann $\frac{C_{max}}{C_0}$ eine Kenngröße des allgemeinen Trenneffektes der Trennsäule sein, d. h., die linke Seite der Formel (6) charakterisiert den allgemeinen Trenneffekt einer Trennsäule. Mit der rechten Seite der Formel (6) kann nachgewiesen werden, wann die Diffusion in der flüssigen Phase den Hauptfaktor bildet. Es gibt zwei Faktoren, die das Trennvermögen einer Säule bestimmen: Einer ist die Selektivität der Trennsäule $G_{flüssig}$, der zweite die Trennleistung der Säule $F_{flüssig}$:

$$G_{flüssig} = \frac{V_{g_2} - V_{g_1}}{V_{g_1}^{0,5} + V_{g_2}^{0,5}}\,, \qquad (7)$$

$$F_{flüssig} = k_3'\,q^{-0,5}\,g^{0,5}\,l^{-1}\,D_{II}^{0,5} \cdot v^{-0,5}\,, \qquad (8)$$

$$\sqrt{\ln \frac{C_{max}}{C_0}} = G_{flüssig} \cdot F_{flüssig}\,. \qquad (9)$$

Formel (5) kann auch auf eine andere Art geschrieben werden:

$$\Delta V = \frac{g}{F_{flüssig}} \cdot V\,g^{0,5} \cdot \sqrt{\ln\left(\frac{C_{max}}{C_0}\right)}\,. \qquad (5a)$$

Aus der Formel (4a) geht hervor, daß:

$$N = \frac{L}{\lambda} = \frac{D_{II} \cdot g \cdot V_g}{k_3\,l^2\,L\,q \cdot v}\,. \qquad (10)$$

Vergleichen wir die Formeln (10) und (8):

$$F_{flüssig} = \frac{N^{0,5}}{\sqrt{2}\,V_g^{0,5}} \qquad (8a)$$

oder anders ausgedrückt:

$$C_{\max} = \frac{m \cdot F_{\text{flüssig}}}{g \cdot \pi^{0,5} \cdot V_g^{0,5}} . \tag{2a}$$

Wenn die Gasphasendiffusion die Hauptursache für die Verbreiterung der Substanzzonen im Chromatogramm ist, so kann dies auf der Molekulardiffusion im Gasraum beruhen, wie es Gleichung (4) beschreibt:

$$\lambda = k_1 \cdot \frac{D_{\mathrm{I}}}{v} , \tag{4b}$$

$$\Delta V = \frac{1}{k_1'} \sqrt{\ln \frac{C_{\max}}{C_0}} \, D_{\mathrm{I}}^{0,5} \cdot g \cdot V_g \cdot v^{0,5} \cdot L^{-0,5} , \tag{5b}$$

$$\sqrt{\ln \frac{C_{\max}}{C_0}} = k_1' \, v^{0,5} \, L^{0,5} \, D_{\mathrm{I}}^{-0,5} \frac{V_{g_1} - V_{g_2}}{V_{g_1} + V_{g_2}} = F_{\mathrm{mol}} \cdot G_{\mathrm{mol}} , \tag{6b}$$

wobei

$$k_1' = \frac{1}{\sqrt{2 k_1}} .$$

In diesem Fall ist:

$$G_{\mathrm{mol}} = \frac{V_{g_2} - V_{g_1}}{V_{g_1} + V_{g_2}} , \tag{7b}$$

$$F_{\mathrm{mol}} = k_1' \, v^{0.5} \, L^{0.5} \, D_{\mathrm{I}}^{-0,5} = \frac{N^{0.5}}{\sqrt{2}} , \tag{8b}$$

Gleichung (5b) anders ausgedrückt:

$$\Delta V = \frac{g}{F_{\mathrm{mol}}} \sqrt{\ln \frac{C_{\max}}{C_0}} \cdot V_g . \tag{5b'}$$

Gleichung (2) kann so aussehen:

$$C_{\max} = \frac{m \, F_{\mathrm{mol}}}{g \, \pi^{0.5} V_g} . \tag{2b}$$

Wenn die Wirbeldiffusion den Hauptteil der Diffusion in der Gasphase ausmacht und die Ausbildung der Zonen maßgeblich beeinflußt, gilt:

$$\lambda = k_2 \, dp , \tag{4c}$$

$$\Delta V = \frac{1}{k_2'} \sqrt{\ln \frac{C_{\max}}{C_0}} \, g \cdot V_g \cdot L^{-0,5} \cdot dp^{0,5} , \tag{5c}$$

$$\sqrt{\ln \frac{C_{\max}}{C_0}} = k_2' \, L^{0,5} \, dp^{-0,5} \frac{V_{g_2} - V_{g_1}}{V_{g_1} + V_{g_2}} = G_{\mathrm{wirbel}} \cdot F_{\mathrm{wirbel}} , \tag{6c}$$

wobei

$$k_2' = \frac{1}{\sqrt{2 k_2}} .$$

Im gegebenen Fall ist

$$G_{\text{wirbel}} = \frac{V_{g_2} - V_{g_1}}{V_{g_1} + V_{g_2}}, \tag{7c}$$

$$F_{\text{wirbel}} = k_2' \, L^{0,5} \, dp^{0,5} = \frac{N^{0,5}}{\sqrt{2}}. \tag{8c}$$

Die Gleichung (5c) kann wie folgt beschrieben werden:

$$\Delta V = \frac{g}{F_{\text{wirbel}}} \sqrt{\ln \frac{C_{\max}}{C_0}} \cdot V_g. \tag{5c'}$$

Die Gleichung (2) lautet in anderer Form:

$$C_{\max} = \frac{m \, F_{\text{wirbel}}}{g \, \pi^{0,5} \, V}. \tag{2c}$$

Bezüglich der Theorien zur Chromatographie muß nach unserer Meinung für die Gewinnung allgemeiner Gesetzmäßigkeiten der Komplexeinfluß verschiedener Faktoren in Betracht gezogen werden (wie z. B. die Diffusion in der flüssigen Phase und in der Gasphase). Bei der praktischen Anwendung der angegebenen Gleichungen stößt man jedoch auf Schwierigkeiten: komplizierte und unklare Darstellungen. Zugleich gibt es für die konkrete Form der Chromatographie in den Grenzen der anzuwendenden Arbeitsbedingungen einige grundlegende Hauptfaktoren.

Daher betrachten wir es als sehr zweckmäßig, für die Wahl optimaler Analysenbedingungen die Gesetzmäßigkeit an einigen extremen Grenzbedingungen zu prüfen. Ein konkreter Prozeß läßt sich dadurch einfacher betrachten, daß man ihn dem nächstliegenden Extremfall zuordnet.

Für die Charakteristik des Hauptfaktors, der die Ausbildung der Substanzzonen in der Trennsäule bestimmend beeinflußt, führen wir zwei der einfachsten Methoden an:

Die erste Methode: Zuerst wird die Zonenbreite ΔV der verschiedenen Stoffe (ΔV muß jedoch auf Säulentemperatur korrigiert werden) und dann die Größe $C_{\max}$ oder V_R bei Vorhandensein einer bestimmten Größe $\frac{C_{\max}}{C}$ bestimmt. $\Big($In dieser Arbeit ist $\frac{C_{\max}}{C} = 2.\Big)$

$\log \Delta V$ wird als Funktion von $\log V_g$ graphisch dargestellt. Beträgt die Neigung x der so erhaltenen Geraden etwa 0,5, so bedeutet das, daß die Diffusion in der flüssigen Phase der bestimmende Faktor ist. Wenn aber die Neigung x etwa eins ist, muß die Diffusion in der Gasphase als bestimmender Faktor angesehen werden.

Durch Gegenüberstellung der Gleichungen (5a), (5b') und (5c') kann dieses nachgewiesen werden.

$$\Delta V = \frac{g}{F} \sqrt{\ln \frac{C_{\max}}{C}} \cdot V_g^x. \tag{5d}$$

Die zweite Methode beruht auf einem Vergleich der Gleichungsergebnisse (2a), (2b) und (2c), und zwar:

$$\frac{C_{\max}}{m} = \frac{F}{g\,\pi^{0,5}} \cdot \frac{1}{V_g^x}\,. \tag{2d}$$

Wenn die Größe $\frac{C_{\max}}{m}$ für die verschiedenen Stoffe bestimmt werden soll, so wird $\log \frac{C_{\max}}{m}$ als Funktion von $\log V_g$ graphisch dargestellt und auf diese Weise x ermittelt. Wenn $x \rightarrow 0{,}5$, ist die Diffusion in der flüssigen Phase der bestimmende Faktor, während bei einem Vorherrschen der Gasphasendiffusion x Werte um eins annimmt.

Natürlich kann auch noch eine andere Methode angewendet werden, zum Beispiel von der Beziehung ΔV — Schleppgasgeschwindigkeit v ausgehend. Es kann auch bestimmt werden, ob Molekular- oder Wirbeldiffusion den größeren Einfluß ausüben.

Falsch ist die Anwendung des relativen Rückhaltevolumens und der Trennstufenzahl zur Kennzeichnung von Selektivität und Trennleistung einer Säule, bei der der Diffusion in der flüssigen Phase der Haupteinfluß zukommt. Aus der Gleichungen (7b) und (7c) geht hervor, daß man sich bei Beurteilung der Selektivität der Säule nur dann auf die relativen Rückhaltevolumina stützen darf, wenn die Gasphasendiffusion sich als bestimmender Faktor erweist:

$$G_{\text{gas}} = \frac{V_{g_2} - V_{g_1}}{V_{g_1} + V_{g_2}} = \frac{V_{g_2} - V_{g_1}}{2\,V_{g_2} - (V_{g_2} - V_{g_1})}\,. \tag{11}$$

Bei geringem Unterschied zwischen $V_{g_2} - V_{g_1}$ und $2\,V_{g_2}$ ist:

$$G_{\text{gas}} = \frac{V_{g_2} - V_g}{2\,V_{g_2}} = \frac{1}{2}\left(1 - \frac{V_{g_1}}{V_{g_2}}\right). \tag{11a}$$

Bei gewöhnlichen Arbeitsbedingungen ist jedoch die Diffusion in der flüssigen Phase der Hauptfaktor und es muß deshalb $G_{\text{flüssig}}$ verwendet werden. In diesem Fall ist die Benutzung des relativen Rückhaltevolumens zur Charakterisierung der Säulenselektivität falsch. Aus den Gleichungen (8b) und (8c) folgt, daß die Trennstufenzahl N nur dann als Maß der Trennleistung für die Verteilungs-Gas-Chromatographie verwendet werden kann, wenn der Diffusion in der Gasphase der Haupteinfluß zukommt. Das rührt daher, daß $N = 2\,F_{\text{gas}}^2$ ist und F_{gas} eine Konstante darstellt, deren Größe von den Arbeitsbedingungen abhängt. Ist aber der bestimmende Faktor die Diffusion in der flüssigen Phase, so ist $F_{\text{flüssig}}$ zwar eine Konstante, die sich mit den Arbeitsbedingungen ändert, jedoch muß für N geschrieben werden $N = 2\,V_g \cdot F_{\text{flüssig}}^2$.

Da aber $F_{\text{flüssig}}$ eine Konstante ist, hat die Trennsäule gegenüber den einzelnen Stoffen infolge der verschiedenen V_g-Werte auch sehr unterschiedliche Trennstufenzahlen. Die Trennstufenzahl N ist in diesem Falle nicht zur Bewertung der Trennleistung der Säulen geeignet.

Die Diffusion in der flüssigen Phase als Hauptfaktor bei der Ausbildung der Substanzzonen in der Trennsäule

Experimentelles

100 Teile des Chuadjanschen Kieselgurs, vermischt mit 17 Teilen Wasser, werden 32 Stunden auf 850° C erhitzt. Man gewinnt auf diese Weise eine Kieselgurschamotte, die zerkleinert eine derartige Körnung hat, daß man nach dem Ent-

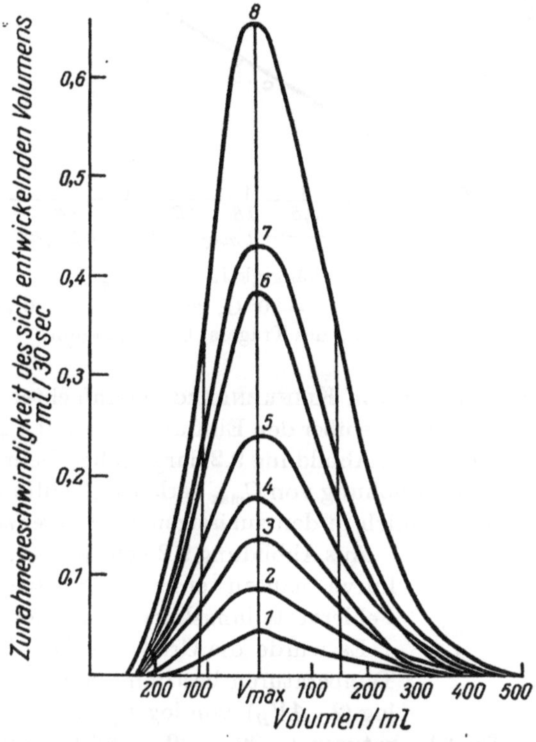

Abb. 9.2. Bergform bei wachsender Probemenge

Arbeitsbedingungen: Säulentemperatur: —20° C; Trägermenge: 24,52 g; Trägerkörnung: 0,2—0,35 mm; Probe Iso-C_4H_{10}: 1) 0,50 ml; 2) 0,89 ml; 3) 1,48 ml; 4) 1,91 ml; 5) 2,79 ml; 6) 4,12 ml; 7) 4,96 ml; 8) 7,76 ml

fernen des Pulvers durch Aufschwemmen mit Wasser ein Trägermaterial mit 0,2 bis 0,35 mm Korngröße erhält.

Für die Trennung von

C_3H_6, C_3H_8, iso-C_4H_{10}, n-C_4H_{10}, C_4H_8-(1), cis-C_4H_8-(2) und trans-C_4H_8-(2)

wird Acetessigsäure-Äthylester als flüssige Phase verwendet. Die Menge der Trennflüssigkeit beträgt für 24,5 g Trägermaterial 3,77 g. Als Schleppgas wird CO_2 verwendet. Nach Absorption des Schleppgases CO_2 in Kalilauge werden die getrennten Gase volumetrisch bestimmt. Die Trennsäule mit 7 mm Innendurchmesser ist in einem Thermostaten untergebracht, der mit einer Kältemischung von Trockeneis in Alkohol gefüllt ist. Die Temperatur wird auf $\pm$ 0,5° C konstant gehalten. Die übrigen Arbeitsbedingungen sind die gleichen wie die in den bisherigen Mitteilungen angegeben.

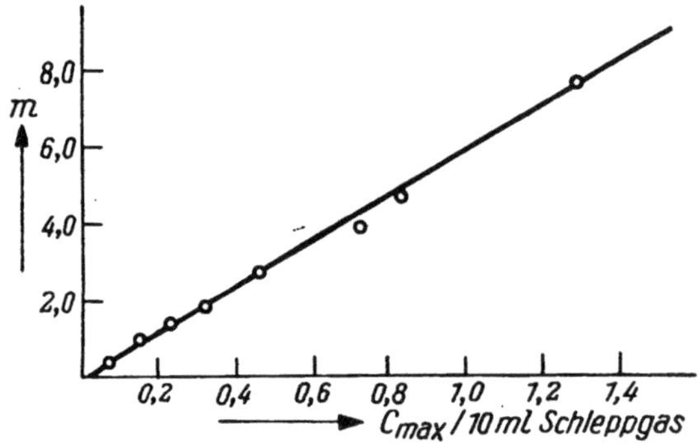

Abb. 9.3. Abhängigkeit m von C_{max}
Arbeitsbedingungen: Säulentemperatur: —20° C; 20 ml/min; g: 9,77 g; Trägermenge: 24,5 g; Körnung des Trägers: 0,2—0,35 mm

Um die Anwendbarkeit der von KLINKENBERG vereinfachten Formeln (1), (2), (3) zu prüfen, haben wir Versuche über den Einfluß von m auf V_g und ΔV_H durchgeführt. Die Ergebnisse sind in Abbildung 9.2 dargestellt. Beim Variieren von m bleibt ΔV_H konstant. Die Erhöhung von C_{max} verläuft geradlinig (Abb. 9.3). Der V_g-Wert schwankt hauptsächlich in den zulässigen Fehlergrenzen (Tab. 1).

TABELLE 1

Der Einfluß verschiedener Probenmengen (m) auf den V_g-Wert

(Rückhaltevolumen bezogen auf Gramm Trennflüssigkeit in der Säule) unter ähnlichen Arbeitsbedingungen wie in Abbildung 9.2:

m ml	V ml
0,50	23
0,89	24
0,95	24
1,48	24
1,91	22
2,79	23
4,12	23
4,96	22
7,75	20

Aus Abbildung 9.2 geht hervor, daß die Elutionskurve nahezu einer symmetrischen Gaußschen Fehlerverteilungskurve entspricht.

Es wurde die Größe $2 \cdot \Delta V_H$ bei verschiedenen Temperaturen bestimmt und die Abhängigkeit des $\log (2 \cdot \Delta V_H)$ von $\log V_g$ für verschiedene Temperaturen (—20, —30, —40° C) graphisch dargestellt (Abb. 9.4).

Des weiteren wurde $2 \Delta V_H$ bei verschiedenen Schleppgasgeschwindigkeiten und einer Temperatur von —20° C bestimmt. Abbildung 9.5 zeigt die graphische Darstellung von $\log \Delta V_H$ gegenüber $\log V_g$. Aus den Abbildungen 9.4 und 9.5 geht klar hervor, daß zwischen $\log (2 \Delta V_H)$ und $\log V_g$ eine im wesentlichen geradlinige Beziehung besteht. Die Neigung x beträgt 0,62. Deshalb kann angenommen werden, daß unter allgemeinen Bedingungen hauptsächlich die Diffusion in der flüssigen Phase die Ausbildung der Substanzzonen in der Trennsäule beeinflußt.

Nur bei äußerst geringer Schleppgasgeschwindigkeit (5 ml/Min.) wird der Einfluß der Gasphasendiffusion größer.

In Abbildung 9.6 ist bei verschiedenen Temperaturen $\log \frac{C_{max}}{m}$ gegen $\log V_g$ aufgetragen. Es handelt sich um eine lineare Funktion mit einer Neigung von gewöhnlich $x = 0{,}62$. Die Diffusion in der flüssigen Phase bildet also den entscheidenden Faktor.

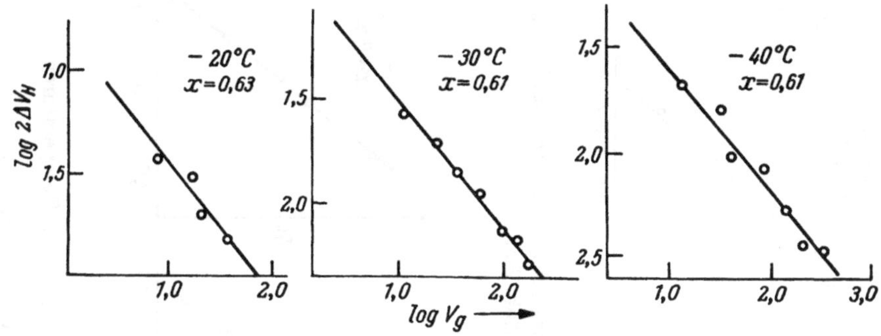

Abb. 9.4. Abhängigkeit von ΔV_H und V_g bei verschiedenen Temperaturen (außer den Temperaturen sind die Arbeitsbedingungen gleich den in Abb. 9.2 angeführten)

Die Überprüfung, ob $G_{flüssig}$-Werte die Säulenselektivität richtig charakterisieren

Es wurde die Größe V_g bei verschiedenen Säulentemperaturen bestimmt und nachgewiesen, daß $\log V_g$ in der Hauptsache in linearer Funktion von $1/T$ abhängt (Abb. 9.7). Auf Grund dessen kann der Einfluß der Temperatur auf die Größen der Säulenselektivität G_{gas} und $G_{flüssig}$ berechnet werden (Abb. 9.8 u. 9.9).

Auf den Abbildungen 9.10 bis 9.15 sind Elutionskurven (Chromatogramme) bei verschiedenen Temperaturen und Schleppgasgeschwindigkeiten dargestellt. Aus den Chromatogrammen können zwei Schlußfolgerungen hinsichtlich der Trennung einzelner Stoffpaare gezogen werden.

1. Die Reihenfolge der Leichtigkeit der Trennung:
   Am leichtesten wird iso-Butan/Butylen-(1), weiter iso-Butan/n-Butan, Propan/Propylen und Butylen-(1)/trans-Butylen-(2), am schwersten Propylen/iso-Butan getrennt.
2. Ein Erniedrigen der Säulentemperatur verbessert die Selektivität.

Infolge der niedrigen Temperatur wird die Diffusion in der flüssigen Phase verlangsamt (dieses ist unten durch Versuche nachgewiesen). Die Verbesserung der Trennung durch Erniedrigen der Säulentemperatur bedeutet eine Verbesserung der Trennwirkung oder Selektivität der Trennsäule. Wenn das relative Rückhaltevolumen in Form der Beziehung $\frac{V_{g_2} - V_{g_1}}{V_{g_2} + V_{g_1}}$ als Maß der Selektivität verwendet wird, so ergibt sich das in Abbildung 9.8 wiedergegebene Bild.

Offenbar ist diese Größe ungeeignet, denn auf Grund dieser Größe wäre die Trennungsleichtigkeit folgende:

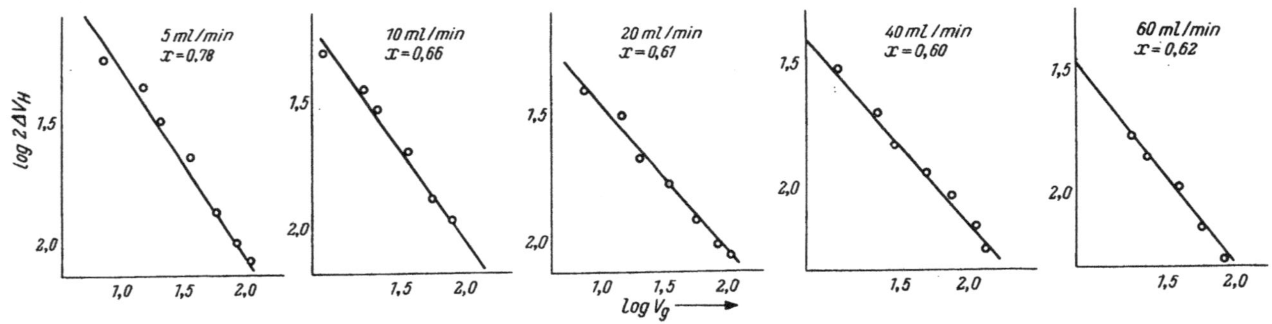

Abb. 9.5. Abhängigkeit von ΔV_H und V_g bei verschiedenen Schleppgasgeschwindigkeiten (außer V_g sind die Arbeitsbedingungen die gleichen wie in Abb. 9.2)

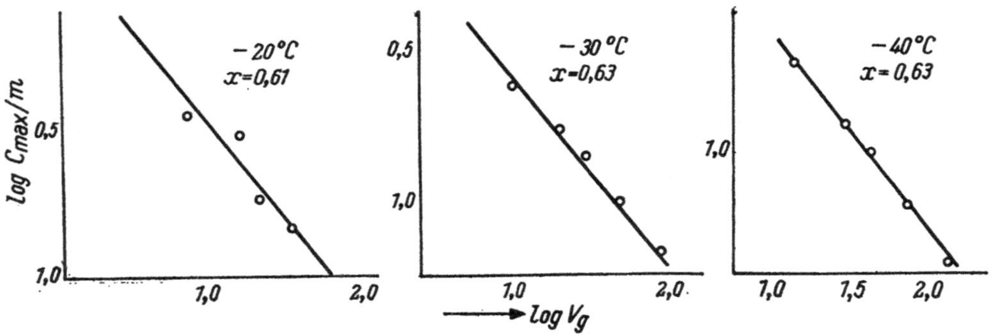

Abb. 9.6. Abhängigkeit von $\frac{C_{\max}}{m}$ und V_g bei verschiedenen Temperaturen (die Arbeitsbedingungen sind denen aus Abb. 9.4 ähnlich)

Propan/Propylen am leichtesten, weiter n-Butan/Butylen-(1) und iso-Butan/n-Butan und weiter Butylen(1)/trans-Butylen(2) Propylen/iso-Butan, am schwersten trans-Butylen(2)/cis-Butylen(2).

Dieses widerspricht natürlich der praktischen Reihenfolge der Trennungsleichtigkeit. Wird das relative Rückhaltevolumen als Maß der Selektivität angewendet, so müßte außerdem angenommen werden, daß eine Temperaturerniedrigung die Selektivität kaum verbessern kann, besonders für die Trennung von cis/trans-Butylen könnte sie nicht verbessert werden.

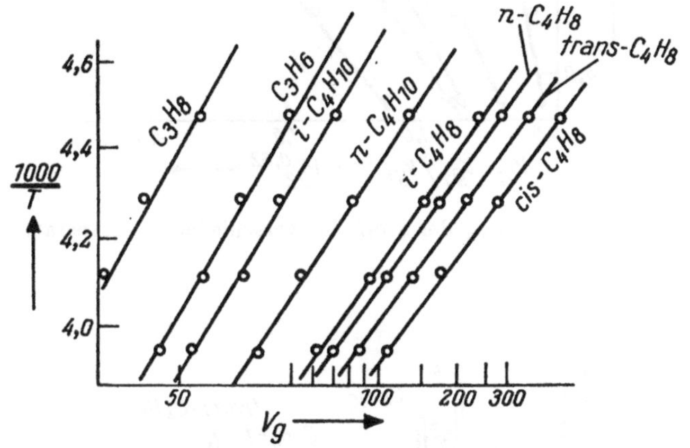

Abb. 9.7. Einfluß der verschiedenen Gase bei Temperaturveränderung der Säule (die Arbeitsbedingungen sind die gleichen wie in Abb. 9.2)

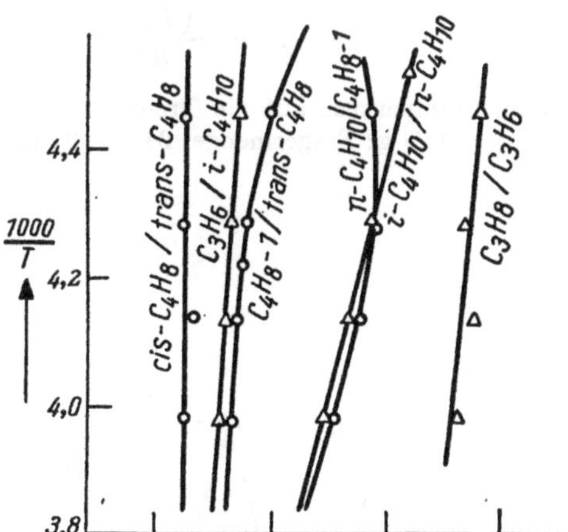

Abb. 9.8. Größe G_{gas} der Stoffe bei verschiedener Säulentemperatur (die Bedingungen sind die gleichen wie in Abb. 9.2)

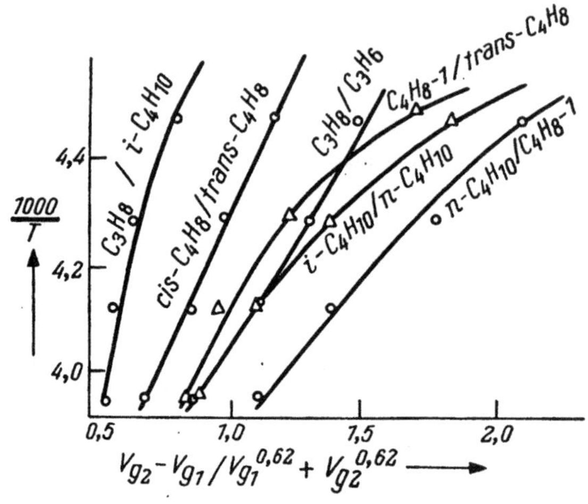

Abb. 9.9. Größe $G_{\text{flüss.}}$ der Stoffe bei verschiedenen Temperaturen

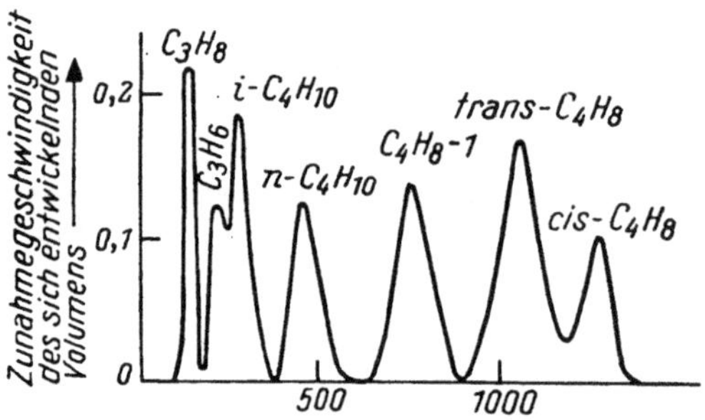

Abb. 9.10. Einfluß der Säulentemperatur auf die Trennleistung (1). Säulentemperatur: —20° C; $v\,q$: 20 ml/Min; g: 9,77 g; Trägermenge: 24,5 g; Trägerkörnung: 0,35 mm

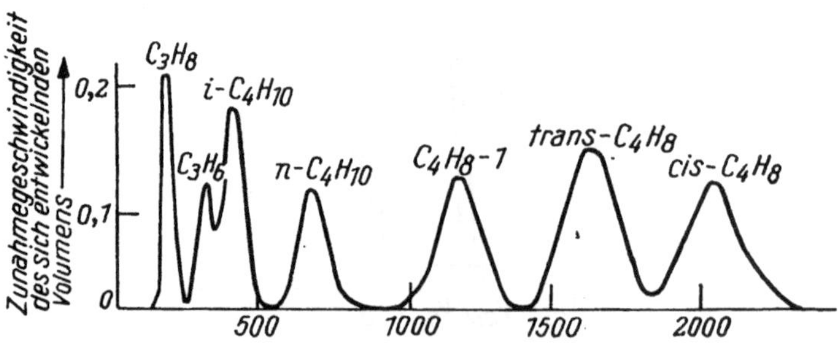

Abb. 9.11. Einfluß der Säulentemperatur auf die Trennleistung (2). Säulentemperatur: —30° C (die anderen Bedingungen wie in Abb. 9.2)

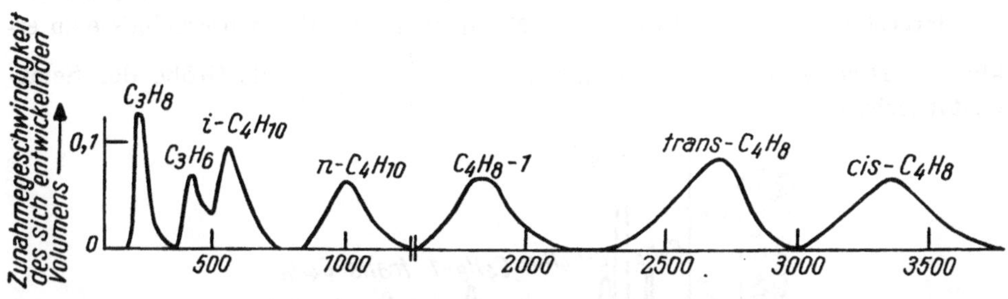

Abb. 9.12. Einfluß der Säulentemperatur auf die Trennleistung (3). Säulentemperatur: —40° C (die anderen Bedingungen wie in Abb. 9.2)

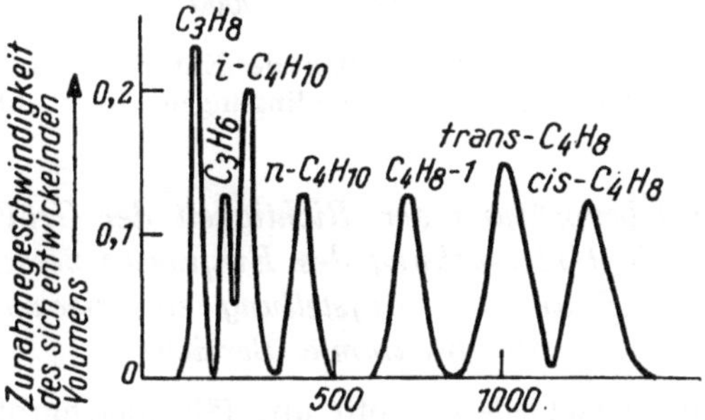

Abb. 9.13. Einfluß der Strömungsgeschwindigkeit des Entwicklers auf die Trennleistung (1). $v\, q$: 10 ml/Min. (die anderen Bedingungen wie in Abb. 9.2)

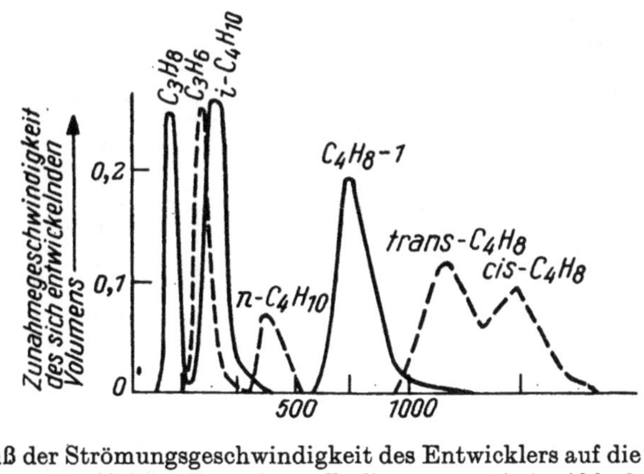

Abb. 9.14. Einfluß der Strömungsgeschwindigkeit des Entwicklers auf die Trennleistung (2). $v\, q$: 40 ml/Min. (die anderen Bedingungen wie in Abb. 9.2)

Das widerspricht auch den praktischen Ergebnissen. Die Anwendung der von uns dargestellten Größe gibt die volle Möglichkeit, die Versuchsergebnisse zu erklären. Deshalb ist die Anwendung von $\frac{V_{g_2} - V_{g_1}}{V_{g_2^{0,62}} + V_{g_1^{0,62}}}$ als Größe der Selektivität richtig.

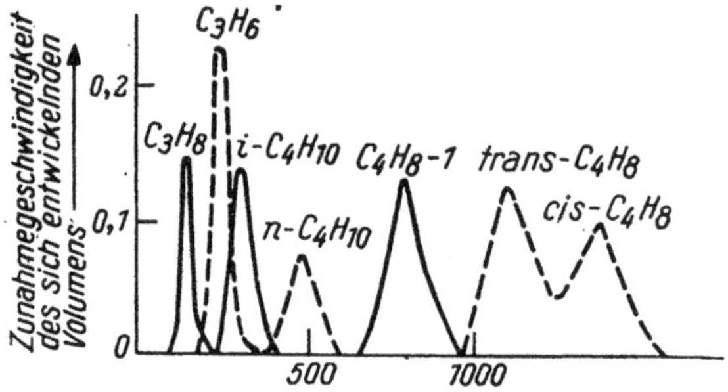

Abb. 9.15. Einfluß der Strömungsgeschwindigkeit des Entwicklers auf die Trennleistung (3). $v\,q$: 60 ml/Min. (die anderen Bedingungen wie in Abb. 9.2)

Die experimentelle Überprüfung der Richtigkeit der Größe F als Maß der Trennleistung und die Untersuchung des Einflusses verschiedener Faktoren auf die Größe F und die Aufstellung empirischer Formeln für bestimmte Bereiche

Die Größe F ist für verschiedene Stoffe ungefähr gleichgroß, aber N verändert sich fast um das Vierfache.

TABELLE 2

F- und N-Werte einer Trennsäule für verschiedene Stoffe

Substanz	F	F	F	N
Temperatur:	—20° C	—30° C	—40° C	—40° C
Propan	2,2	2,0	1,9	$1{,}3 \times 10^2$
Propylen	2,9	2,4	2,2	—
iso-Butan	2,2	2,3	1,7	—
n-Butan	2,5	2,4	2,1	$2{,}2 \times 10^2$
Butylen-(1)	2,4	2,2	2,0	$4{,}3 \times 10^2$
trans-Butylen-(2)	2,4	2,4	1,6	$5{,}1 \times 10^2$
cis-Butylen-(2)	2,4	2,2	1,9	$5{,}8 \times 10^2$
Mittelwert	$2{,}4 \pm 0{,}2$	$2{,}3 \pm 0{,}1$	$1{,}9 \pm 0{,}2$	$3{,}7 \pm 2{,}4$

Es wird die Zonenbreite verschiedener Stoffe bei unterschiedlichen Säulentemperaturen (Umrechnung auf die Säulentemperatur) nach der Gleichung

$$F = \frac{2\,g \cdot V_g^{0,62} \sqrt{\ln 2}}{2 \cdot \Delta V} \tag{12}$$

bestimmt. Durch Einsetzen entsprechender V_g- und g-Werte erhält man die Größe F. Aus den Daten der Tabelle 2 geht hervor, daß die Abweichung vom Mittelwert gewöhnlich nicht höher als 0,1 ist und nur in Einzelfällen ist der Unterschied größer.

In der letzten Spalte der Tabelle 2 sind Trennstufenzahlen angegeben, die nach DESTY [2] aus der Formel $N = 16\left(\frac{y}{x}\right)^2$ erhalten wurden. Tatsächlich verändert sich N mit Anwachsen der V_g-Werte beträchtlich. Deshalb kann N kein Charakteristikum für die Trennleistung einer Säule sein.

Einfluß der Temperatur auf den F-Wert

Gleichung (8) zeigt, daß die heraufgesetzte Säulentemperatur D_{II} und die Größe F scheinbar erhöhen kann. In der Praxis wird gewöhnlich ein Schleppgasdurchfluß eingehalten, der bezogen auf Raumtemperatur, konstant ist. Die Temperaturerhöhung ergibt eine Vergrößerung der wirklichen linearen Geschwindigkeit und eine tatsächliche Abnahme des F-Wertes. Im Zusammenhang mit Temperaturerniedrigungen werden zwei Einflüsse beobachtet, die einander entgegenwirken, wodurch der Gesamteinfluß gering bleibt. Aus den Versuchsergebnissen der Tabelle 2 geht hervor, daß sich Temperaturveränderungen nicht stark auf den F-Wert auswirken und eine Erniedrigung der Temperatur den F-Wert nur wenig absinken läßt.

Einfluß der Trennflüssigkeitsmenge auf den F-Wert

Wenn die Beziehung der Größen F und g durch Gleichung (8) wiedergegeben wird, so folgt aus Gleichung (12), daß für einen beliebigen Stoff $\frac{2 \cdot \Delta V}{g^{0,5}}$ konstant ist.

$$\frac{2 \cdot \Delta V}{g^{0,5}} = \frac{2\sqrt{\ln 2}\, V_g^{0,62}}{F/g^{0,5}} = \frac{2\sqrt{\ln 2}\, q^{0,5}\, V_g^{0,62}\, l \cdot v^{0,5}}{k_3'\, D_{II}^{0,5}} = \text{const}\,. \quad (13)$$

In Tabelle 3 sind $\frac{2\,\Delta V}{g^{0,5}}$-Werte für unterschiedliche Mengen Trennflüssigkeit, bestimmt bei —20° C Säulentemperatur und 20 ml/Min. Schleppgasdurchfluß, an-

TABELLE 3

Der Einfluß verschiedener Trennflüssigkeitsmengen g auf $\frac{2 \cdot \Delta V}{g^{0,5}}$

g/Stoffe:	Propan	Propylen	iso-Butan	n-Butan	Butylen-(1)
2,5	9,5	13	16	18	25
5,0	9,1	13	15	20	30
9,77	8,4	10	16	20	27
Mittelwert:	9,0	12	16	19	27
$\frac{2\,\Delta V}{V_g^{0,62} \cdot g^{0,5}}$	2,5	2,0	2,3	2,0	2,1

gegeben. Es ist bekannt, daß die Größe $\frac{2\,\Delta V}{g^{0,5}}$ im wesentlichen konstant bleibt. Folgende empirische Formel (14) konnte über den Einfluß von g auf den F-Wert aufgestellt werden.

$$F = \frac{2\sqrt{\ln 2}}{2,2} \cdot g^{0,5} = 0,761\, g^{0,5}\,. \tag{14}$$

Mit Hilfe Gleichung (14) kann der F-Wert errechnet werden. Für $g = 9,77\,g$ stimmen die F-Werte mit denen der Tabelle 2 überein.

Einfluß des Schleppgasdurchflusses

Bei Konstanz aller anderen Arbeitsbedingungen wurde $(2 \cdot \Delta V)$ der einzelnen Stoffe in Abhängigkeit vom Schleppgasdurchfluß und in Abbildung 9.16 als $\log(2\,\Delta V)$ gegen $\log(v \cdot q)$ aufgetragen, was eine Gerade mit einer Neigung von $x = 0,42$ ergibt.

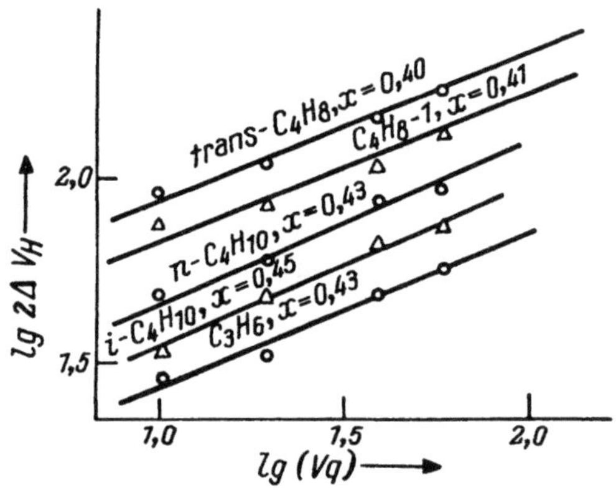

Abb. 9.16. Einfluß der Strömungsgeschwindigkeit des Entwicklers auf die Zonenbreite (außer $v\,q$ sind alle Bedingungen denen in der Abb. 9.2 ähnlich)

Die Daten in Tabelle 4 zeigen, daß bei jedem Stoff die Größe $\frac{2\,\Delta V_H}{(v\,q)^{0,42}}$ im wesentlichen konstant bleibt, weil

$$\frac{2\,\Delta V_H}{V\,g^{0,62}\,(v\,q)^{0,42}} = \frac{2\,g\sqrt{\ln 2}}{F\,(v\,q)^{0,42}} = 1,9\,.$$

Folglich ist

$$F = \frac{2\,g\sqrt{\ln 2}}{1,9} \cdot (v\,q)^{-0,42} = 8,61\,(v\,q)^{-0,42}\,. \tag{15}$$

Mittels Gleichung (15) kann für $v \cdot q = 20$ ml/Min. der F-Wert zu $F = 2,5$ berechnet werden, was mit den Ergebnissen der Tabelle (2) und der Berechnung nach Gleichung (14) übereinstimmt.

Bei der Kombination der Gleichungen (14) und (15) ergibt sich die empirische Gleichung (16).

$$F = 2{,}75\ g^{0,5} \cdot (v\ q)^{0,42}\,. \tag{16}$$

TABELLE 4

Der Einfluß von $v\ q$ auf $2 \cdot \Delta V_H/(v\ q)^{0,42}$ und die Größe $2\ \Delta V_H/(vq)^{0,42} \cdot V_g^{0,62}$

$v\ q$ ml/Min.	Propan	Propylen	iso-Butan	n-Butan	n-Butylen
		$2\Delta V_H/(v q)^{0,42}$			
10	8	11	13	19	29
20	8	9	14	18	24
40	7	11	14	19	23
60	6	11	13	17	25
Mittelwert	7	10	14	18	27
		$2\ \Delta V_H/(v\ q)^{0,42} \cdot Vg^{0,62}$			
—	2,0	1,9	2,0	2,0	2,1
Mittelwert		1,9 ± 0,1			

Eine weitere Methode für die Berechnung des F-Wertes

Eine andere Methode für die F-Bestimmung baut auf Gleichung (21) auf. Die Berechnung des F-Wertes erfolgt nach Gleichung (2d′):

$$F = \frac{C_{\max}}{m} \cdot V_g^{0,62} \cdot g \cdot \pi^{0,5}\,. \tag{2d′}$$

Die Ergebnisse aus dieser Berechnungsmethode sind in Tabelle 5 festgehalten. Die nach dieser Methode bestimmten F-Werte ergeben einen Mittelwert von 2,6. Dieses Ergebnis stimmt ebenso mit den nach anderen Methoden bestimmten Werten überein. Damit ist die Zuverlässigkeit des F-Wertes bewiesen.

TABELLE 5

Berechnung der F-Werte aus $\frac{C_{\max}}{m}$

Substanz	$\frac{C_{\max}}{m}$ [ml/ml]	F
Propan	0,034	2,4
Propylen	0,028	2,9
iso-Butan	0,018	2,4
n-Butan	0,015	2,8
Butylen(1)	0,011	2,5

Die Arbeitsbedingungen sind die gleichen wie laut Abbildung 2. F-Mittelwert $= 2{,}6 \pm 0{,}2$.

Der Einfluß des Trägermaterials

In Tabelle 6 sind die Trägereigenschaften bei verschiedener Körnung dargestellt. Daraus geht hervor, daß der Porendurchmesser des Trägermaterials der hergestellten Schamotte mit 0,44 bis 0,48 ml/g sehr groß ist.

TABELLE 6

Trägereigenschaften bei verschiedener Körnung

Korndurchmesser mm	Oberfläche m^2/g	mittl. Poren-∅ Å	Gesamtporenvolumen ml/g
0,102—0,2	12	1473	0,442
0,2 —0,35	7,8	2333	0,455
0,35 —0,5	7,5	2581	0,484

Jetzt enthält bei uns jedes Gramm Trägermaterial 0,4 ml Trennflüssigkeit. Deshalb bildet die Trennflüssigkeit noch keinen Film auf der Trägeroberfläche, sondern füllt nur zunächst fast alle Poren. Dadurch wird die Beschreibung der Diffusion in der flüssigen Phase wesentlich erschwert. Die Diffusionsgeschwindigkeit hängt nicht nur vom Porendurchmesser im Träger, sondern auch von der Porenlänge u. a. ab. Außerdem geht aus dem mittleren Porendurchmesser noch nicht die Verteilung der wirklichen Porendurchmesser hervor. Deshalb kann sich

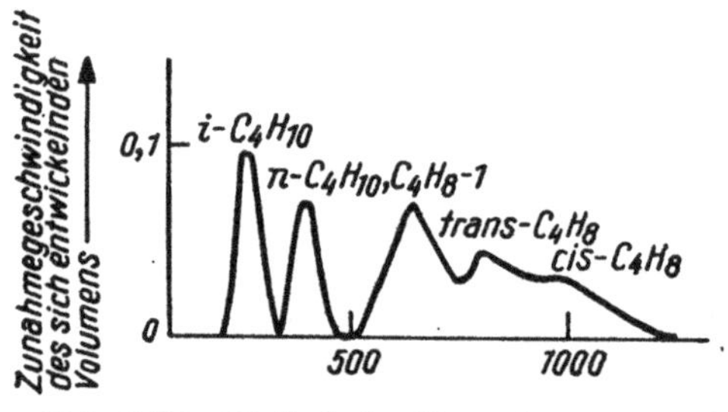

Abb. 9.17. Einfluß der Trägerkörnung auf die Trennleistung (1). g: 8,61 g; Trägerkörnung: 0,35—0,5 Min.; $v\,q$: 10,8 ml/Min.; Trägermenge: 40 g; Säulentemperatur: —21° C

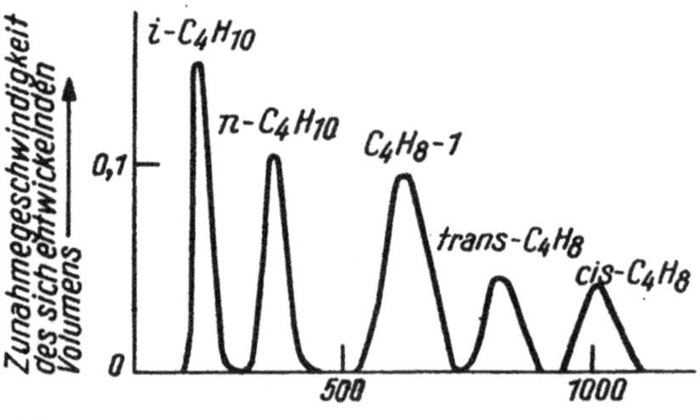

Abb. 9.18. Einfluß der Trägerkörnung auf die Trennleistung (2). g: 8,6 g; Trägerkörnung: 0,2—0,35 Min.; $v\,q$: 10,8 ml/Min.; Trägermenge: 20 g; Säulentemperatur: —21° C

auch bei Verringerung der Trennflüssigkeit die Filmdicke l nicht proportional verringern, d. h., die Größe F vergrößert sich nicht gleichfalls proportional. Unsere Versuche beweisen, daß die Trennleistung verbessert werden kann, wenn unter bestimmten Bedingungen nicht g verringert, wohl aber die Trägermenge vergrößert wird. Jedoch wird erst nach einer genaueren Untersuchung der Trägereigenschaften diese komplizierte Frage zu klären sein.

SCOTT [39] hat in seinen Versuchen bewiesen, daß geringe Mengen (bis 5%) Trennflüssigkeit Trennsäulen hoher Trennleistung ermöglichen. Einige Autoren

(11) halten die Ansicht, wonach jedes Trägermaterial einen optimalen Wert für die Menge der Trennflüssigkeit hat, für ungenau. Bei der Feststellung dieser optimalen Trennflüssigkeitsmenge verändern sich nicht die Säulenlänge, sondern nur die Menge Trennflüssigkeit auf dem Träger und damit die Gesamtmenge der flüssigen Phase in der betreffenden Trennsäule.

Infolge der Veränderung zweier auf die Trennleistung entgegengesetzt einwirkender Faktoren (die Verringerung von g ruft ein Abnehmen von F und die Ver-

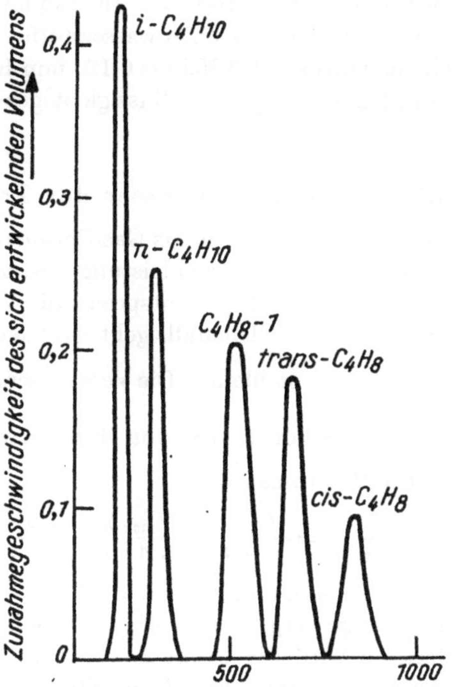

Abb. 9.19. Einfluß der Trägerkörnung auf die Trennleistung (3). g: 8,7 g; $v\,q$: 10,8 ml/Min.; Säulentemperatur: —21° C; Trägerkörnung: 0,102—0,2; Trägermenge: 21,8 g

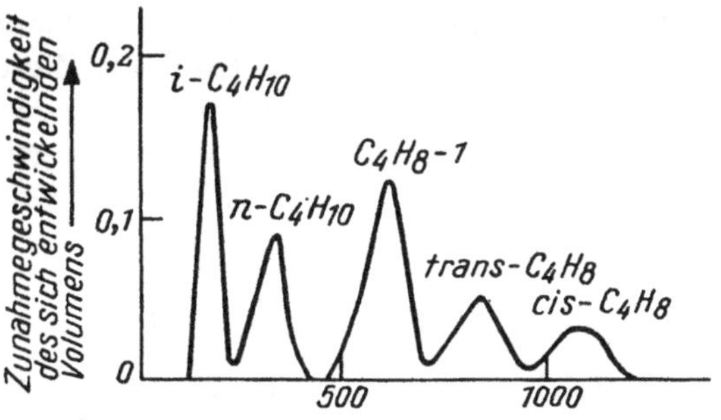

Abb. 9.20. Trennleistung bei Anwendung von Glaspulver als Träger. Säulentemperatur: —66° C; Trägerkörnung: 0,102—0,2 mm; g: 1,032 g; Trägermenge: 46,4 g; $v\,q$: 10,8 ml/Min.

ringerung von l ein Anwachsen von F hervor) ergab sich eine optimale Menge für die Trennflüssigkeit. Wird die Körnung des Trägermaterials geändert, ändert sich wahrscheinlich auch das Gesamtporenvolumen, und die Trennleistung erfährt eine Änderung, weil die Trennflüssigkeit nicht mehr in gleichem Maße die Poren ausfüllt oder ein Überschuß als Film an der Trägeroberfläche verbleibt. (In den Abb. 9.17, 9.18 und 9.19 sind Chromatogramme wiedergegeben, die mit Trägern unterschiedlicher Körnung aufgenommen wurden.)

Jedoch besteht ein Einfluß auf die Größe V_g. In Abbildung 9.20 ist das Chromatogramm für die Trennung der C_4-Kohlenwasserstoffe bei einer Temperatur von —66° C und auf einem Träger mit 0,102 bis 0,120 mm Korndurchmesser wiedergegeben. Es wurde mit nur 1,03 g Trennflüssigkeit gearbeitet und eine gute Trennung erreicht.

Der Einfluß von Länge und Durchmesser der Trennsäule

Gleichung (8) zeigt, daß bei der Verteilungs-Gas-Chromatographie die Säulenlänge keinen direkten Einfluß auf die Trennleistung ausübt. Bei unveränderter Menge an Trennflüssigkeit auf dem Träger entspricht die Vergrößerung der Säulenlänge einer Vergrößerung von g. Gleichfalls geht aus Gleichung (8) hervor, daß $F/L^{0,5}$, d. h. $\frac{G \cdot F}{L^{0,5}}$, jeweils konstant bleibt. Die Versuchsergebnisse von TURKELTAUB [11] bewiesen, daß $\frac{K_1}{L^{0,5}}$ = konst. Die von ihm verwendete Größe K_1 hat den gleichen Wert, wie $G\,F/2$ bei uns, weil

$$K_1 = \frac{\Delta x}{\mu_1 + \mu_2} = \frac{(V_{\max_2} - V_{\max_1})/q}{(2\,\Delta V_1 + 2\,\Delta V_2)/q} = \frac{G \cdot F}{2}\,.$$

Dadurch stimmen seine Versuchsergebnisse mit unserer Beziehung Gleichung (8) überein. Wenn die Säulenlänge vergrößert wird, aber die Menge an Trennflüssigkeit g sich nicht ändert, so wird die Größe F auch anwachsen, aber nicht in gleichem Maße, weil die Vergrößerung von L die Filmdicke der flüssigen Phase verringert, wodurch der F-Wert erhöht wird.

Auf Grund Gleichung (8) kann man zu einer anderen Schlußfolgerung gelangen: Wenn v, g sich nicht ändert, aber der Innendurchmesser d der Säule verringert wird, so steigt der F-Wert. Folglich ist ein kleiner Säulendurchmesser für die Trennung von Nutzen. Die Versuchsergebnisse (Abb. 1 in Zitat [11]) rechtfertigen diese Annahme. Bei Gleichbleiben von g und v kann, wenn der Innendurchmesser der Säulen d = 0,30 cm und 0,41 cm ist, n- vom iso-Butan getrennt werden. Mit Hilfe des Chromatogramms in Abbildung 1 [11] kann die Größe $G\,F$ zu 1,8 und 1,6 errechnet werden:

$$\left(G\,F = \sqrt{\ln \frac{C_{\max_1} + C_{\max_2}}{C_0'}}\right).$$

Aus Gleichung (8) folgt, daß bei geringem Säulendurchmesser $G\,F\,v$ konstant wird. Deshalb kann aus der oben angegebenen Größe $G \cdot F$ die Größe $G \cdot F\,v$ zu 0,5 bis 0,6 errechnet werden, auch wenn d = 0,96 cm ist.

Es sind nicht nur die Ergebnisse zweier Berechnungen einander gleich, sondern sie zeigen auch, daß die gegebene Größe kleiner ist als die Größe $G\,F = 0{,}84$ bei vollem Einsatz $\left(\text{und zwar } \frac{C_{max}}{C_0} = 2\right)$. Somit ist die Trennsäule mit einem Innendurchmesser d von 0,96 cm für die Trennung von n/iso-Butan ungeeignet. Das hat Ähnlichkeit mit den Versuchsergebnissen der Literatur [11]. Da TURKELTAUB dies jedoch nicht in Verbindung mit den Eigenschaften der Verteilungs-Gas-Chromatographie betrachtete, nahm er an, daß

$$k_1 = \frac{\Delta Q}{4\,R\,T}\sqrt{\frac{L\,v}{D}} \tag{11}$$

ist, was aber nicht als Erklärung für den Einfluß auf die Trennleistung dienen kann. TURKELTAUB erklärte den Einfluß des Querschnittes auf die Trennleistung unter Einführung eines Wandeffektes, was nicht sehr zufriedenstellend ist.

Der experimentelle Nachweis, daß das Trennvermögen der Säulen durch GF-Werte charakterisiert werden kann

Mit Hilfe der Gleichung (16) kann die Größe F gewonnen und auf Grund eines bestimmten V_g-Wertes die Größe G errechnet werden. Auf diese Art ergibt sich

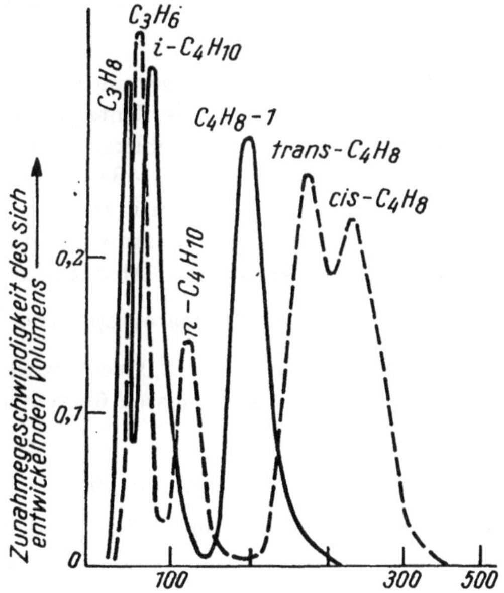

Abb. 9.21. Einfluß der Trennflüssigkeitsmenge auf die Trennleistung (1). Säulentemperatur: —20° C; $v\,q$: 20 ml/Min.; g: 2,5 g; Trägermenge: 6,3 g; Trägerkörnung: 0,2—0,35 mm

die Berechnungsgröße $G\,F_r$. Aus den Abbildungen 9.10—15, 21, 22 der Chromatogramme der Stoffgemische kann nach Lage der Schnittpunkte der Elutionskurven

C'_0 (oder C_0) und der Bergmaxima $C_{\max}$ der entsprechende $G \cdot F$-Wert errechnet werden.

$$G \cdot F_m \sqrt{2{,}3 \log \frac{C_{\max_1} + C_{\max_2}}{C'_0}}\ . \tag{17}$$

Wenn die Größe C'_0 niedriger ist als 0,1 ml/Min., so liegt diese schon innerhalb der zulässigen Fehlergrenzen und man darf eine völlige Trennung annehmen. Aus den Vergleichsergebnissen der Größen $G\,F_r$ und $G\,F_m$ unter verschiedenen Bedingungen, angeführt in Tabelle 7, geht hervor, daß die $G\,F$-Werte, die aus V_g und

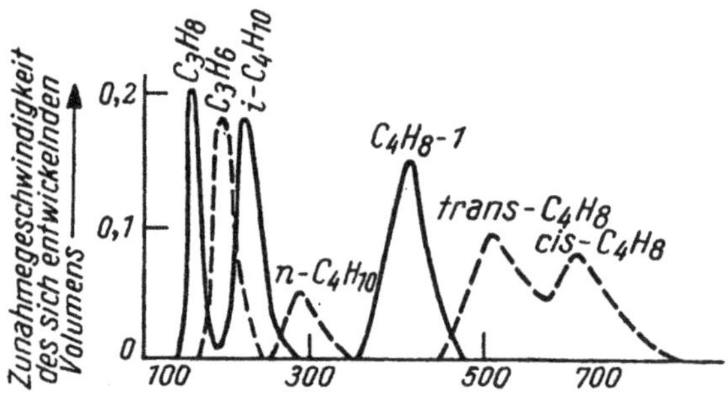

Abb. 9.22. Einfluß der Trennflüssigkeitsmenge auf die Trennleistung (2). Säulentemperatur: —20° C; $v\,q$: 20 ml/Min.; g: 5,0g; Trägermenge: 12,5 g; Trägerkörnung: 0,2—0,35 mm

Halbbreite ΔV_H errechnet wurden, in guter Näherung mit den wirklichen $G\,F_m$-Werten übereinstimmen. Gewöhnlich beträgt der Unterschied nicht mehr als 0,2, kaum mehr als 0,3. Das liegt an den zulässigen Fehlergrenzen der Bestimmung der $G\,F_m$-Werte. Deshalb kann man sagen, daß die Größe $G\,F$ als Maß des Trennvermögens der Trennsäulen anzusehen ist. Gleichzeitig ist anzunehmen, daß bei der Volumen-Gas-Chromatographie die Stoffpaare dann vollständig getrennt sein werden, wenn $G\,F > 1{,}8$ bis 2,0 ist. Im zweiten Absatz dieser Mitteilung wurde abgeschätzt, daß für die volumen-gas-chromatographische Methode $\frac{C_{\max}}{C_0} = 30$ bis 60, d. h. $G\,F = \sqrt{\ln 30}$ bis $\sqrt{\ln 60} = 1{,}8$—$2{,}0$ sein wird. Diese Annahme stimmt gleichfalls mit den praktischen Ergebnissen überein.

Die Wahl der Analysebedingungen

Auf Grund der oben angeführten Versuchsergebnisse werden Prinzipien für dies Auswahl der Trennsäule und der Analysenbedingungen vorgeschlagen: Für das zu trennende Stoffpaar müssen so eine Trennsäule und solche Analysenbedingungen gewählt werden, daß die kleinste $G\,F$-Größe eines jeden Stoffpaares größer ist als eine bestimmte Mindestgröße.

Diese Mindestgröße hängt in der Hauptsache vom Volumen der Meßkammer, der Empfindlichkeit, der erforderlichen Analysengenauigkeit und der anzuwendenden Methodik der quantitativen Analysenauswertung ab. Für die Volumen-Gas-

TABELLE 7

Vergleich berechneter G F-Werte mit den praktisch gemessenen

Schleppgasdurchfluß	20		20		20		10		40		60		20*	
Menge an Trennflüssigkeit	2,5**)		5,0***		9,77		9,77		9,77		9,77		9,77	
G F-Werte:	GF_r	GF_m	GF_r	GF_m	GF_r	GF_m	GF_r	GF_m	GF_r	GF_m	GF_r	GF_m	GF_r	GF_m
Stoffpaare:														
C_3H_8/C_3H_6	1,1	—	1,5	1,6	2,1	voll	2,7	voll	2,1	1,9	1,5	1,4	2,6	voll
C_3H_8/iso-C_4H_{10}	0,7	—	0,9	0,6	1,3	1,1	1,7	1,4	1,3	1,1	0,9	0,7	1,3	1,2
iso-C_4H_{10}/n-C_4H_{10}	1,0	1,1	1,5	1,7	2,1	voll	2,7	voll	2,1	voll	1,5	1,4	2,6	voll
n-C_4H_{10}/C_4H_8-(1)	1,4	1,6	1,9	voll	2,7	voll	3,3	voll	2,7	voll	1,9	1,7	3,2	voll
C_4H_8-(1)/trans-C_4H_8	1,1	1,1	1,5	1,5	2,0	1,9	2,5	voll	2,0	voll	1,4	1,3	2,2	voll
trans-C_4H_8/cis-C_4H_8	0,8	1,0	1,2	1,1	1,7	1,5	2,1	1,8	1,7	1,6	1,2	1,1	2,0	1,8

Anmerkung: Säulentemperatur —20° C
*) Säulentemperatur —30° C **) siehe Abb. 21 ***) siehe Abb. 22
$G \cdot F_r$ — ist die Berechnungsgröße
$G \cdot F_m$ — ist die praktisch bestimmte Größe

Chromatographie muß der kleinste GF-Wert höher sein als 1,8—2,0. Da die Größe F für die zu trennenden Stoffe eine Konstante darstellt, so sind die wirklichen Prinzipien bei der Auswahl der Trennsäule die, daß die beste Trennsäule die ist, in der der niedrigste G-Wert der Stoffpaare am größten sein wird [5]. Bei Anwendung dieser von uns vorgeschlagenen Prinzipien können die Arbeitsbedingungen leicht nach den Besonderheiten der zu trennenden Proben gewählt werden, wodurch verschiedene Komponenten getrennt und eine bestimmte Analysengenauigkeit erreicht, sowie die Analysenzeit verkürzt werden können. Entsprechend Abbildung 9.9 ist es bei der Analyse der Gasgemische der C_3- und C_4-Kohlenwasserstoffe unter Verwendung von Acetessigsäure—Äthylester als Trennflüssigkeit eindeutig daß Propylen/iso-Butan einen eigenen G-Wert hat. Damit der GF-Wert der angegebenen Stoffpaare gleich 1,9 ist, können die in Tabelle 8 aufgeführten Analysenbedingungen verwendet werden. Infolge Erhöhung der V_g-Größe bei niedrigen Temperaturen ist aus Gleichung (2) zu ersehen, daß sich $C_{\max}$ verringert und deshalb ein niedrigerer GF-Wert den Anforderungen gewachsen ist. Aus Tabelle 8 geht hervor, daß die Methodik Nr. 2 verhältnismäßig wenig Zeit verlangt, da die Größe $C_{\max}$ der letzten Komponente cis-Butylen [2] recht klein ist.

TABELLE 8

Analysenbedingungen für Propylen und iso-Butan

Nr.	Träger-körnung mm	Säulen-temperatur °C	G	g	$v \cdot q$ ml/Min.	F	GF	Minimalwert an trans-Butylen-2
1	0,2—0,35	—20	0,56	10	10	3,3	1,9	112
2	0,2—0,35	—20	0,56	13	10	3,9	2,2	145
3	0,2—0,35	—30	0,57	10	10	3,3	1,9	165

Anmerkung: Berechnungsergebnisse nach der empirischen Gleichung (16).

Noch ein Beispiel, daß die von uns zu trennenden Gase nur ein Gemisch gesättigter Kohlenwasserstoffe sind:

Bei einer Temperatur von —20° C hat F folgende Werte: Für n-Propan/iso-Butan = 1,4; iso-Butan/n-Butan = 0,9. Deshalb ist das am schwersten zu trennende Gaspaar iso-Butan/n-Butan. Für die Analyse dieser Gasgemische müssen Bedingungen angewendet werden, wie sie in der folgenden Tabelle festgelegt sind.

Zugleich mit den Komponenten in den zu trennenden Gasgemischen muß noch die Menge einer jeden Komponente berücksichtigt werden. Gleichung (2) zeigt, daß sich gleichzeitig mit der Erhöhung von m auch $C_{\max}$ proportional erhöht. Wenn die N-Werte gleich sind, verringert sich mit wachsendem V_g die Größe $C_{\max}$. Folglich ist, wenn die Analysengenauigkeit durch Vergrößerung der zuzusetzenden Probenmenge erhöht wird, der Einfluß der Erhöhung von $C_{\max}$ auf die geforderte GF-Größe zu berücksichtigen. Aus der oben abgeführten Gleichung ist leicht festzustellen, daß, wenn sich die Größe C_{max} um das n-fache erhöht, die geforderte $G\,F$-Größe:

$$G\,F = \sqrt{3{,}6 + 2{,}3 \log n}$$

sein muß.

TABELLE 9

Die für die Iso-/n-Butantrennung erforderlichen Analysenbedingungeu

Säulentemperatur: —20° C; G = 0,90				t_{max} n-Butan
g	$v \cdot q$ ml/min	F	$G\,F$	
10	104	2,3	2,1	4
5	10	2,3	2,1	19

Wenn $C_{max} = 0{,}30$ ist, so werden g_0 Gramm Trennflüssigkeit für die vollständige Trennung benötigt. Auf diese Art muß bei der Erhöhung von C_{max} um das n-fache die Trennflüssigkeitsmenge

$$g = g_0\,(1 + 0{,}64 \log n)$$

eingewendet werden.

Die angeführten Beispiele zeigen ganz klar, daß es einfach sein wird, für eine konkrete Trennaufgabe optimale Arbeitsbedingungen auszuwählen, wenn man nach obigen Prinzipien verfährt.

Die Analyse eines Zwölf-Komponenten-Gasgemisches unter Anwendung der Volumen-Gas-Chromatographie

Große Erfolge wurden bei der Analytik gasförmiger Kohlenwasserstoffgemische mit Hilfe der kombinierten Volumen-Gas-Chromatographie erzielt [3, 36—38]. Mit drei Trennsäulen haben wir innerhalb von 220 Minuten die 12 nachgenannten Komponenten analysiert.

Das Gasgemisch bestand aus: H_2, N_2, CH_4, C_2H_6, C_2H_4, C_3H_6, C_3H_8, iso-C_4H_{10}, n-C_4H_{10}, C_4H_8(1), cis-C_4H_8(2), trans-C_4H_8(2).

In der ersten der drei Trennsäulen, einer Säule mit 9,6 g Acetessigsäure—Äthylester als Trennflüssigkeit auf 25 g Trägermaterial mit der Korngröße von 0,2 bis 0,35 mm, werden die C_3- und C_4-Kohlenwasserstoffe aufgetrennt. Alle tiefersiedenden Gase durchlaufen die zweite Säule. Diese ist mit 42 ml eines Adsorbens (Silikagel, getrocknet bei 100—120° C) gefüllt und trennt Äthan und Äthylen von Methan, Wasserstoff und Stickstoff ab. Diese drei letzten Gase werden in der dritten, mit 82,0 ml Aktivkohle gefüllten Säule, aufgetrennt. Apparatur und Arbeitsbedingungen gleichen im wesentlichen den in der vorangegangenen Mitteilung [1, 2] beschriebenen. Die Probenmenge m beträgt 6 bis 8 ml. Anfangs wird der Schleppgasdurchfluß auf 10,8 ml/Min. eingestellt. Die Gase durchlaufen hintereinander die Trennsäulen I, II, III. Die Säule I befindet sich in einem Dewar-

Gefäß, das ein Gemisch von Trockeneis und Äthanol enthält. Die Temperatur der Säule I wird auf —30° C ± 0,5° C konstant gehalten. Die Säulen II und III haben Raumtemperatur. 18 bis 19 Minuten nach Einführung der Probe in die Trennsäule I, werden die Säulen I und II verschlossen, damit die C_3- und C_4-Kohlenwasserstoffe in der Säule I und die C_2-Kohlenwasserstoffe in der Säule II verbleiben. Das Schleppgas CO_2 wird direkt in die Säule III eingelassen. Nachdem der Schleppgasdurchfluß auf = 42,0 ml/Min. eingeregelt ist, treten nach 48 bis 50 Minuten N_2, H_2 und CH_4 nacheinander aus der Säule III aus, danach wird die Säule III geschlossen und die Säule II geöffnet. Die Schleppgasmenge beträgt

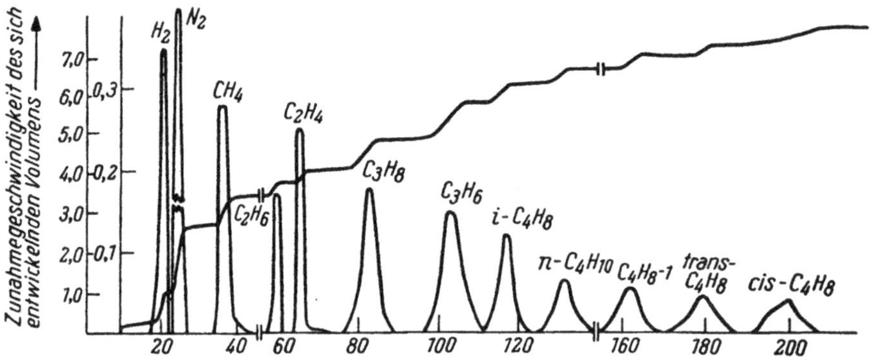

Abb. 9.23. Analyse eines zwölf-komponentigen Gasgemisches mit der kombinierten Methode der Volumen-Gas-Chromatographie

auch dann noch 42,0 ml/Min. Nach 18—20 Minuten konnten Äthan und Äthylen getrennt über Kalilauge aufgefangen werden. Schließlich wird die Säule II geschlossen und die Säule I geöffnet. Das Schleppgas tritt aus der Säule I direkt in ein mit Kalilauge gefülltes Absorptionsrohr. Dabei beträgt die Schleppgasmenge 10 ml/Min. Nach Austritt von Propan und iso-Butan kann die Schleppgasmenge auf 30 ml/Min. erhöht werden. Mit Hilfe der oben angeführten Methode kann ein Chromatogramm erhalten werden, wie es in Abbildung 9.23 gezeigt ist. Die Analysenergebnisse für dieses Gasgemisch sind in Tabelle 10 aufgeführt.

Aus den Daten der Tabelle 10 geht hervor, daß die Reproduzierbarkeit der Analyse sich gewöhnlich in den Grenzen von 0,2 bis 0,3% bewegt. Bei Anwendung der geschilderten Methode muß die Aufmerksamkeit auf die Besonderheit der Analysenproben gerichtet werden. Aus der oben angeführter Erwägung ist bekannt, daß bei unterschiedlichem Gehalt einer jeden Komponente unterschiedliche Anforderungen an die Trennsäulen gestellt werden. Die obigen Analysenbedingungen ermöglichen schon die Trennung des am schwersten trennbaren Gaspaares Propylen/iso-Butan, obwohl es noch nicht die optimalen Bedingungen sind. Fehlen iso-Butan und die Olefine, genügt eine geringere Menge Trennflüssigkeit, die Schleppgasmenge kann größer sein, was kürzere Analysenzeiten mitsichbringt. Wenn das Gasgemisch einen hohen Propylen- und iso-Butan-Gehalt aufweist, müssen Arbeitsbedingungen gewählt werden, die eine hohe

Trennleistung der Säule ergeben. Sind in der Probe schwere Kohlenwasserstoffe enthalten, so muß vor die Säule I noch eine Säule gesetzt werden, die diese abfängt, damit die Säule I nicht verunreinigt wird.

TABELLE 10

Das Analysenergebnis des Zwölf-Komponenten-Gemisches

H_2	N_2	CH_4	C_2H_6	C_2H_4	C_3H_8	C_3H_6	iso-C_4H_{10}	n-C_4H_{10}	C_4H_8	trans-C_4H_8	cis-C_4H_8	Differenz der Summe gg. 100%
12,0	11,9	10,5	3,6	4,4	12,5	19,5	6,3	7,7	4,9	3,8	4,0	+1,1
12,0	12,0	9,8	3,4	4,9	13,0	19,7	6,1	8,4	4,4	3,0	3,8	+0,5
12,1	12,3	9,7	3,6	4,5	12,3	19,5	6,3	8,2	4,7	3,2	4,0	+0,4
12,4	11,5	10,6	3,5	4,0	12,8	18,9	6,7	7,4	4,6	3,5	4,4	+0,3
Mittelwert:												
12,1	11,9	10,2	3,5	4,5	12,7	12,7	6,3	7,9	4,6	3,4	4,1	+0,6
mittlerer Fehler:												
∓0,1	∓0,2	∓0,4	∓0,1	∓0,2	∓0,3	∓0,3	∓0,2	∓0,3	∓0,2	∓0,3	∓0,2	∓0,3

Zusammenfassung

Auf Grund der Erfolge auf dem Gebiet der Chromatographie-Theorie wurde der Trennvorgang zweier Komponenten in der Trennsäule unter Verwendung von $\frac{C_{max}}{C_0}$ als Ausdruck des erzielten Trenneffektes untersucht. Wenn die Diffusion in der flüssigen Phase die Hauptursache für die Verbreiterung der Substanzzonen in der Säule ist, dann bezeichnet die Größe $G_{\text{flüssig}}$ die Selektivität und $F_{\text{flüssig}}$ die Trennleistung der gas-chromatographischen Säule.

$$G_{\text{flüssig}} = \frac{V_{g_2} - V_{g_1}}{V_{g_1}^{0,5} + V_{g_2}^{0,5}},$$

$$F_{\text{flüssig}} = k_3' \cdot g^{0,5}\, D_{\text{II}}^{0,5}\, q^{-0,5}\, v^{-0,5}\, l^{-1} = \frac{N^{0,5}}{\sqrt{2 \cdot V_g^{0,5}}},$$

$$\sqrt{\ln \frac{C_{max}}{C_0}} = G_{\text{flüssig}} \cdot F_{\text{flüssig}}.$$

C_{max} = maximale Konzentration irgendeiner Komponente im Schleppgas am Ende der Säule;

C_0 = Konzentration der Komponente im Schnittpunkt der Elutionskurven zweier im Chromatogramm benachbarter Stoffe. Dort ist die Konzentration beider Komponenten gleich;

V_g = Spezifisches Rückhaltevolumen pro Gewichtseinheit Trennflüssigkeit der Säule;
g = Menge der Trennflüssigkeit in der Säule;
D_{II} = Koeffizient der Molekulardiffusion in der flüssigen Phase;
q = Querschnitt der Trennsäule;
v = lineare Schleppgasgeschwindigkeit;
N = Trennstufenzahl;
l = Filmdicke der flüssigen Phase;
K_3' = eine Konstante.

Falls die Diffusion in der Gasphase die Hauptursache für das Verwaschen der Substanzzonen im Chromatogramm bildet, dann ist

$$G_{\text{gas}} = \frac{V_{g_2} - V_{g_1}}{V_{g_1} + V_{g_2}},$$

$$F_{\text{wirbel}} = k_2' \, L^{0,5} \cdot d_p = \frac{N^{0,5}}{\sqrt{2}},$$

(falls die Wirbeldiffusion den Hauptfaktor darstellt),

$$F_{\text{Mol}} = k_1' \cdot v^{0,5} \cdot L^{0,5} \, D_I^{-0,5} = \frac{N^{0,5}}{\sqrt{2}}$$

(falls die Molekulardiffusion der bestimmende Faktor ist).

Wenn wir $2 \cdot V_{g_2}$ mit $(V_{g_2} - V_{g_1})$ vergleichen, so ist letzteres so klein, daß es unbeachtet bleiben kann. Dann ist:

$$G_{\text{gas}} = \frac{1}{2} \cdot \left(1 - \frac{V_{g_1}}{V_{g_2}}\right)$$

$k_1'; k_2'$ = Konstanten;
L = Länge der Trennsäule;
d_p = Korndurchmesser des Trägermaterials;
D_I = Koeffizient der Diffusion in der Gasphase;
V_{g_1}/V_{g_2} = Relatives Rückhaltevolumen.

Es wurden zwei Methoden zur Bestimmung der Hauptursachen für das Verwaschen der Substanzzonen im Chromatogramm vorgeschlagen:

I. Wenn g, F, $\frac{C_{\max}}{C}$ bekannt sind, wird die Beziehung zwischen ΔV und V_g bestimmt:

$$\Delta V = \frac{g}{F} \sqrt{\ln \frac{C_{\max}}{C}} \cdot V_g^x .$$

II. Wenn F, g bekannt sind, wird die Beziehung zwischen $\frac{C_{\max}}{m}$ und V_g bestimmt.

$$\frac{C_{\max}}{m} = \frac{F}{g \, \pi^{0,5}} \cdot \frac{1}{V_g^x} .$$

Wenn $x \to 0{,}5$, ist die Diffusion in der flüssigen Phase die Hauptursache, aber im Falle $x \to 1$ hat die Diffusion in der Gasphase bestimmenden Einfluß. Es wurde die Trennung gasförmiger Kohlenwasserstoffe unter Anwendung von Acetessigsäure—Äthylester als stationäre Flüssigkeit und feuerfester Schamotte aus Kieselgur als Trägermaterial untersucht und nachgewiesen, daß die Molekulardiffusion, die in der flüssigen Phase auftritt ($x = 0{,}62$), Hauptursache für das Verwaschen der Substanzzonen im Chromatogramm ist.

Gleichzeitig damit wurde durch Versuche die Richtigkeit von $G_{\text{flüssig}}$ und $F_{\text{flüssig}}$ nachgewiesen sowie die fälschliche Anwendung des relativen Rückhaltevolumens $\left(\frac{V_{g_1}}{V_{g_2}}\right)$ und der Trennstufenzahl (N) als charakterisierende Größen festgestellt. Bei Anwendung von $\left(\frac{V_{g_1}}{V_{g_2}}\right)$ zur Bezeichnung der Reihenfolge der Trennleichtigkeit ist diese für die einzelnen Stoffe in der betrachteten Trennsäule folgende

Propan/Propylen, iso-Butan/n-Butan; n-Butan/n-Butylen-(1), n-Butylen (1)/trans-Butylen-(2); Propylen/iso-Butan, trans-Butylen (2)/cis-Butylen-(2).

Diese Reihenfolge stimmt nicht mit den Ergebnissen der Versuche überein, die folgendes ergaben:
n-Butan/n-Butylen-(1), iso-Butan/n-Butan; n-Butylen-(1)/trans-Butylen-(2) und Propan/Butylen, trans-Butylen (2)/cis-Butylen (2), Propylen/iso-Butan.

Bei Anwendung von $\left(\frac{V_{g_1}}{V_{g_2}}\right)$ als Kenngröße kann man nicht die Gründe erkennen, aus denen sich mit Erniedrigung der Säulentemperatur die Selektivität erhöht. Mittels der Größe $G_{\text{flüssig}}$ lassen sich die oben angeführten Ergebnisse erklären. Die Versuche zeigen, daß bei bestimmten Arbeitsbedingungen $G_{\text{flüssig}}$ eine Konstante darstellt, die unabhängig von dem zu untersuchenden Stoff ist.

Unter den gleichen Bedingungen ist die Trennstufenzahl N für die verschiedenen Stoffe unterschiedlich; sie schwankt in den Grenzen des Fünffachen. Deshalb kann sie nicht als Kenngröße für die Trennleistung verwendet werden. Es wurde der Einfluß der Säulentemperatur, der Schleppgasgeschwindigkeit, der Trennflüssigkeitsmenge, der Körnung des Trägermaterials und anderer Faktoren auf die Größe F untersucht und folgende Formel empirisch gewonnen:

$$F = 2{,}75\, g^{0,5} \cdot (v \cdot q)^{-0,42}\,.$$

Die bessere Übereinstimmung bei Anwendung von $G\,F$-Werten für die Bestimmung der Schnittpunkte der Elutionskurven konnte in Versuchen nachgewiesen werden. Es wurden Prinzipien für die Auswahl der Säulen zur Verteilungs-Gas-Chromatographie und ihrer Arbeitsbedingungen vorgeschlagen; für das zu trennende Stoffgemisch werden eine zweckmäßige Säule und günstige Arbeitsbedingungen ausgewählt, damit die kleinsten $G\,F$-Werte aller Stoffpaare eine bestimmte Mindestgröße übersteigen. Diese Mindestgröße hängt hauptsächlich vom Detektor und den Volumina seiner Meßkammern, der Empfindlichkeit, der Methodik der quantitativen Auswertung und vom Analysenfehler ab. Für die Volumen-Gas-

Chromatographie beträgt diese Mindestgröße gewöhnlich 1,9. Die beste Säule für eine Trennung ist die, in welcher der niedrigste *G*-Wert aller Stoffpaare am größten ist. Schließlich wird eine kombinierte Methode der Volumen-Gas-Chromatographie für die Analyse eines Zwölf-Komponenten-Gasgemisches empfohlen, und zwar für:

H_2, N_2, CH_4, C_2H_4, C_2H_6, C_3H_6, C_3H_8, iso-C_4H_{10}, n-C_4H_{10},

C_4H_8 —(1), trans-C_4H_8 —(2), cis-C_4H_8 —(2).

Die Probenmenge beträgt 6 bis 8 ml, die Analyse dauert ca. 220 Minuten, der mittlere Fehler liegt bei ±0,2%, die maximalen Fehlergrenzen bei ±0,5%.

LITERATURVERZEICHNIS

[1] LU PEI-TSCHAN, KAN TAN, Acta focalia sinica, **1**, 47 (1956).
[2] LU PEI-TSCHAN, HUAN JUI-DE, KAN TAN, Acta focalia sinica, **1**, 146 (1956).
[3] JANÁK, J., Chem. Techn., 8, 125 (1956).
[4] GREENE, S. A., PUST, H., Liebigs Ann. Chem., **29**, 1055 (1957).
[5] LU PEI-TSCHAN, HUAN JUI-DE, Acta focalia sinica, **3**, 77 (1958).
[6] SHUCHOWITZKI, A. A., TURKELTAUB, N. M., Usspechi Chimii, **25**, 859 (1956).
[7] TURKELTAUB, N. M., SHUCHOWITZKI, A. A., Sawodskaja Laboratorija, **23**, 1120 (1957).
[8] LU PEI-TSCHAN, LI TSU-FAN, LI SHAN-TSIN, Wissenschaftl. Z., **22**, 699 (1957).
[9] JAMES, A. T., Research, 8, 8 (1955).
[10] FUKS, N. A., Usspechi Chimii, **25**, 845 (1956).
[11] TURKELTAUB, N. M., Shurnal Fisitscheskoi Chimii, **31**, 2102 (1957).
[12] JAMES, A. T., MARTIN, A. I. M., Analyst, **77**, 915 (1952).
[13] TURKELTAUB, N. M., SCHWARZMAN, W. P., NAUMOWA, W. W., SHUCHOWITZKI, A. A., Shurnal Fisitscheskoi Chimii, **30**, 417 (1956).
[14] PORTER, P. E., DEAL, C. H., STROSS, F. H., J. Amer. chem. Soc., **78**, 2999 (1956).
[15] GRAF, L., TÓTH, J., GÖNCZ, I., Magyar Kémiai Folyóirat, **62**, 113 (1956).
[16] LITTLEWOOD, A. B., PHILLIPS, C. S. G., PRICE, D. T., J. Amer. chem Soc., **1480** (1955).
[17] GRANT, D. W., VAUGHAN, G. A., J. Appl. Chem., **6**, 145 (1956).
[18] HOARE, M. R., PURELL, J. H., Trans. Faraday Soc., **52**, 222 (1956).
[19] VAN DEEMTER, J. J., ZUIDERWEG, F. J., KLINKENBERG, A., Chem. Eng. Sci., **5**, 271 (1956).
[20] TUNIZKI, N. N., TSCHERNEWA, E. P., Shurnal Fisitscheskoi Chimii, **24**, 1350 (1950).
[21] TUNIZKI, N. N., SCHENDEROWITSCH, I. M., Shurnal Fisitscheskoi Chimii, **26**, 1425 (1952).
[22] TUNIZKI, N. N., DAN SSSR, **99**, 577 (1954).
[23] SHUCHOWITZKI, A. A., TURKELTAUB, N. M., Usspechi Chimii, **26**, 992 (1957).
[24] TSU BAO-LING, WANG SHE-SUNG, Wissenschaftl. Z., **17**, 538 (1957).
[25] TSCHAN TSCHEN-CHAN, Abh. chin. Akad. Wiss., Nr. 18, 574 (1957) (analog DAN SSSR).
[26] GLUECKAUF, E., Trans. Faraday Soc., **51**, 34 (1955).
[27] JAMES, A. T., Liebigs Ann. Chem., **28**, 1564 (1956).
[28] VAN DE CRAATS, Analytica chim. Acta Amsterdam, **14**, 136 (1956).
[29] PHILLIPS, C. G. S., Gas-Chromatography (1956).
[30] KEULEMANS. A. I. M., KWANTES, A., ZAAL, P., Analytica chim. Acta Amsterdam, **13**, 357 (1956).

[31] Wiebe, D. K., J. physic. Chem., **60**, 684 (1956).
[32] Desty, D. H., Nature, **174**, 240 (1957).
[33] Dimbat, M., Porter, P. E., Stross, F. H., Liebigs Ann. Chem., **28**, 290 (1956).
[34] Shuchowitzki, A. A., Turkeltaub, N. M., Usspechi Chimii, **26**, 992 (1957).
[35] Lapidus, L., Amundson, N. R., J. physic. Chem., **56**, 984 (1952).
[36] Jü Wi-lo, Acta focalia sinica, **2**, 352 (1957).
[37] Brodski, A. M., Kalinenko, R. A., Lawrowski, K. P., Chimija i technologija Topliwa, **8**, 18 (1956).
[38] Sokolow, W. A., Kusymina, L. P., Sawodskaja Laboratorija, **23**, 1034 (1957).
[39] Scott, R. P. W., Chesjire, J. P., Nature, **180**, 703 (1957).

Fehler der chromatographischen Analyse bei unvollständiger Auftrennung

Von A. A. Shuchowitzki und N. M. Turkeltaub, Moskau

Den Anteil der einzelnen Komponenten in einem Gemisch, das gas-chromatographisch getrennt wird, bestimmt man entweder aus der Flächengröße oder den Höhenmaxima der Elutionskurven. Bei beiden Methoden ist die Bestimmung wesentlich einfacher, wenn es zwischen den Maxima Bereiche gibt, in denen die Elutionskurve zur interpolierten Nullinie zurückkehrt, d. h., in denen die Konzentration Null wird. In den meisten Fällen treten jedoch in den Elutionskurven nur Minima der Konzentration auf, die auf unvollständiger Trennung des Gemisches beruhen. In diesem Artikel wird beurteilt, wie groß die Fehler beim Ausbleiben der Nullgröße der Konzentration zwischen den Maxima der Elutionskurve sind und welche Bestimmungsart des Komponentengehaltes den kleinsten Fehler ergibt und daher bei unvollständiger Auftrennung zu bevorzugen ist.

Wir beschränken uns auf die Betrachtung eines wichtigen Falles: Wenn die Beziehung zwischen der Adsorbierbarkeit einer Komponente und seiner Konzentration linear ist, wird die Zonenbreite in Abhängigkeit vom Geschwindigkeitsbereich entweder durch die Längsdiffusion oder die Kinetik der Adsorption [1] bestimmt. In diesem Falle läßt sich die Elutionskurve mit zulässiger Näherung durch die Gaußsche Formel beschreiben.

Überwiegt die Längsdiffusion, gilt die Formel Streng. Wird der Prozeß durch die Kinetik der Adsorption bestimmt, ist die Elutionskurve nur annähernd eine Gauß-Funktion; besonders starke Abweichungen treten im vom Maximum entfernten Kurventeil auf.

Die Konzentrationsverteilung zweier benachbarter Komponenten wird folgendermaßen beschrieben

$$C_1 = C_{m1}\, e^{-p v^2}, \qquad C_2 = C_{m2}\, e^{-p(v-\Delta)^2};$$

C_{m1}, C_{m2} = die Konzentrationen einer jeden Komponente im Maximum; Δ = Abstand zwischen den Maxima; v = Abstand von dem Punkt, der dem Maximum der ersten Komponente in der Elutionskurve entspricht.

Die Abhängigkeit des Koeffizienten p, der den Vermischungsgrad der Zonen charakterisiert, von den Parametern des Versuches wurde von uns schon früher beurteilt. Wir nehmen an, daß für die benachbarten Komponenten die Koeffizienten p gleich groß sind. Die auf der Elutionskurve zu beobachtende Konzentration C ist die Summe von C_1 und C_2.

Dabei nehmen wir zur Vereinfachung an, daß die betrachteten Komponenten bei gleichen Konzentrationen gleiche Zeigerausschläge des registrierenden Gerätes hervorrufen. Der Fehler der Bestimmung der Komponente, die in geringerer Konzentration vorhanden ist (der Fehler der Bestimmung der zweiten Komponente wird kleiner sein), ergibt sich aus folgenden Überlegungen:

$$\frac{C_{m1}}{C_{m2}} = m \geq 1 .$$

Der Fehler δ in der Bestimmung aus der maximalen Konzentration (Berghöhe) einer Komponente, die in kleiner Konzentration vorliegt, wird durch die Gleichung ausgedrückt:

$$\delta_m = \frac{C_{m1}\, e^{-p\Delta^2}}{C_{m2}} = m\, e^{-p\Delta^2} = m^{-z}, \quad z = p^2 \tag{1}$$

Beim Ausmessen der Flächen liegt der Fehler in dem Unterschied zwischen der Menge der ersten Komponente, d. h. der in großer Konzentration vorhandenen, die in die Zone der zweiten und der Menge der zweiten Komponente, die in die Zone der ersten gelangt ist:

$$\delta_s = \frac{\int\limits_y^{\infty} C_{m1}\, e^{-pv^2}\, dv - \int\limits_y^{-\infty} C_{m2}\, e^{-p(v-\Delta)^2}\, dv}{\int\limits_{-\infty}^{+\infty} C_{m2}\, e^{-p(v-\Delta)^2}\, dv} .$$

y ist der Ordinatenabstand, der dem Minimum der Elutionskurve entspricht. Nach dem Umformen erhalten wir:

$$\delta_s = (m-1) + \Phi\left[\sqrt{p}\,(\Delta - y) - m\,\Phi\,(y\sqrt{p})\right] . \tag{2}$$

Das Vorhandensein eines Minimums auf der Elutionskurve zeigt, daß der abzuschätzende Fehler kleiner ist als eine Größe, für deren Bestimmung die Größe y errechnet werden muß. Da die Lösung der sich ergebenden Gleichung mit Schwierigkeiten verbunden ist, verwenden wir folgende Näherung: Als den Punkt, der dem Minimum entspricht, nehmen wir den Punkt, in dem die Konzentration C_1 gleich C_2 ist. Diese Näherung ist um so zuverlässiger, je weniger sie von 1 abweicht.

Wird die Lage des Minimums aus der Beziehung

$$m\, e^{-py^2} = e^{-p(y-\Delta)^2}$$

bestimmt, ergibt sich

$$y = \frac{1}{2}\left(\Delta + \frac{n\, m}{p\,\Delta}\right).$$

Als Bedingung für ein Minimum nehmen wir die Beziehung $2\, C_1(y) < C\, m_2$ an, d. h. die Ordinate der Elutionskurve ist im Schnittpunkt kleiner als das Maximum der zweiten Komponente.

Folglich ist

$$2\, C_m\, e^{-\frac{p}{4}\left(\frac{\ln m}{p\Delta}+\Delta\right)^2} < C_{m2}\,.$$

Nach einigen Umwandlungen erhalten wir den Ausdruck, der die Bedingung für das Vorhandensein eines Minimums charakterisiert:

$$z > \ln m + 2 \ln 2 + 2 \cdot \sqrt{(\ln m)\;(\ln 2) + (\ln 2)^2}\,. \tag{4}$$

Beim Weglassen des Wertes z aus den Gleichungen (1) und (4) erhalten wir

$$\ln \delta_m = -2 \ln 2 \left[1 + \sqrt{1 + \frac{\ln m}{\ln 2}}\right].$$

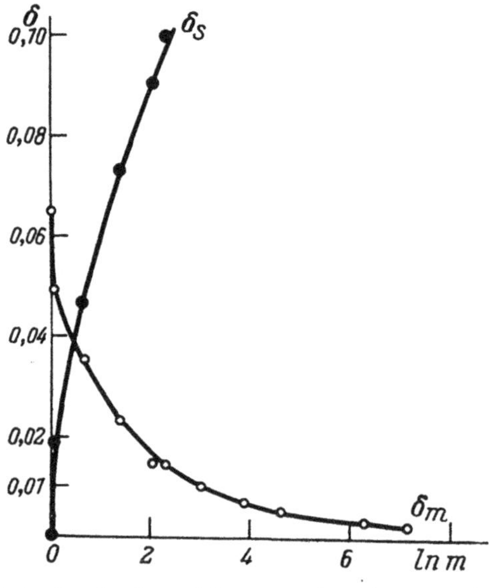

Abb. 10.1. Abhängigkeit der Analysenfehler von der Komponentenkonzentration m

Für die Bestimmung von δ_s setzen wir in die Gleichung (2) den Wert y aus der Gleichung (3) ein und erhalten nach einigen Umwandlungen

$$\delta_s = (m - 1) + \Phi \frac{1}{2}\left(\sqrt{z} - \frac{\ln m}{2}\right) - m\, \Phi \frac{1}{2}\left(\sqrt{z} + \frac{\ln m}{\sqrt{z}}\right).$$

Φ ist die Krampsche Funktion.

Bei der Bestimmung von z aus Gleichung (4), kann δ_s wie die Funktion m errechnet werden.

In Abbildung 10.1 ist die Abhängigkeit δ_m und δ_s von der Beziehung der Komponentenkonzentration m im Maximum dargestellt.

[1]) Ist die Gesamtgasmenge bekannt, dann kann die Bestimmung genauer erfolgen. Für zwei Komponenten beträgt bei $m = 1$ der Fehler Null.

Bei der Bestimmung der Zusammensetzung aus den Berghöhen (Maximalkonzentrationen) entsteht der größte Fehler (6%) bei $m = 1$; in dem Verhältnis wie m größer wird, verringert sich der Fehler und beträgt schon bei $m = 10$ nur noch 1,5%.

Bei der Bestimmung der Zusammensetzung nach der *Flächenmethode* ist der Fehler bei $m = 1$ gleich Null; in realen Fällen $m < 500$ ist der maximalmögliche Fehler 15%. Aus der Zeichnung geht hervor, daß man bei $m > 1,5$ zweckmäßig die Flächenmethode anwendet, bei $m < 1,5$ die Höhenmethode. Die aus der unvollständigen Trennung sich ergebenden Fehler können bei hohen m-Werten alle anderen Versuchsfehler übersteigen. Wenn sich zum Beispiel das Maximum der zu suchenden Komponente zwischen zwei anderen hohen Maxima befindet, so kann der Fehler der Flächenmethode 30% erreichen.

Bei Anwendung der Berghöhen-Methode in der Entwicklungs-Gas-Chromatographie ist eine Thermostatierung erforderlich. In der Regel sind die Fehler, die aus der Eichung, den Detektoren, der Unbeständigkeit der Versuchsparameter und anderen Faktoren herrühren, größer als die Fehler bei der unvollständigen Trennung. Entstehen durch unvollständige Trennung große Fehler, muß man sie zweckmäßigerweise bei der Berechnung berücksichtigen.

Alles Dargelegte ist gerechtfertigt, wenn die Anfangsbreite der Zone bedeutend kleiner als die Endbreite ist. Für die Mehrzahl der Fälle reicht das Vorhandensein des Minimums in der Elutionskurve für die Analyse aus.

Vergleich der Fehler beider Auswerteverfahren

m	δ_m	δ_s
1	0,0625	0,0000
1,05	0,0409	+0,0185
2	0,0352	—0,0474
4	0,0226	—0,0732
8	0,0155	—0,0906
10	0,0140	—0,0991
20	0,0102	—0,111
50	0,00709	—0,119
100	0,00541	—0,120
500	0,00314	—0,140
1000	0,00220	—0,140

Bei großen m-Werten müssen bei der Auswertung nach der Flächenmethode, bei kleinen m-Werten bei der Auswertung nach der Berghöhe für besonders präzise Bestimmungen, für welche die Fehler des Anzeigegerätes sehr klein gehalten werden, die Korrekturen an einer Kurve oder einer Tabelle berechnet werden.

LITERATURVERZEICHNIS

[1] Turkeltaub, N. M., Shuchowitzki, A. A., Sawodskaja Laboratorija, **23**, 1023 (1957).
[2] Shuchowitzki, A. A., Turkeltaub, N. M., Usspechi Chimii, **26**, 992 (1957).

Trennfüllungen aus imprägnierten aktiven Adsorptionsmitteln

Von M. ŠINGLIAR und J. BRIDA, Nováky, ČSSR

Nach der erfolgreichen Arbeit von EGGERTSEN und Mitarbeitern [1] wurde der Anwendungsmöglichkeit modifizierter Adsorbenten bedeutende Aufmerksamkeit gewidmet. Es zeigte sich nämlich, daß man auf diese Weise neue und ziemlich selektive Füllungen für chromatographische Säulen gewinnen kann. So kann man an Alusil (synthetisches, als Ionenaustauscher wirkendes Natriumaluminiumsilicat), das mit höchstens 5% Dibutylphthalat benetzt ist, das Paar n-/iso-Butylen [2] verhältnismäßig leicht trennen. Tragen wir aber größere Mengen Dibutylphthalat auf, so nimmt der Einfluß des Adsorbenten schnell ab, bis schließlich Füllungen mit Eigenschaften vorliegen, die denen in der Gas-Verteilungs-Chromatographie entsprechen [7, 8]. Die Menge der stationären Phase, welche die Eigenschaften des Adsorbenten völlig unterdrückt, ist für verschiedene Stoffe unterschiedlich und hängt von der Aktivität des Adsorbenten und von den Eigenschaften der Flüssigkeit ab. Wir sind der Meinung, daß der polare Adsorbent die Moleküle des unpolaren Stoffes orientiert, so daß bei einer gewissen Flüssigkeitsmenge der resultierende Charakter dieser Füllung dem einer unpolaren Füllung ähnlich wird (d. h. unpolarer Träger und unpolare stationäre Phase).

Wenn das richtig ist, so erhält man nicht nur durch Veränderung der Menge der stationären Phase, sondern auch durch zweckmäßige Wahl der organischen Flüssigkeit die gewünschten Eigenschaften der chromatographischen Trennsäule. Wir führten deshalb Versuche mit verschiedenen Adsorbenten und verschiedenen organischen Flüssigkeiten aus und verfolgten die Änderung der Eigenschaften solcher Trenfüllungen.

Experimenteller Teil

Die Trennsäule bestand aus einem 2 m langen Glasrohr von 6 mm Ø und war auf 20° C temperiert. Als Detektor wurde eine Wärmeleitzelle mit Platindraht benutzt (Widerstand bei 20° C 20 Ohm). Die Chromatogramme wurden von Kompensographen mit 0 bis 5 mV Meßbereich registriert.

Als Adsorbenten wurden verwendet: Alusil, Silikagel, Aluminiumoxyd von 0,2 bis 0,4 mm Korngröße; sie wurden bei 250 bis 270° C vier Stunden lang konstant getrocknet. Als unpolaren Adsorbenten benutzten wir Kieselgur *Svetlofilter* aus Borovany.

Als Schleppgas diente Stickstoff mit einem Gasmengenstrom von 32,5 ml/min. Als Trennflüssigkeit verwendeten wir wasserhelles handelsübliches Paraffinöl und Dibutylphthalat, imprägniert wurde nach dem Verfahren von James-Martin [9].

Die ungesättigten Kohlenwasserstoffe wurden aus den entsprechenden Alkyl-Jodiden durch Abspaltung des Jodwasserstoffes mit alkoholischer Kalilauge und gesättigte Kohlenwasserstoffe aus den Jodiden durch Abspaltung des Jodwasserstoffes und Reduktion mittels Zinkpulvers in HCl hergestellt [10].

Ergebnisse und Diskussion

Tabelle 1 gibt die relativen Rückhaltevolumina an vier verschiedenen Füllungen an.

TABELLE 1

Relative Rückhaltevolumina

	16,7% Paraffinöl auf		16,7% Dibutylphthalat auf	
	Kieselgur	Alusil	Kieselgur	Alusil
C_3H_6	0,256	0,312	0,391	0,289
C_3H_8	0,268	0,263	0,269	0,273
i-C_4H_{10}	0,601	0,644	0,647	0,698
n-C_4H_{10}	1,000	1,000	1,000	1,000
i-C_4H_8	0,806	1,173	1,244	1,062
n-C_4H_8	0,824	1,173	1,244	1,062
trans-C_4H_8	1,081	1,515	1,685	1,406
cis-C_4H_8	1,196	1,890	1,905	1,588
V_R^0 n-C_4H_{10}	155,9 ml	600,3 ml	51,5 ml	118,4 ml

An der ersten unpolaren Füllung verläuft die Elution der Kohlenwasserstoffe nach dem Siedepunkt; Propylen erscheint vor Propan, n-, iso-Butylen vor n-Butan. An Kieselgur + Dibutylphthalat ist die Reihenfolge umgekehrt, weil Dibutylphthalat polar ist. Dieser Füllung ist Alusil + Paraffinöl sehr ähnlich. Alusil, mit Dibutylphthalat benetzt, ähnelt dagegen der ersten Füllung. Propylen erscheint dicht hinter dem Propan die Butylene (n, iso) fallen fast mit n-Butan gemeinsam.

Die Ergebnisse zeigen, daß die Moleküle von Dibutylphthalat durch den Adsorbenten so orientiert wurden, daß die resultierende Polarität kleiner ist als die des Dibutylphthalats allein. Erhöhen wir aber die Menge des Dibutylphathlats auf 30%, so wächst der Unterschied der Rückhaltevolumina zwischen Propan-Propylen einerseits und n-Butan und n-, iso-Butylen andererseits. Die chromatographischen Berge verbreitern sich jedoch. Weiterhin untersuchten wir verschiedene mit der gleichen Menge (16,7%) Paraffinöl benetzte Adsorbenten. In Abbildung 11.1 sind Chromatogramme der Kohlenwasserstoffe angeführt.

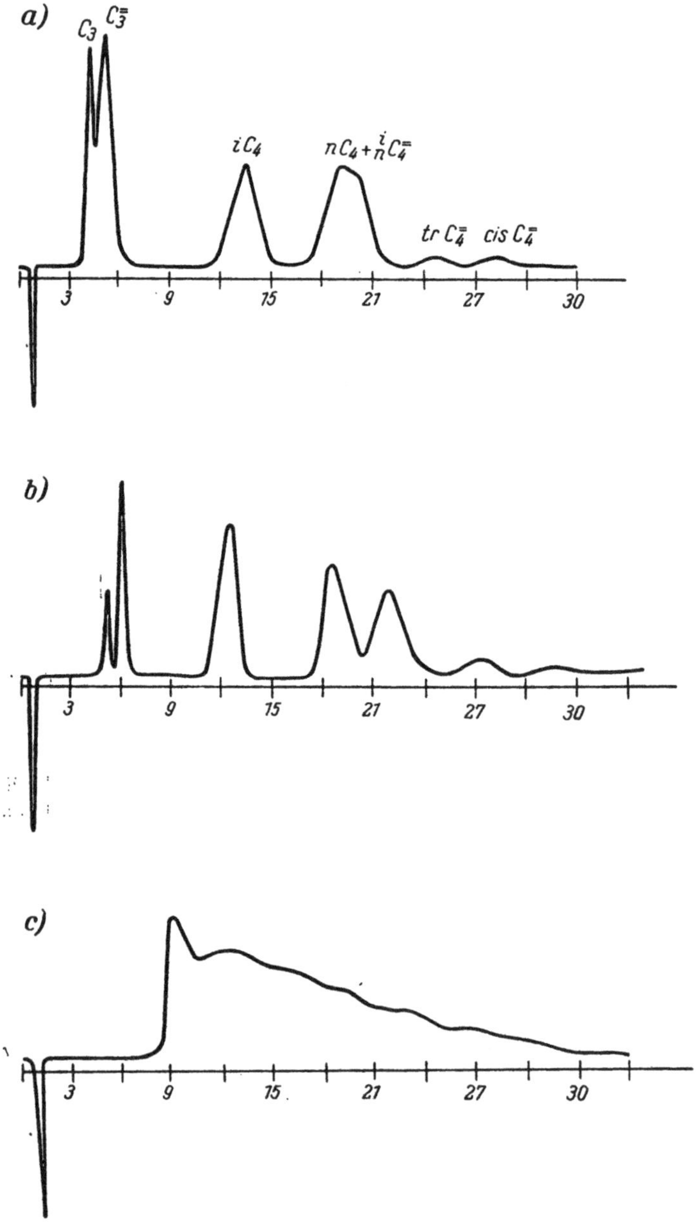

Abb. 11.1. Chromatogramme der Kohlenwasserstoffe auf imprägnierten aktiven Trägern a) Aluminiumoxyd +16,7% Paraffinöl; b) Alusil +16,7% Paraffinöl; c) Silikagel +16,7% Paraffinöl

Während an mäßig polarem Aluminiumoxyd die Trennung Propan/Propylen und n-Butan/n-, iso-Butylen nicht vollständig ist, erfolgt völlige Trennung dieser Paare an dem stärker polaren Alusil unter sonst gleichen Bedingungen. An mit Paraffinöl benetztem Silikagel werden manche Stoffpaare überhaupt nicht getrennt.

Schlußfolgerung

Die Verwendung von teilweise oder ganz benetzten Adsorbenten liefert neue Möglichkeiten zur Herstellung selektiver chromatographischer Füllungen und dadurch auch neue Trennmöglichkeiten komplizierter Gemische. Bei einem niedrigen Gehalt an Trennflüssigkeit (bis zu 10%) sind aber diese Füllungen sehr empfindlich gegen Feuchtigkeit, weil diese anfangs stark adsorbiert wird. Benetzt man aber den Adsorbenten mit einer größeren Menge (bis zu 25%) Trennflüssigkeit geeigneter Polarität, so ist die Trennfähigkeit ebenso gut und die Füllung unempfindlich gegen Feuchtigkeit.

LITERATURVERZEICHNIS

[1] Eggertsen, F. T., Knight, H. S., Groennings, S., Liebigs Ann. Chem., **28**, 303 (1956).
[2] Šingliar, M., Janák, J., Dubský, H., Brída, J., Kurz plynovej chromatografie. (Gas-Chromatographie-Kurs), Brno (1956).
[3] Baker, N. J., Norkun, H. L., Zinn, T. L., Wall, R. T., Sbornik plyn. chromatografie II. (Gas-Chromatographie — Sammelbd.), Brno 1958.
[4] Simons, M. C., Snyder, L. R., Liebigs Ann. Chem., **30**, 32 (1958).
[5] Knight, H. S., Liebigs Ann. Chem., **30**, 9 (1958).
[6] Eggertsen, F. T., Groennings, S., Liebigs Ann. Chem., **30**, 20 (1958).
[7] Gunesch, H., Stadtmüller, R., Rev. Chim. ind., **9**, 35 (1958).
[8] Anderson, J. R. A., Napier, K. H., Australian J. Chem., **9**, 541 (1956).
[9] James, A. T., Martin, A. J. P., Biochem. J., **50**, 679 (1952).
[10] Richter, V., Chemie der Kohlenstoffverbindungen. Bonn 1955.

Infusorienerden und Isolationsmaterialien als Träger für die Verteilungs-Gas-Chromatographie

Von M. Kubínová, Gottwaldov, ČSSR

Einführung

In den letzten Jahren wurde für qualitative und quantitative Analysen von Stoffgemischen, die nach den klassischen Methoden nicht durchführbar sind, vorwiegend die Verteilungs-Gas-Chromatographie eingesetzt. Durch Anwendung neuzeitlicher Apparatetechnik können mit dieser Methode relativ hochsiedende Stoffe (Sdp. 400° C und höher) untersucht werden.

Die Verteilungs-Gas-Chromatographie kann außer zur Analyse auch zur Untersuchung einiger physikalisch-chemischer Prozesse angewendet werden, zum Beispiel für azeotrope Destillationen [1] oder zur Messung einiger physikalischer Eigenschaften [2]. Für die Auswertung der gas-chromatographisch ermittelten Daten müssen nicht nur alle Bedingungen, wie z. B. Temperatur, Druck, Art und Geschwindigkeit des Schleppgases, berücksichtigt werden, sondern auch Menge und Qualität der stationären flüssigen Phase sowie Sorte und Korngröße des Trägermaterials.

Der Frage der stationären Phase wird in der Literatur sehr große Aufmerksamkeit gewidmet. Große Industriebetriebe bieten in ihren Preislisten Trennflüssigkeiten für bestimmte Trennungen mit Angaben der Arbeitstemperaturgrenzen u. a. an [10]. Vom Träger für die Gas-Chromatographie nennen die Autoren in ihren Arbeiten gewöhnlich nur die Sorte und die Korngröße oder auch die Herstellungsart (z. B. Waschen mit Wasser oder Säure, Aktivierung vor der Anwendung u. a.).

Nirgend werden die Anwendungsmöglichkeiten anderer Materialien oder Ergebnisse mit anderen Materialien angegeben. Anscheinend werden in jedem Lande nur solche Träger angewendet, die dort angeboten werden oder zufällig beschaffbar sind.

Nach Desty [3] sind bis jetzt nur zwei für die Gas-Chromatographie geeignete Träger bekannt: *Celite 545* und *C 22-Firebrik,* beides Erzeugnisse der amerikanischen Firma Johns Mansville. Außer diesen Materialien verwendet man in den westlichen Ländern auch noch *Giflo* und *Chromosorb,* Produkte der gleichen Firma, mit ähnlichen Eigenschaften wie die erstgenannten. Über die in einigen Arbeiten erwähnte Infusorienerde fehlen nähere Angaben.

In der Bundesrepublik wird *Sterchamol* (ein Erzeugnis der Sterchamolwerke, Dortmund) und in der DDR ein Träger mit der Bezeichnung *Meka* verwendet.

In der ČSSR und den anderen Volksdemokratien ist die Lage auf diesem Gebiet gegenwärtig noch ungeklärt. Die in englischen, amerikanischen und holländischen Arbeiten genannten Träger können nur von einigen Stellen und in kleinen Mengen beschafft werden (als Muster). Aus eigenem Aufkommen besitzen wir eine Reihe industriell hergestellter Borowanscher Infusorienerden [5—7], verschiedene Sorten zerkleinerter Ziegelsteine u. a. Die Infusorienerde *Svetlofilter* ist den besten Trägern ebenbürtig, wird aber nicht mehr produziert, und es gibt nur geringe Vorräte. In einigen Arbeiten wird als Träger auch Kieselgur [8] genannt, teilweise mit Alusil oder Silikagel versintert [9, 10]. Diese Materialien können nur unter besonderen Bedingungen angewendet werden. Wahrscheinlich werden aber vom VÚOS-Pardubice bald geeignete Trägermaterialien in großen Mengen produziert werden und als *Rysorb I* und *Rysorb BLK* in den Handel kommen.

Aus der Sowjetunion erhielten wir Muster von drei Trägermaterialien für die Gas-Chromatographie, und zwar *Diatomit, Isolierziegel* und *Gluchowetzker Kaolin* (gehärtet bei 1320° C). Über die Arbeitsergebnisse mit diesen Trägern ist aus der Sowjetunion noch nichts bekannt.

Von den meisten obenangeführten Materialien konnten wir Muster erhalten. Sie werden im Versuchsteil beurteilt.

Analysenprobleme

In der Literatur [11, 12] wird die Anwendung von Infusorienerden als Träger für die Katalyse beschrieben. Da man von Trägern für die Gas-Chromatographie erwartet, daß das Material in katalytischer Beziehung inaktiv ist, müssen wir für die Beurteilung der Träger einen anderen Maßstab wählen.

Die Firma May & Baker macht in der Broschüre über Materialien für die Gas-Chromatographie [16] einen Vorschlag für die allgemeine Beurteilung der Träger.

Die Träger sollen danach beurteilt werden, ob sie durch aktivierende Zentren die Trennung beeinflussen können. Zu diesem Zweck wird eine Probe Cyclohexanol oder Butanol bei 182° C in die mit nicht imprägniertem Trägermaterial gefüllte Trennsäule eingespritzt. Als Schleppgas wird Stickstoff verwendet. Das Material ist geeignet, wenn die Elutionskurve die Form der üblichen gaschromatographischen Kurven hat. Materialien mit aktivierenden Zentren liefern eine komplizierte chromatographische Kurve mit Bergen nach beiden Seiten, was eine Adsorptionstrennung des Produktes anzeigt.

Träger für die Gas-Chromatographie sind auch noch in anderen Arbeiten beschrieben [3, 13]. Diese Arbeiten, die sich jedoch nur mit einigen Spezialträgern für eine bestimmte Trennung befassen, interessieren uns hier nicht, da die beschriebenen Materialien uns nicht in genügenden Mengen zur Verfügung stehen. Die Kohlenwasserstoffbestimmung mit imprägnierter Infusorienerde als Trennsäulen bot keinerlei Schwierigkeiten. Für die Bestimmung des Diäthyläthers,

Acetaldehyds und Äthylalkohols in Kondensaten aus der Divinylsynthese nach dem Lebedew-Verfahren [14] verwendeten wir anfangs an Stelle der Infusorienerde *Svetlofilter* und statt des amerikanischen Materials *C-22 Firebrik* zunächst die *Borowansker Infusorienerde SK* und geschmolzene Borowansker Infusorienerde als Träger, mit denen wir bereits gute Ergebnisse bei Analysen der Kohlenwasserstoffe C_4 und C_5 [6, 7] erzielt hatten. Als flüssige Phase wurde Dioktylphthalat und Triglykol eingesetzt. Auf Säulenfüllungen mit Borowanker Infusorienerden gelang uns keine Trennung. Wir erhielten nur Elutionskurven von sehr gedehnter Form mit schlecht feststellbaren Maxima. Bei Anwendung der Infusorienerde *Svetlofilter* [4] war die Trennung sehr gut. Dieses Material steht uns jedoch nur in begrenzter Menge zur Verfügung, für den industriellen Einsatz der Methode reicht es nicht aus.

Bei Erarbeitung analytischer Methoden testen wir beständig durch Trennungen von alkoholhaltigen und anderen sauerstoffhaltigen Stoffen. Es muß festgestellt werden, welche Träger für diese Analysen geeignet sind. Wir haben bei diesen Versuchen insgesamt 13 Materialien aus verschiedenen Ländern untersucht. Ihre Eigenschaften wurden in erster Linie bei Alkoholanalysen verglichen und an diesen Materialien einige charakteristische Größen bestimmt (Oberfläche, Porengröße, Schüttgewicht). Wir ordneten sie nach diesen Größen und nach ihrem chromatographischen Verhalten.

Experimentelles

Wir verglichen die Träger in einem üblichen Gas-Chromatographie-Gerät mit Wärmeleitzelle. Als Schleppgas verwendeten wir Wasserstoff. Die Säulenlänge betrug 186 cm, der Innendruchmesser 5 mm, das Volumen 38,2 ml, der Schleppgasmengenstrom 30 ml/Min., die Säulentemperatur 50, 70 und 90° C. Wir fertigten den Füllkörper für die Vergleichsversuche in der Weise an, daß wir 38,2 ml eines getrockneten Trägers mit genau 3 g Dioktylphthalat imprägnierten, wodurch die Säule jedesmal die gleiche Menge Trennflüssigkeit enthielt. Dadurch war nur der eingesetzte Träger für die festgestellten Unterschiede verantwortlich. Zum Vergleich der Träger benutzten wir zwei Testgemische:

1. Pentan—Hexan—Heptan und
2. Methanol—Äthanol.

Wir dosierten die flüssigen Proben mit einer Glaspipette ähnlich dem System am Gas-Chromatographen der Firma Perkin-Elmer.

In Tabelle 1 werden die Porengrößen der Träger verglichen. Obwohl daraus keineswegs hervorgeht, daß nur die Porengröße entscheidend für die Verwendbarkeit des Materials als Träger für die Gas-Chromatographie ist, so stellten wir doch fest, daß die Porengröße wesentlich das chromatographische Verhalten beeinflußt, besonders bei der Bestimmung von Alkoholen und anderen sauerstoffhaltigen Stoffen.

Die Oberflächenwerte in der Tabelle wurden nach der BET-Methode ermittelt (mit Hilfe von Butan), die Porengröße durch Adsorptionsmessungen mit Tetrachlorkohlenstoff nach der Wenessy-Methode. Das Schüttgewicht bestimmten wir in einem Meßzylinder nach sorgfältigem Schütteln der Proben. Da uns nicht alle Materialien in gleicher Korngröße zur Verfügung standen, ist die Korngröße angegeben.

TABELLE 1

Bezeichnungen, Herkommen, Korngröße, Schüttgewicht, Oberfläche und Porenvolumen von Trägermaterialien

Material-bezeichnung	Hersteller/Fundstelle		Korn-größe mm	Schütt-gew. g/100 ml	Ober-fläche BET-Butan m^2/g	Poren-volumen nach Tetra-chlor-kohlen-stoff cm^3/g
S—80		N. Grudanacher, Berlin	über 0,06	94,3	1,822	0,0
Kaolin	UdSSR	Gluchowetzer, gehärtet bei 1320° C	0,2—0,4	72,5	5,621	0,006
Rysorb I	ČSSR	VÚOS, Pardubice	0,2—0,4	50,9	6,855	0,0133
Giflo	USA	Johns Mansville	über 0,06	32,8	7,902	0,0173
Svetlofilter	ČSSR	Gaek y Františkowy Lázně	0,2—0,4	46,5		0,0182
Chromosorb	USA	Johns Mansville	0,2—0,4	41,6	5,24	0,0235
Rysorb WLK	ČSSR	VÚOS, Pardubice	0,2—0,4	50,8	8,32	0,0320
Isolationsziegel	UdSSR		0,2—0,4	50,2	7,859	0,074
Borowan, thermisch bearbeitet	ČSSR	Kalofrig, Borowan	0,2—0,4	62,6	13,798	0,0921
Sterchamol	DBR	Sterchamolwerke, Dortmund	0,2—0,3	44,3	9,714	0,0948
Meka	DDR	Kemmlitz, Krs. Oschatz	0,2—0,3	76,5		0,0969
Diatomit	UdSSR		0,2—0,3	51,3	5,993	0,160
Borowan, bearbeitet durch Anfeuchten	ČSSR	Kalofrig, Borowan	0,2—0,3	57,3	20,88	0,203
Borowan SK	ČSSR	Kalofrig, Borowan	0,3—0,4	65,3	29,056	0,213
Celite 545	USA	Johns Mansville	Staub	43,2	7,24	0,0115

Beurteilung der Ergebnisse

Auswertung der Chromatogramme

Zur Charakterisierung der Unterschiede zwischen den Chromatogrammen wählten wir zwei Größen:

1. das relative Rückhaltevolumen bei innerem Standard von n-Hexan bzw. Äthylalkohol.

In den Tabellen 2 und 3 sind diese Größen für die Säulentemperatur von 50 und 70° C aufgeführt. Aus den Werten geht hervor, daß für die Bestimmung von Kohlenwasserstoffen hinsichtlich der Rückhaltevolumina zwischen den einzelnen Trägern kein Unterschied besteht.

Die aufgetretenen Unterschiede können wir als Versuchsfehler ansehen, oder sie haben in der ungleichen Korngröße ihre Ursache. Bei den Alkoholen tritt bei Trägern mit größerem Porenvolumen (über 0,7 ml/g) eine Abweichung in den Rückhaltevolumina auf. Bei Trägern mit großem Porenvolumen (ungefähr

TABELLE 2

Relatives Rückhaltevolumen für Pentan und Heptan (Hexan = 1) und für Methylalkohol, (Äthylalkohol = 1) auf verschiedenen Trägern bei 50° C.

Die flüssige Phase war Dioctylphthalat (3 g); Gasmengenstrom 30 ml H_2/Min.

Material	Pentan	Hexan	Heptan	Methanol	Äthanol
S—80	0,367	1	2,71	0,467	1
Kaolin	0,354	1	2,69	0,502	1
Rysorb I	0,364	1	2,70	0,476	1
Giflo	0,356	1	2,74	0,506	1
Svetlofilter	0,366	1	2,71	0,480	1
Chromosorb	0,354	1	2,73	0,522	1
Rysorb WLK	0,370	1	2,72	0,575	1
Isolationsziegel	0,350	1	2,71	0,617	1
Borowan, thermisch bearbeitet	0,365	1	2,75	0,626	1
Sterchamol	0,364	1	2,69	0,62	1
Meka	0,37	1	2,70	0,92	1
Diatomit	0,365	1	2,87	—	—
Borowan, bearbeitet durch Anfeuchten	0,359	1	2,72	—	—
Borowan SK	0,356	1	2,71	—	—

TABELLE 3

Relatives Rückhaltevolumen für Pentan und Heptan (Hexan = 1) und für Methylalkohol, (Äthylalkohol = 1) auf verschiedenen Trägern bei 70° C.

Die flüssige Phase war Dioctylphthalat (3 g), Gasmengenstrom 30 ml H_2/Min.

Material	Pentan	Hexan	Heptan	Methanol	Äthanol
S—80	0,41	1	2,37	0,562	1
Kaolin	0,400	1	2,51	0,523	1
Rysorb I	0,400	1	2,48	0,564	1
Giflo	0,393	1	2,43	0,533	1
Svetlofilter	0,395	1	2,48	0,606	1
Chromosorb	0,393	1	2,57	0,633	1
Rysorb WLK	0,407	1	2,49	0,718	1
Isolationsziegel	0,408	1	2,38	0,705	1
Borowan, thermisch bearbeitet	0,402	1	2,48	0,73	1
Sterchamol	0,400	1	2,52	1	1
Meka	0,433	1	2,52	—	—
Diatomit	0,417	1	2,56	—	—
Borowan, bearbeitet durch Anfeuchten	0,428	1	2,42	—	—

0,15 ml/g) sind diese Größen so schlecht bestimmbar, daß wir sie nicht anführen. (Die Stoffe wurden praktisch nicht getrennt.)

2. Zur Charakterisierung des Trennvermögens der Säule wählten wir die Größe δ, wie sie in der Literatur [17] beschrieben ist. Diese Größe erschien uns für unseren Fall charakteristischer als die üblich empfohlene Trennstufenzahl nach der Formel:

$$N = 16\left(\frac{t}{b}\right)^2.$$

t = Abstand des Bergmaximums vom Start des Chromatogramms,
b = Abstand zwischen den Schnittpunkten beider Tangenten mit der Grundlinie,

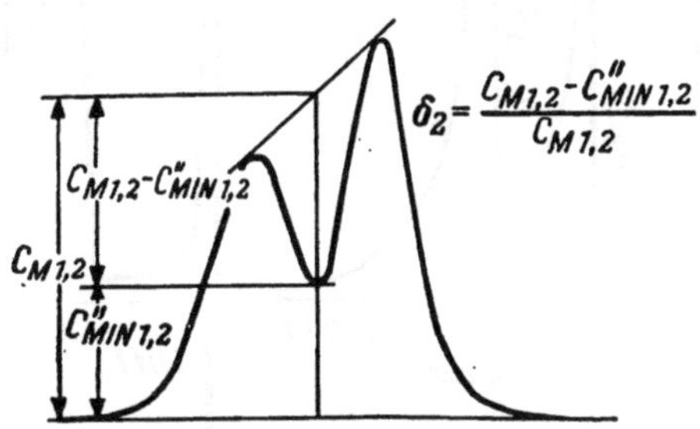

Abb. 12.1. Messung der δ-Werte

Mit der Trennstufenzahl wird nur ein Berg charakterisiert, aber nicht die Trennung zwischen zwei Komponenten. Die Größe δ (Auftrennung zweier Komponenten) wird durch folgende Beziehung beschrieben:

$$\delta = \frac{C_{\max 1,2} - C_{\min 1,2}}{C_{\max 1,2}}.$$

$C_{\max 1,2}$ = die mittlere Höhe beider Berge von der Null-Linie aus,
$C_{\min 1,2}$ = die Höhe der Elutionskurve am Minimum zwischen den zwei Bergen.

Die Meßwerte der Größe δ gehen aus Abbildung 12.1 hervor. δ erreicht den Wert 1 bei vollständiger Trennung und nähert sich Null bei sehr schlechter oder überhaupt keiner Trennung der Komponenten.

In den Tabellen 4, 5 und 6 sind die δ-Größen bei 50, 70 und 90° C für alle Träger der Gas-Chromatographie dargestellt, die in dieser Arbeit genannt sind. Aus diesen Tabellen können wir wiederum erkennen, daß kein wesentlicher Unterschied zwischen den einzelnen Trägern bezüglich der Kohlenwasserstofftrennungen besteht. Bei Alkoholen verschlechtert sich besonders bei Anwendung von Infusorienerden mit großem Porenvolumen die Trennung wesentlich.

In den Abbildungen 12.2 bis 12.6 sind Beispiele für die Trennung des Gemisches Methanol/Äthanol auf charakteristischem Träger mit verschiedenen Porenvolumen bei 50° C dargestellt. Diese Abbildungen zeigen, daß sich die Trennung des Gemisches Methanol/Äthanol mit sich vergrößerndem Porenvolumen des Trägers verschlechtert. Für Kohlenwasserstoffe war die Trennung in allen Fällen fast gleich, so daß Beispiele entbehrlich sind.

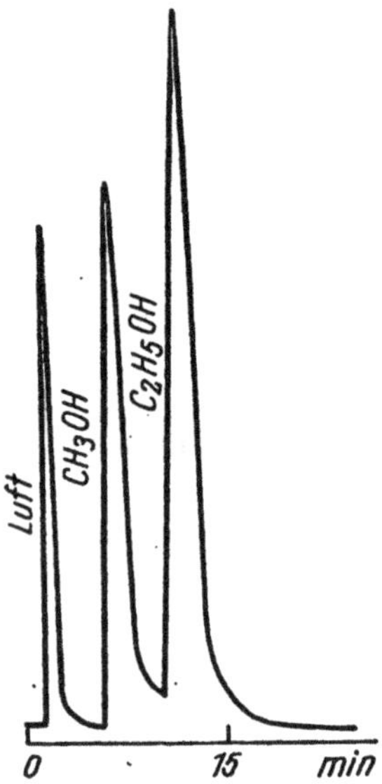

Abb. 12.2

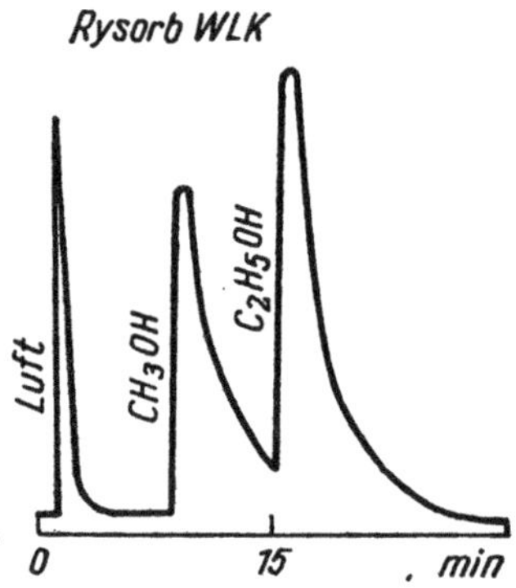

Abb. 12.3

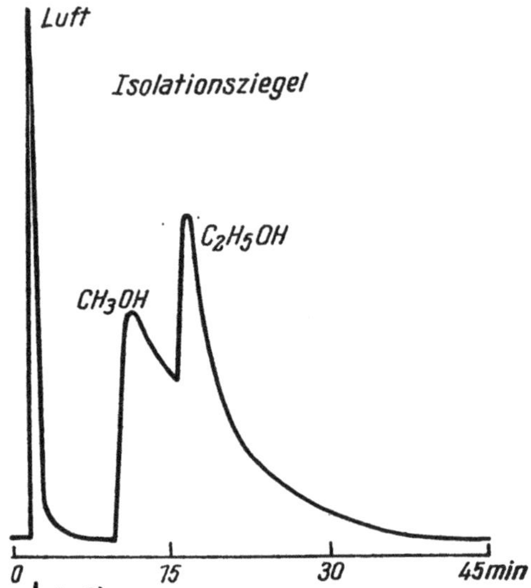

Abb. 12.4

Abb. 12.2—12.6. Beispiele für die Trennung von Methanol/Äthanol-Gemischen auf verschiedenen Trägern. Säulenlänge 186 cm, 3 g flüssige Phase, Säulentemperatur 50° C, Gasmengenstrom 30 ml H_2/Min.

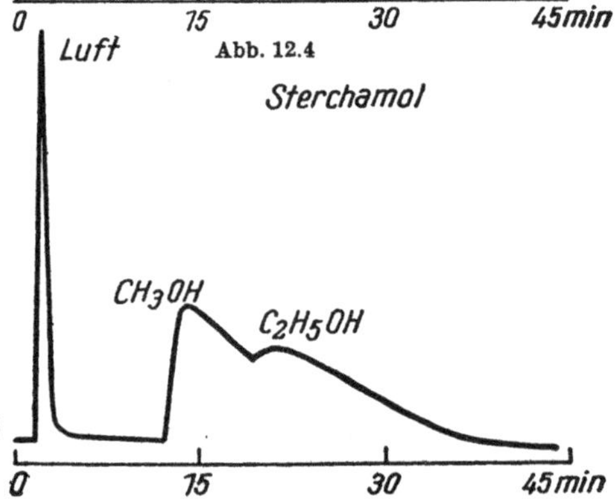

Abb. 12.5

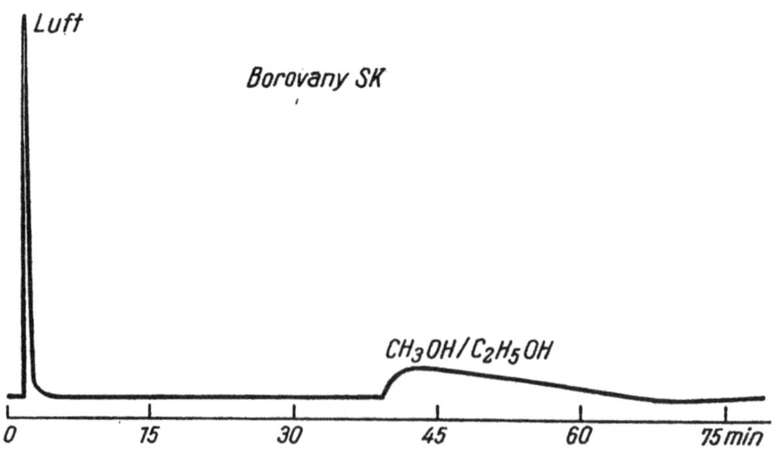

Abb. 12.6

Abb. 12.7

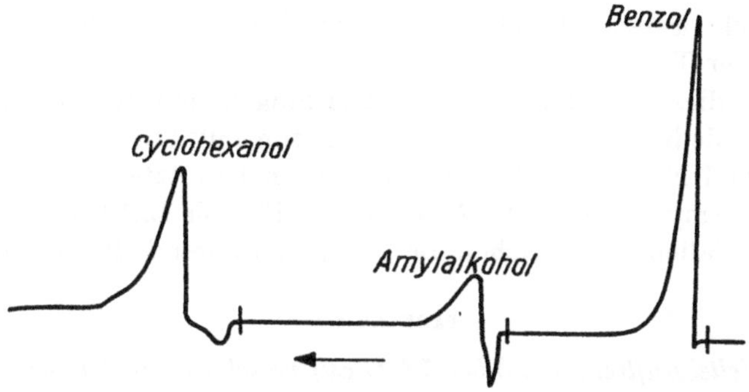

Abb. 12.8

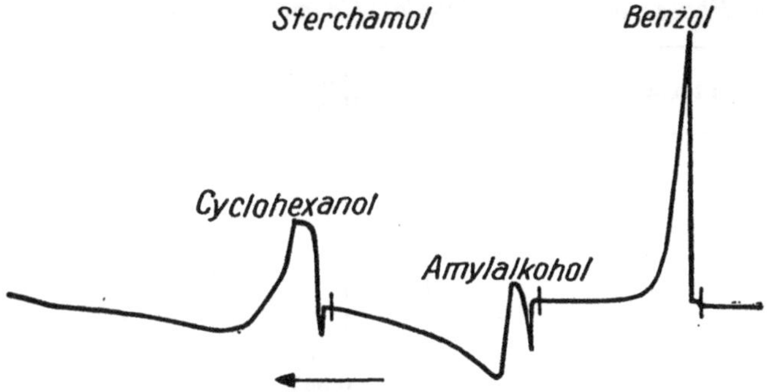

Abb. 12.9

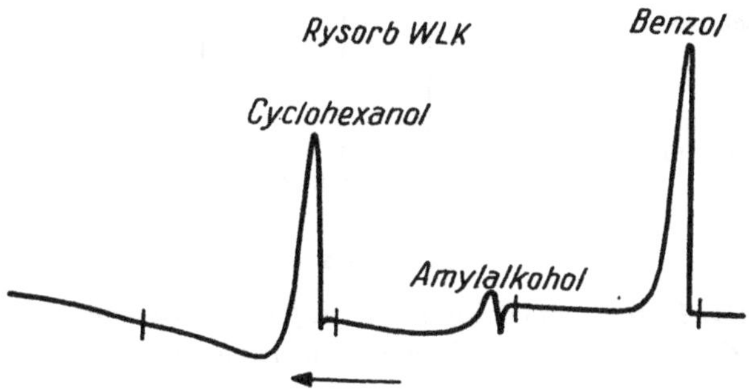

Abb. 12.10

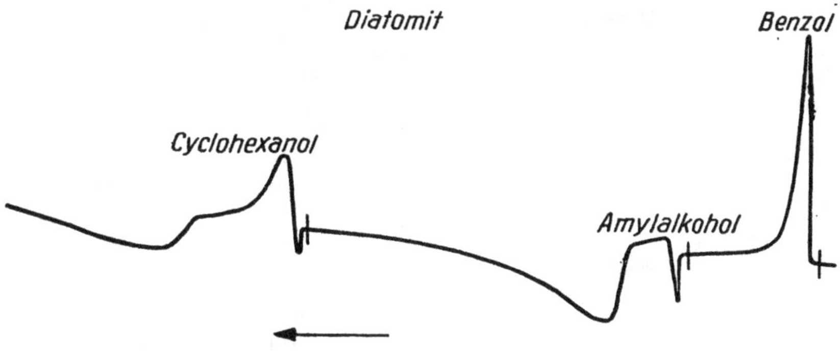

Abb. 12.7—12.10. Untersuchung der katalytischen Aktivität einzelner Träger. Säulenlänge 1 m, Gasmengenstrom 30 ml N_2/Min., Säulentemperatur 180° C

Zur Kontrolle unserer Ergebnisse untersuchten wir noch die katalytische Aktivität einiger Träger [16].

Wir führten diese Versuche an einer 1 m langen, mit trockenem Träger gefüllten Trennsäule bei einer Säulentemperatur von 180° C und einem Gasmengenstrom von 30 ml N_2 durch. Als Testsubstanzen benutzten wir Benzol, Cyclohexanol und n-Amylalkohol. Die Abbildungen 12.7 bis 12.10 zeigen, daß Benzol bei allen Materialien den gleichen Berg ergab, während die Alkohole je nach

TABELLE 4

Erzielte Auftrennung δ bei 50° C auf verschiedenen Trägern.
Flüssige Phase: 3 g Dioctylphthalat; Gasmengenstrom 30 ml H_2/Min.

Material	Pentan Hexan	Hexan Heptan	Methanol Äthanol
S—80	1	1	0,989
Kaolin	0,974	1	0,960
Rysorb I	1	1	0,974
Giflo	1	1	0,937
Svetlofilter	1	1	0,967
Chromosorb	1	1	0,786
Rysorb WLK	0,956	1	0,872
Isolationsziegel	0,947	1	0,436
Borowan, thermisch bearbeitet	1	1	0,635
Sterchamol	1	1	0,167
Meka	1	1	0,33
Diatomit	1	1	—
Borowan, bearbeitet durch Anfeuchten	1	1	—
Borowan SK	0,962	1	—

TABELLE 5

Erreichte Auftrennung δ bei 70° C auf verschiedenen Trägern.
Flüssige Phase: 3 g Dioctylphthalat; Gasmengenstrom 30 ml H_2/Min.

Material	Pentan Hexan	Hexan Heptan	Methanol Äthanol
Kaolin	0,934	0,942	0,86
Rysorb	0,926	1	0,818
Giflo	0,943	1	0,863
Svetlofilter	0,834	1	0,835
Chromosorb	0,786	0,988	0,582
Rysorb WLK	0,947	1	0,60
Isolationsziegel	0,922	1	0,257
Borowan, thermisch bearbeitet	0,964	1	0,35
Sterchamol	0,936	1	0,167
Meka	0,958	1	—
Diatomit	0,943	1	—
Borowan, bearbeitet durch Anfeuchten	0,952	1	—
Borowan SK	0,43	1	—

TABELLE 6

Erreichte Auftrennung δ bei 90° C auf verschiedenen Trägern.
Flüssige Phase: 3 g Dioctylphthalat; Gasmengenstrom 30 ml H_2/Min.

Material	Pentan Hexan	Hexan Heptan	Methanol Äthanol
Kaolin	0,877	0,948	0,35
Rysorb I	0,71	0,94	0,534
Giflo	0,824	0,943	0,430
Svetlofilter	0,875	0,952	0,651
Chromosorb	0,85	0,95	0,31
Rysorb WLK	0,87	0,945	0,647
Isolationsziegel	0,823	0,967	0,115
Borowan, thermisch bearbeitet	0,842	0,956	0,103
Sterchamol	0,825	0,82	0,016
Meka	0,862	0,974	—
Diatomit	0,853	0,97	—
Borowan, bearbeitet durch Anfeuchten	0,866	0,963	—
Borowan SK	0,942	0,972	—

Aktivität des Trägers verschiedenartige Kurven lieferten. Für Träger mit größerem Porenvolumen entstehen komplizierte Chromatogramme, in denen die Berge der Alkohole wie solche von Wasser nach der anderen Seite zeigen. (Auf der Infusorienerde *Svetlofilter* haben die Berge der Alkohole die normale Richtung.)

Aus diesen Ergebnissen folgt der Schluß, daß für eine Kohlenwasserstoffbestimmung beliebige Infusorienerde oder Isolierziegel als Träger verwendet werden können, ohne daß man ihre anderen Eigenschaften beachten muß. Für Alkohole und andere sauerstoffhaltige Stoffe müssen Träger entsprechend den Versuchen wie den obenangeführten ausgewählt werden, um gute Elutionskurven zu erzielen.

Zusammenfassung

Insgesamt 13 Träger für die Verteilungs-Gas-Chromatographie wurden auf ihre Verwendbarkeit zur Kohlenwasserstoff- und Alkoholbestimmung bei möglichst gleichen Bedingungen untersucht.

Bei den Kohlenwasserstoffbestimmung hat man zwischen den einzelnen Materialien keine wesentlichen Unterschiede festgestellt. Für die Alkoholbestimmungen eignen sich am besten folgende Materialien: *S—80*, *Kaolin* (UdSSR), *Rysorb I*, *Giflo* und *Svetlofilter*. Aus Tabelle 1 geht hervor, daß es sich hierbei um Materialien mit geringem Porenvolumen handelt. Weniger gut anwendbar sind: *Chromosorb* und *Rysorb BLK*. Die anderen Materialien müssen als unbefriedigend bezeichnet werden.

LITERATURVERZEICHNIS

[1] RÖCK, H., Chemie-Ing.-Techn., 489 (1956).
[2] AMBROSE, D., KEULEMANS, A. I. M., PURNELL, J. H., Liebigs Ann. Chem., 30, 1582 (1958).

[3] Desty, D. H., Godfrey, F. M., Harbourn, C. L. A., Operating data on two stationary phase supports. Symposium on Gas Chromatography (Amsterdam 1958).
[4] Vanko, A., Využitie plyn. chromatografie pre delenie zplodin synthézy vinylacetátu. Aspirantská práce VÚAcCH (Dissertation 1957).
[5] Zmítko, J., Brodský, J., Chem. Listy, 52, 2012 (1958).
[6] Fexa, J., Diplomová práce VŠCHT, fakulta anal. chemie, Praha (1957).
[7] Kubínova, M., Chemický Průmysl (Februar 1959).
[8] Landa, S., Weisser, O., Mostecký, J., Chem. Listy, 52, 60 (1958).
[9] Brodský, J., Zmítko, J., Biža, V., Chemický Průmysl, 7, 414 (1957).
[10] Janák, J., Dubský, H., Kurs Plynové chromatografie (Brno 1956).
[11] Andersen, R. B., McCarty, J. T., Hall, N. K., Hofer, J. L. E., Ind. Engng. Chem., S. 39 (1947).
[12] Jíru, P., Brüll, J., Chem. Listy, 51, 2189 (1957).
[13] Eggertsen, F. T., Knight, H. S., Effect of type and amounr of solvent on analysis of saturated hydrocarbons. Liebigs Ann. Chem., 30, 15 (1958).
[14] Kubínova, M., Přednáška na 6. sjezdu plynové chromatografie (Nováky 1958).
[15] Dimbat, M., Porter, P. E., Stross, F. H., Liebigs Ann. Chem., 28, 290 (1956).
[16] Materials for Gas Chromatography — May and Baker, Ltd., Baugenhan, England.
[17] Struppe, H. G., 1. Symposium über Gas-Chromatographie in der DDR (Leipzig 1958).

Untersuchung der polymerisierenden Eigenschaften von Adsorbenten

Von A. W. Aleksejewa und K. A. Goldberg, Moskau

Bei der gas-chromatographischen Analyse von Gemischen gasförmiger Kohlenwasserstoffe und bei ihrer industriellen Trennung auf Ionenaustauschern ist eine Polymerisation ungesättigter Verbindungen möglich. Deshalb wurden an verschiedenen Sorten von Ionenaustauschern Messungen der relativen Polymerisationsgeschwindigkeit von Propylen durchgeführt. Die in dieser Arbeit untersuchte Serie von Silikagelmustern ist von Prof. J. E. Neimark im Laboratorium des Institutes für Physikalische Chemie „M. W. Pisarshewski" der Akademie der Wissenschaften der UdSSR hergestellt worden.

Die Polymerisationsgeschwindigkeit des Propylens wurde aus dem Druckabfall im Zirkulationssystem nach Einstellen des Adsorptionsgleichgewichtes bestimmt (linearer Bereich der Kurve Druck—Zeit).

Man stellte fest, daß aus technischen Produkten industriell oder labormäßig hergestelltes Silikagel eine starke polymerisierende Wirkung aufweist. Aus reinen Produkten gewonnenes Silikagel hat eine relativ geringe polymerisierende Wirkung (die Polymerisationsgeschwindigkeit ist um das 40 bis 100fache kleiner). Das sorgfältige Reinigen der technischen Silikagele von Beimischungen (mit heißer Salzsäure und Wasser) senkt die Polymerisationsgeschwindigkeit des Propylens auf diesem Silikagel ungefähr um das 40fache. Hinsichtlich der Polymerisationsgeschwindigkeit unterscheiden sich industrielle, aus technischen Prozessen gewonnene Proben nach ihrer sorgfältigen Reinigung kaum von Proben, die aus chemisch reinen Produkten gewonnen wurden. Die relativ niedrige Polymerisationsgeschwindigkeit des Propylens auf Silikagel, das aus reinen Produkten gewonnen wurde, und ihre bedeutende Verringerung nach Reinigung der technischen Produkte zeigt, daß die starke Polymerisation des Propylens durch Beimischungen hervorgerufen wird, die im technischen Silikagel enthalten sind.

Die Polymerisationsgeschwindigkeit auf Alumogel ist bedeutend geringer als auf Silikagel. Die größte Polymerisationswirkung haben Alumosilikagele. Sie sind deshalb für die gas-chromatographische Analyse und die industrielle Trennung von Gasgemischen, die ungesättigten Kohlenwasserstoffe und besonders Dienverbindungen enthalten, nicht verwendbar.

Das Adsorptionsvolumen der besten Silikagelproben, die im Labor von Prof. Neimark hergestellt wurden, ist bedeutend größer als das Adsorptionsvolumen des industriell gefertigten Silikagels KSM.

II. ABSCHNITT

APPARATUREN UND VERFAHRENSTECHNIK

Möglichkeiten für die Verbesserung der Trennwirkung

Von A. A. Shuchowitzki, E. W. Wagin und S. S. Petuchow, Moskau

Aus dem Zusammenwirken thermischer und adsorptiver Faktoren ergaben sich einige wertvolle Varianten für die Trennung besonders von gasförmigen Gemischen. So wurden in den letzten Jahren thermo-gas-chromatographische [1] und wärmedynamische Methoden zur Trennung und Analyse von Gemischen

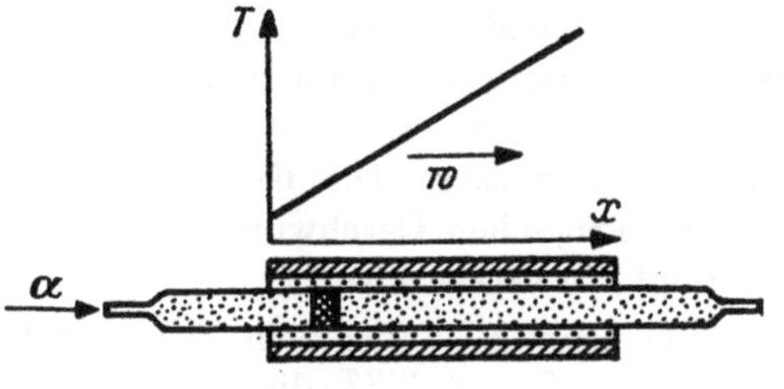

Abb. 14.1

eingeführt, die einige wesentliche Vorzüge gegenüber anderen chromatographischen Varianten haben. Jedoch wird die Möglichkeit der Trennung von Komponenten, die in ihren Eigenschaften sehr ähnlich sind, bei diesen Methoden eingeschränkt durch die auftretende Diffusionsverbreiterung der Substanzzonen [3] und durch die Schwierigkeiten bei Erzeugung ausgedehnter Temperaturfelder.

Diese Arbeit erläutert eine Methode, bei der durch Nutzung thermischer und adsorptiver Effekte die Trennwirkung der Säule erhöht wird. Dabei ist eine unterschiedliche Einwirkung des inneren Faktors auf die einzelnen Komponenten des zu trennenden Gemisches wünschenswert. Das wird dadurch erreicht, daß nacheinander jede Komponente einen Impuls in einer Richtung erhält, während die anderen Komponenten einen Impuls in einer entgegengesetzten Richtung annehmen. Andererseits ist es wichtig, daß der Prozeß lawinenartig verläuft. Ein geringer Anteil der Komponente muß eine Erhöhung des aui ihn wirkenden Minimums erfahren. Der hier erläuterte Vorgang wird von uns als *fraktionierende Bremsung* bezeichnet. Auf die Zonen eines adsorbierten Stoffes (Abb. 14.1) soll zugleich mit dem Schleppgasstrom ein bewegtes Temperaturfeld bremsend wirken. In diesem Temperaturfeld wächst zum Unterschfed von der Thermo-Gas-Chromatographie die Temperatur in Strömungsrichtung an. Die Bewegungsgeschwindigkeit der Zonen u wird durch die Beziehung

$$u = \frac{v}{G} \tag{1}$$

ausgedrückt.

v ist die Strömungsgeschwindigkeit des Schleppgases, G der temperaturabhängige Adsorptionskoeffizient.

Wenn u größer ist als die Bewegungsgeschwindigkeit des Ofens w, so wird die Substanzzone nach den höheren Temperaturen hin beschleunigt werden. Wenn $u < w$, so wird die Zone durch den sich bewegenden Ofen gebremst und sich nach der Seite der niedrigen Temperaturen hin bewegen. Bei $u = w$ wird sich ein instabiles Gleichgewicht einstellen. Demnach charakterisiert die Bedingung $w = v/G$ die kritische Geschwindigkeit v_{kr}, bei der die Zone in einer bestimmten Temperatur das Gebiet des bremsenden Einflusses verläßt und in den Bereich der beschleunigten Bewegung übergeht. Dabei genügt es, daß die Zone um soviel vorwärtsgeht, wie sich G verringert, so daß die Zonenbewegung beschleunigt wird. Wenn sich dagegen der Ofen zur Zone umgekehrt bewegt, so wird die Bewegung zunehmend gebremst. Auf das bei einer bestimmten Temperatur gelagerte Stoffgemisch, soll unter den Bedingungen des fortschreitenden, bremsenden Feldes unter ständigem Ansteigen der Zonengeschwindigkeit u der Schleppgasstrom einwirken: Die Komponenten müssen sich nacheinander bei Erreichen der kritischen Geschwindigkeiten von der Gemischzone absondern und beschleunigt vorwärtsstreben.

Es ist einfach, aus der Gleichung (1) und dem Ausdruck für die Temperaturabhängigkeit der Adsorption $G = A\, e^{Q/RT}$ die Beziehung der kritischen Geschwindigkeiten für benachbarte Glieder der homologen Reihe zu finden:

$$\frac{v_{i+1}}{v_i} = e^{(Q_{i+1} - Q_i)/RT} = \beta .$$

Auf diese Weise stellen die kritischen Geschwindigkeiten eine Progreß-Funktion mit einem Nenner dar, der dem Traubeschen Koeffizienten β gleich ist. Da der β-Wert für eine Reihe Kohlenwasserstoffe auf Silikagel, besonders aber auf Aktivkohle groß ist (≈ 10), so unterscheiden sich die einzelnen Werte der kritischen Geschwindigkeiten stark voneinander, was für die Trennung vorteilhaft ist. Zugleich verhindert jedoch dieser Umstand die Anwendung der beschriebenen Methode auf vielkomponentige Gemische, da eine Geschwindigkeitsveränderung in einem praktisch unausführbaren Bereich erforderlich wäre. Deshalb sind folgende Abänderungen der Methode notwendig: Nach Durchlassen des Schleppgases und einer entsprechenden Ofenbewegung, durch die sich eine oder mehrere Komponenten abtrennen (1. Trenntakt), wird der Ofen wieder über das zurückgebliebene Substanzgemisch geschoben und der Vorgang von neuem, aber mit höherer Anfangstemperatur des Ofens wiederholt, ohne daß die Ofengeschwindigkeit wesentlich verändert wird (2. Takt).

Ein Nachteil dieser Variante ist die Einmaligkeit des *Lawinenprozesses*. Wenn sich bei der Trennung eine beliebige Komponente mit einer schlecht adsorbierbaren teilweise vermischt, so verhindert die fortschreitende Temperaturerhöhung die Trennung der Stoffe, die zusammen die Trennsäule durchwandern. Eine Vielfältigkeit läßt sich nur durch wiederholtes Anhalten des Ofens bzw. der Schleppgasströmung oder durch Beschleunigung des Ofens erreichen.

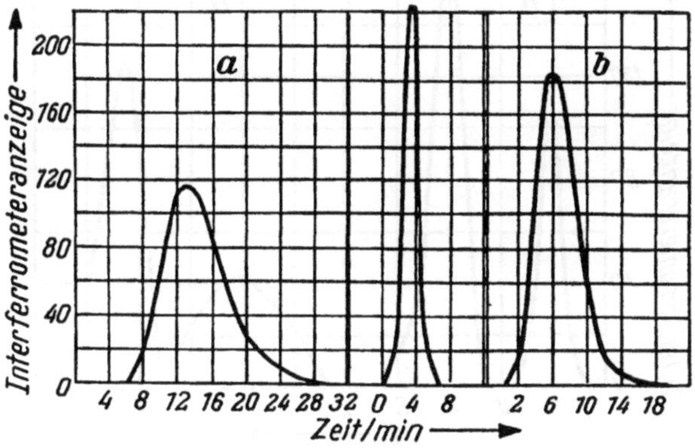

Abb. 14.2

Ziel der experimentellen Arbeit war der Vergleich der Trennwirkungen bei Methoden der fraktionierenden Bremsung der Thermo-Gas-Chromatographie. Dazu wurde auf Silikagel KSM die Trennung von Propan und Butan, die ähnliche Adsorptionseigenschaften haben, nach der Methode der Bremsung untersucht. Die thermo-gas-chromatographische Trennung dieses Gemisches gelang auf diesem Adsorbens nicht. Für leicht trennbare Gemische (Propan/Butan) wurde die fraktionierende Bremsung bei großen Probenmengen, die vollständige thermo-gas-chromatographischen Trennungen hemmten, durchgeführt. Um das Trennvermögen gegenüber vielkomponentigen Gemischen zu veranschaulichen, wurde das Vier-Komponenten-Gemisch Methan/Äthylen/Propan/Butan nach der Methode der fraktionierenden Bremsung getrennt.

Eine Trennsäule, ($d = 20$ mm, $l = 350$ mm) mit KSM-Silikagel gefüllt, befindet sich in dem sich frei vertikal bewegenden Ofen. Längs des Ofens herrscht ein Temperaturanstieg von 20° C am unteren Ende bis 250° C am oberen Ende. Nach Zugabe des zu trennenden Gemisches (g [ml]) am unteren Teil der Trennsäule wird der Ofen so an das untere Ende angesetzt, daß sich das Gemisch im Raum der erforderlichen Temperatur T befindet. Nun wird bei gleichzeitigem Strömen des Schleppgases der Ofen nach oben bewegt. Der aus der Säule austretende Gasstrom durchläuft ein Gas-Interferrometer von Zeiß mit einer meterlangen Kammer. Nach dem ersten Trenntakt wird der Ofen zurückgenommen und in die für den zweiten Trenntakt notwendige Stellung gebracht.

Abbildung 14.2a zeigt die Elutionskurven zweier Takte der fraktionierenden Bremsung des gleichen molaren Gemisches Butan/Propylen. $g = 5$ ml, $w =$

0,8 cm/Min., $v = 40$ cm/Min., $T_{01} = 75°$ C, $T_{02} = 100°$ C. Die Analyse ergibt für die zweite Fraktion 94% Propylen und 6% Butan, für die erste 91% Butan und 9% Propylen.

Abbildung 14.2b bringt die thermo-gas-chromatographisch gewonnene Elutionskurve für dasselbe Gemisch ($w/v = 0,02$), die praktisch keine Trennung aufweist.

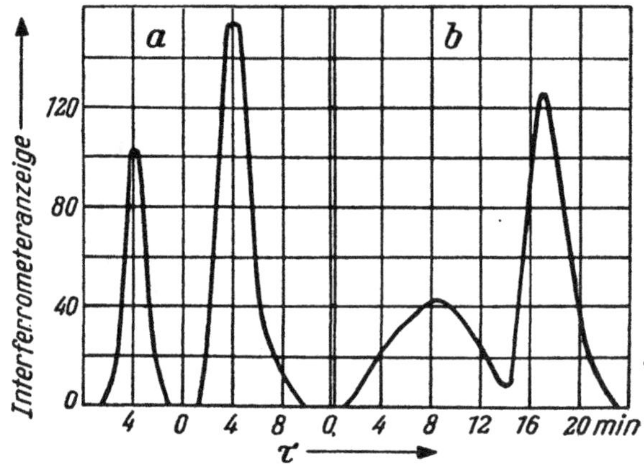

Abb. 14.3

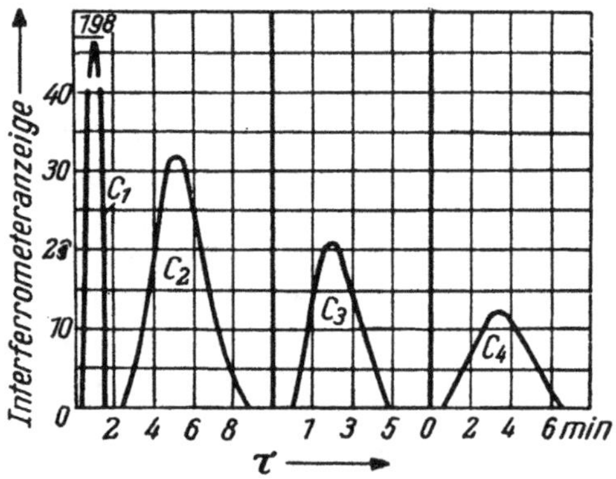

Abb. 14.4

Abbildung 14.3a zeigt Elutionskurven nach zwei Takten fraktionierender Bremsung eines Gemisches von 33% Propan und 67% Butan, ($g = 25$ ml, $v = 35$ cm/Min., $w = 0,8$ cm/Min., $T_{01} = 70°$ C, $T_{02} = 100°$ C). Die Analysendaten zeigen, daß die erste Fraktion praktisch reines Propan, die zweite praktisch reines Butan enthält. Die thermo-gas-chromatographische Trennung desselben Gemisches ergab die Elutionskurve in Abbildung 14.3b. Bei einer Probenmenge von $g = 25$ ml erfolgt keine völlige Auftrennung.

In Abbildung 14.4 sind die Elutionskurven bei fraktionierender Bremsung für das Gemisch aus 64 Vol.-% Methan, 23 Vol.-% Äthan, 8 Vol.-% Propan und

5 Vol.-% Butan ($g = 34$ ml, $v = 40$ cm/Min., $w = 0,8$ cm/Min., $T_{01} = 31°$, $T_{02} = 67°$, $T_{03} = 100°$ C) wiedergeben. Aus den Flächenverhältnissen in der Elutionskurve folgt, daß in diesem Versuch eine praktisch völlige Trennung gelang.

Die angeführten Daten zeigen, daß bei der einfachsten Form (konstantes v und w) die fraktionierende Bremsung bedeutende Trennwirkung aufweist und Trennung und Analyse auch schwer trennbarer Gemische auf diese Weise erfolgen kann.

LITERATURVERZEICHNIS

[1] Shuchowitzki, A. A., Solotarjewa, O. W., Sokolow, W. A., Turkelzaub, N. M., DAN SSSR, **77**, 435 (1951).
[2] Shuchowitzki, A. A., Turkeltaub, N. M., Georgiewskaja, T. W., DAN SSSR, **92**, 987 (1953).
[3] Shuchowitzki, A. A., Turkeltaub, N. M., Wagin, E. W., Schwarzman, K. W., DAN SSSR, **96**, 303 (1954).

Ein Gerät für kontinuierliche Gasanalysen

Von A. A. Shuchowitzki und N. M. Turkeltaub, Moskau

Im folgenden wird ein neues Gerät beschrieben, mit dem die mittlere Konzentration aller Komponenten eines ununterbrochen durchströmenden Gasgemisches innerhalb von 5 bis 10 Minuten bestimmt werden kann. Besteht das Gemisch nur aus zwei oder wenig adsorbierbaren Komponenten (z. B. Luft/Methan oder Wasserstoff/Methan), so wird deren Mischungsverhältnis ununterbrochen registriert. Die Anlage arbeitet auf Grundlage der wärmedynamischen Methode [1]. einer Zwischenmethode der Thermo-Gas-Chromatographie [2] und der Methode der bewegten Säule [3]. Bei der wärmedynamischen Methode bewegt sich das Adsorbens zwar in bezug auf den Ofen, es bestehen jedoch drei wesentliche Unterschiede zur Methode der bewegten Säule: Im Ofen wird ein entsprechender Temperaturgraduent geschaffen; der Ofen bewegt sich längs des Adsorbens, wodurch unzählige Schwierigkeiten, die mit dem Entzug des Adsorbenten zusammenhängen, umgangen werden; des weiteren wird die Probe an einer bestimmten Stelle der Säule bei festgelegter Temperatur zugegeben, wodurch in bestimmten Zeitabständen periodisch die mittleren Konzentrationen ermittelt werden können. Zum Unterschied zur thermo-gas-chromatographischen Methode wird das Gemisch ununterbrochen in die Säule eingespeist. Die Trennsäule stellt einen nichtgeschlossenen horizontalen Kreis dar, über die sich ununterbrochen ein zylindrischer Elektroofen mit einem Temperaturgraduenten bewegt.

In Abbildung 15.1 ist das Schema einer horizontalen wärmedynamischen Anlage dargestellt[1]; diese besteht aus der horizontalen, mit Silikagel gefüllten Trennsäule (1) mit zwei vertikalen Ableitungen, dem Elektroofen (2), dem Einlaßsystem, einem Dreiwegehahn (3), dem Trockner mit Ätznatron und dem Geschwindigkeitsregler (5). Das Gerät hat zwei Detektoren (6): eine Wärmeleitfähigkeitsmeßzelle und eine Zelle, die auf die Verbrennungswärme anspricht. Im Elektroofen herrscht ein Temperaturgefälle von 50 bis 200° C. Im unteren Teil der Anlage sind zwei Wourren-Motoren eingebaut, die den Ofen mit einer Geschwindigkeit von 90 cm/Min. kreisend bewegen. Der Ofen vollführt in 9 bis 10 Minuten eine Kreisbewe-

[1]) Bei der experimentellen Arbeit unterstützte uns die Laborantin W. W. Naumowa, bei der Konstruktion W. P. Schwarzman.

gung. Das zu analysierende Gemisch strömt in einem Mengenstrom von 120 cm³/Min. ununterbrochen durch die Zuführung *A* in die Adsorptionssäule und von dort in die beiden hintereinander geschalteten Detektoren.

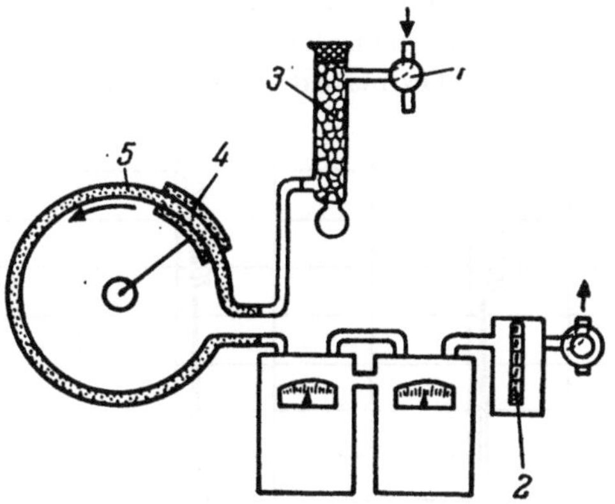

Abb. 15.1. Schema der wärmedynamischen Anlage (horizontale Variante)

Für die Analyse von Kohlenwasserstoff-Gemischen ist der Einsatz beider Detektoren zweckmäßig, weil die Wärmeleitzelle auch bei völliger Trennung der adsorbierten Komponenten die Summe der betreffenden Komponente und dem nicht adsorbierten Methan anzeigt. Schwankender Methangehalt erfordert deshalb eine getrennte Bestimmung von Methan und schweren Kohlenwasserstoffen. Das kann durch entsprechende Temperatur (500° C) des Platindrahtes in der Verbrennungszelle erreicht werden, die dann nur die schweren Kohlenwasserstoffe anzeigt. In vielen Fällen genügt aber auch ein Detektor.

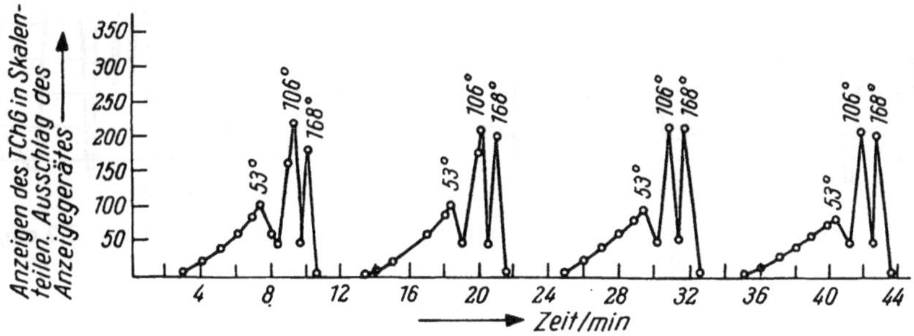

Abb. 15.2. Analyse der Gemische: Äthylen/Propylen/Butylen ($w = 7{,}8$ cm/Min.; $v = 78$ cm/Min.; $h = 0{,}10$; $v' = 120$ ml/Min.)

Der Ofen ist ein Drittel so lang wie die Trennsäule. Wenn sich der Ofen am Säulenende befindet, reichert sich im Anfangsteil der Trennsäule das Gemisch an. Nur Methan geht ununterbrochen durch die Säule und wird von der Wärmeleitzelle registriert. Bei seiner Bewegung konzentriert der Ofen alle im Adsorbens angesammelten und neu hinzukommenden Komponenten in Nähe einer bestimmten

Temperatur und gibt sie in einer bestimmten Reihenfolge an den Detektor ab. Die Konzentration der Komponenten ergibt sich aus den Höhen der Maxima der Elutionskurve auf Grund einer vorher ermittelten Eichkurve. In Abbildung 15.2 und 15.3 sind Elutionskurven der Trennung von Propan/Butan/Isopentan/Hexan/ Äthylen/Propylen/Butylen-Gemischen dargestellt. Auf der Abszisse ist die Zeit in Minuten aufgetragen, auf der Ordinate die Konzentration in Volumenprozenten.

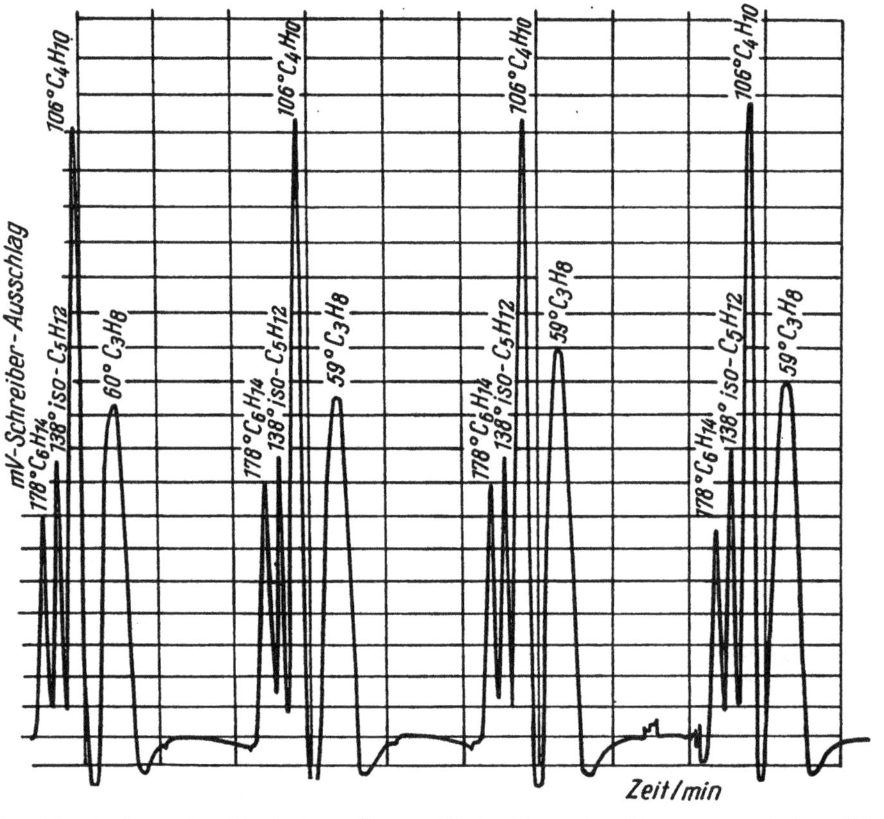

Abb. 15.3. Analyse des Gemisches: Propan/Butan/Isopentan/Hexan ($w = 8{,}7$ cm/Min.; $v = 78$ cm/Min.; $h = 0{,}11$; $v' = 120$ cm/Min.; $T = 185°$ C)

Die Zahlen an den Bergen charakterisieren die Temperatur, bei der die Komponente die Säule verließ. Diese Temperaturen wurden mit einem Thermoelement am Ende der Säule bestimmt.

In der Tabelle sind die gut übereinstimmenden Ergebnisse einiger Versuchsreihen, Temperaturen und prozentualer Gehalt der Komponenten dargestellt. Die Austrittstemperatur, die qualitative Charakteristik der Komponenten ist gut reproduzierbar. Die Empfindlichkeit der wärmedynamischen Anlage für schwere Kohlenwasserstoffe ist 0,001%, der relative Fehler beträgt ungefähr 8%. Die horizontale wärmedynamische Anlage wurde vorwiegend zur Bestimmung kleiner Kohlenwasserstoffkonzentrationen in der Luft bei der Erdöl-Gas-Karrotage verwendet. Für jede konkrete Anwendung dieser Methode müssen rationelle Versuchsbedingungen und Detektoren ermittelt werden.

Trennung von Propan/Butan/Isopentan/Hexan-Gemischen

Nr. der Versuchsreihe	Propan		Butan		Isopentan		Hexan		Versuchsbedingungen
	C_{max} %	T_{max}	C_{max} %	T_{max}	C_{max} %	T_{max}	C_{max} %	T_{max}	
III	0,241	54	0,080	97	0,080	134	0,079	180	Bewegungsgeschwindigk. d. Ofen
IV	0,241	54	0,086	97	0,087	134	0,070	180	$w = 6{,}7$ cm/Min.
V	0,253	54	0,083	98	0,080	134	0,070	180	Gasdurchlaufgeschwindk.
VI	0,265	54	0,080	98	0,081	134	0,070	180	$v = 87$ cm/Min.
VII	0,265	54	0,080	98	0,080	135	0,075	180	$T_{max} = 190°$ C
III	0,145	60	0,051	106	0,021	147	0,015	200	$w = 8{,}7$ cm/Min.
IV	0,145	60	0,050	106	0,021	147	0,015	200	$v = 78$ cm/Min.
V	0,140	60	0,051	106	0,021	147	0,016	200	$\eta = w/v = 0{,}11$
VI	0,140	60	0,051	106	0,021	147	0,016	200	$v = 120$ cm³/Min. (Vol.-Geschw. d. durchl. Gases
VII	0,140	60	0,052	106	0,022	147	0,017	200	$T_{max} = 210°$ C

LITERATURVERZEICHNIS

[1] Shuchowitzki, A. A., Turkeltaub, N. M., Georgiewskaja, T. W., DAN SSSR, **92**, 987 (1953).

[2] Shuchowitzki, A. A., Solotarjewa, O. W., Sokolow, W. A., Turkeltaub, N. M., DAN SSSR, **77**, 3 (1951).

[3] Berg, C., Trans. Amer. Inst. chem. Engr., **42**, 665 (1946).

Gas-Chromatographie-Geräte für die Betriebsanalyse von Gasgemischen

Von A. A. Dazkewitsch, A. A. Shuchowitzki und N. M. Turkeltaub, Moskau

Die Anwendung des thermischen Faktors bei der Adsorptions- und Verteilungs-Gas-Chromatographie ermöglicht:

a) Verkürzung der Analysenzeit;
b) Erhöhung der Trennfähigkeit;
c) Durchführung von Gemischanalysen breiter Zusammensetzung in einem Cyclus, was die isotherme Gas-Chromatographie nicht ermöglicht;
d) Erhöhung der Empfindlichkeit und Bestimmung geringer Spuren.

Von WNIGWI-KBAT wurden Schemata für die stationäre und nichtstationäre Thermo-Gas-Chromatographie, für die Trennung mit Adsorptions- oder Verteilungssäulen bzw. mit einer Kombination beider aufgestellt. Voraussetzung ist die Konstruktion von Geräten für die Industrie, die eine kontinuierliche Analysendurchführung ermöglichen.

Das erste industrielle Gerät ist der automatische Chromatograph ChT-2.

Gearbeitet mit diesem Gas-Chromatographen wurde im *Moskauer Erdölverarbeitungswerk, im Moskauer Werk für verflüssigte Gase*, im *Nishnewolgoneftegeofisika* (Saratow) und im *Krasnodarneftegeofisika* (Krasnodar).

Der Gas-Chromatograph ChT-2 ist zur Analyse folgender Produkte geeignet:

a) des oberen Produktes der Äthansäule (Wasserstoff, Methan, Äthan, Äthylen mit Beimischungen von Kohlenmonoxyd und schweren Kohlenwasserstoffen);
b) des oberen Produktes der Propansäule (Äthan, Äthylen, Propan, Propylen mit C_4-Spuren);
c) des oberen Produktes der Butansäule (Propan, Propylen, Isobutan, Butan und Isobutylen, cis-Butylen, trans-Butylen, Isopentan, Pentan und Pentene); die Analyse wurde mit Zusatzsäule durchgeführt;
d) der Zusammensetzung natürlicher Gase (Wasserstoff und gesättigte Kohlenwasserstoffe bis einschließlich C_7).

Zur Zeit liegen bereits Konstruktionen neuer, verbesserter Modelle des Gerätes ChT-3 vor.

Dieses Gerät basiert auf gleichzeitiger Anwendung der Verteilungs-, Adsorptions- und Thermo-Gas-Chromatographie. Das Gerät ist völlig automatisiert. Als Detektor wird je nach den Erfordernissen eine Wärmeleitfähigkeit- oder eine Verbrennungswärme-Meßzelle eingeschaltet. Als Registrator verwendet man ein besonderes Potentiometer mit logarithmischer Skala und integrierendem Kanal, wodurch auf einer Bandbreite Komponenten mit einer Konzentration von 1:500 mit beachtlicher Ablesegenauigkeit registriert werden können.

Der analytische Teil des Gas-Chromatographen ChT-3 (ohne die automatische Anlage) wurde im Moskauer Erdölverarbeitungswerk geprüft. Diese gestattet schnelle und genaue Analysen aller Kohlenwasserstoffgemische bis einschließlich C_5.

Zur Zeit wird im Werk *Mosneftekip Mosoblsownarchosa* mit der Serienproduktion der Thermo-Gas-Chromatographen ChT-2 begonnen.

Chromatographisches Universalgerät für die Analyse komplizierter Gasgemische

Von N. M. Turkeltaub und A. A. Shuchowitzki, Moskau[1])

In diesem Artikel wird ein Gerät für die Analyse von Gasen beschrieben, das unter gleichzeitiger Anwendung dreier Varianten der chromatographischen Analyse arbeitet: der Thermo-Gas-Chromatographie [1], der Verteilungs- [2] und der entwickelnden Adsorptions-Gas-Chromatographie [3—6]. Die Anwendung des thermischen Faktors ermöglicht auf einem Adsorbens die Trennung von Stoffen, die sich in ihren Adsorbierbarkeiten stark unterscheiden. Dabei werden die Wahl des Temperaturfeldes in der Trennsäule und der Charakter seiner Änderung in der Zeit und der Länge von der gestellten Aufgabe abhängig sein. In der *stationären* Thermo-Gas-Chromatographie wird das Temperaturfeld mit einem beweglichen Elektroofen mit festgelegten Temperaturgraduenten geschaffen. Ofenbewegung und Temperaturabfall des Feldes erfolgen in Strömungsrichtung des Schleppgases. Das führt dazu, daß die Komponenten nacheinander in konstanter Ordnung aus der Trennsäule austreten. Jede Komponente bewegt sich bei einer bestimmten charakteristischen Temperatur und tritt bei dieser am Säulenende aus. Das ermöglicht die qualitative Analyse der Gemische und erleichtert die Interpretation der Elutionskurven. Der Effekt der Zonenverengung ist charakteristisch für diese Methode und gestattet, einen Stoff mit nur sehr kleiner Konzentration zu bestimmen.

Die Vorzüge der Methode beruhen auf der Bewegung des Temperaturgraduenten. Die Zonenverengung des Adsorbats wird durch den Geschwindigkeitsgraduenten über die gesamte Zonenbreite Δ bestimmt, da der abschließende Rand sich schneller bewegt als die Vorderfront. Durch Differenzieren der Gleichung $w = \frac{v}{G}$ nach der Länge x, wenn v die lineare Strömungsgeschwindigkeit und G der Adsorptionskoeffizient ist, erhalten wir:

$$\frac{dw}{dx} = \frac{v/G}{dx} .$$

---

[1]) An der experimentellen Arbeit waren beteiligt: O. N. Injuschkina und A. I. Karymowa, an der Konstruktion des Gerätes: W. P. Schwarzman und S. K. Kosior.

Die zeitliche Änderung von Δ wird durch den Unterschied der Geschwindigkeiten der Zonengrenzen bestimmt:

$$\frac{d \ln \Delta}{dt} = -\frac{v}{G^2} = \frac{dG}{dx}. \tag{1}$$

Zur Bestimmung der Geschwindigkeit der Zonenverengung muß man das Gesetz der Veränderung des Adsorptionskoeffizienten mit der Temperatur kennen.

Bekanntlich ist $g = \Delta G$, wobei g die Menge des angewendeten Stoffes ist (wir vernachlässigen dabei die Gasphase). Auf Grund der Gleichung (1) erhalten wir unter Berücksichtigung, daß $\frac{dg}{dt} = 0$ ist:

$$\frac{d \ln c}{dt} = \frac{v}{G^2} \cdot \frac{dG}{dx} - \frac{1}{G} \cdot \frac{dG}{dt}. \tag{2}$$

In der Gleichung (2) sind bei unbewegtem Ofen die Summanden einander gleich. Bei unbewegtem Ofen verändert sich der Adsorptionskoeffizient auf Grund der Bewegung der Adsorbatzonen nur mit der Zeit.

Folglich ist:

$$\frac{\partial G}{\partial t} = \frac{\partial G}{\partial x} \cdot \frac{\partial x}{\partial t} \quad \text{und} \quad \frac{\partial x}{\partial t} = \frac{v}{G};$$

daraus ergibt sich, daß

$$\frac{\partial G}{\partial t} = \frac{v}{G} \cdot \frac{\partial G}{\partial x}$$

ist.

Wir sehen, daß bei beliebiger Verteilung des Temperaturfeldes im Ofen bei unbewegtem Ofen $\frac{d \ln c}{dt} = 0$ ist, d. h., die Konzentration verändert sich nicht. Nur die Bewegung des Temperaturfeldes kann die Stoffkonzentration im Schleppgas erhöhen.

Die nichtisotherme Gas-Chromatographie ermöglicht jedoch nicht immer optimale Trennungsbedingungen zum Beispiel für niedrigsiedende Gase. Deshalb ist es zweckmäßig, eine Umstellung auf Thermo-Gas-Chromatographie vorzusehen. Thermo-Gas-Chromatographie auf Basis der Entwicklungsmethode ermöglicht bei Zimmertemperatur die Trennung niedrigsiedender Gase auf Aktivkohle, weil sie lineare Isothermen aufweist. Für die Trennung von Stoffen mit sehr ähnlichen Adsorptionscharakteristika, die sich aber in ihrer Löslichkeit in Flüssigkeiten sehr unterscheiden, wird zweckmäßig der Adsorbenssäule noch eine zweite Trennsäule mit Diatomit, das mit einem Film der entsprechenden Trennflüssigkeit überdeckt ist, vorgeschaltet.

Bei genügendem Unterschied in der Löslichkeit und bei wenig Komponenten kann man sich auf eine einfache Variante der Verteilungs-Gas-Chromatographie, auf die nichtisotherme Entwicklungsmethode beschränken.

In Abbildung 17.1 ist das Schema eines Universal-Gas-Chromatographen dargestellt.

Er besteht aus dem Rheometer (1), dem Trockner mit $CaCl_2$ und dem Adsorber für Kohlendioxyd (3), der Mikrobürette (4), der horizontalen Adsorptionssäule (5), in Form eines nicht geschlossenen Ringes und mit 3,65 g ASK-Silikagel von 0,2 bis 0,5 mm Körnung gefüllt. Das Silikagel wird von H_2SO_4, HCl und Fe_2O_3 gereinigt. Zur Vermeidung der Polymerisation des Isobutylens und Divinyls wird zum Silikagel 0,5 bis 1 Gew.-% Ätzkali hinzugefügt. Die Schlangensäule (6) ist mit einem Gemisch von 87,4 g Diatomit und 26,2 g Dibutylphthalat gefüllt. Die Säule (7) enthält 8 g Aktivkohle AG. Beide Säulen werden durch einen Elektroofen temperiert, wodurch die Temperatur der Säulen geregelt werden kann. Über die

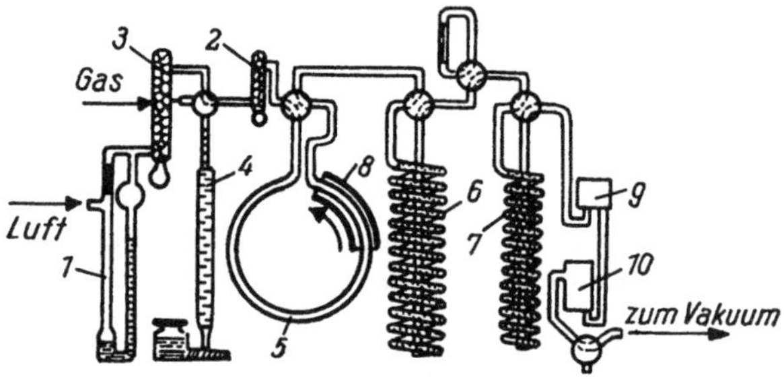

Abb. 17.1. Gasschema des Universal-Thermo-Gas-Chromatographie-Gerätes

Säule (5) bewegt sich der Elektroofen (8) mit einem Temperaturgraduenten. Ein Hahnsystem lenkt den Gasstrom in die gewünschte Säule. Zur Konzentrationsbestimmung hinter der Adsorptionssäule dienen zwei Detektoren (9) und (10), die auf der Wärmeleitfähigkeit der Gase für hohe Konzentrationen und auf der Verbrennungswärme für geringe Konzentrationen basieren. Angezeigt werden die Werte automatisch mit dem Kompensationsbandschreiber EPP-09 auf einer 10 mV-Skala.

Am unteren Teil des Gerätes befindet sich eine Vorrichtung, durch die ein Motor den Ofen mit einer Geschwindigkeit von 6 bis 10 cm/Sek. bewegt.

Die Analyse mit diesem Gerät geht in folgender Reihenfolge vor sich: Das Volumen des zu analysierenden Gemisches wird in der Bürette mit einer Genauigkeit von $\pm$ 0,05 cm^3 gemessen und 4 bis 25 cm^3 werden in die mit Silikagel gefüllte Säule geschickt. Zur Entwicklung dienen gereinigter Stickstoff oder Luft bei 11 bis 25 ml/Min. Gasdurchfluß. Gleichzeitig wird der Elektroofen für eine maximale Temperatur von 126° C und eine Bewegungsgeschwindigkeit von 2,52 cm/Min. eingeschaltet. Niedrigsiedende Gase, wie Wasserstoff, Kohlenmonoxyd, Methan und Äthan, wandern mit einer größeren Geschwindigkeit als der Ofen, schwere Kohlenwasserstoffe mit der gleichen Geschwindigkeit. Nach der Säule mit Silikagel wird das Gas in die Schlangensäule mit Diatomit und danach in die Säule mit Aktivkohle geleitet.

Die Versuchsbedingungen werden so gewählt, daß das Gemisch Wasserstoff, Kohlenmonoxyd und Methan aus der Säule mit Silikagel austritt, bevor Äthan das Ende der Säule erreicht hat. Fehlt im Gasgemisch Wasserstoff, so wird die Säule mit Aktivkohle abgeschaltet und das Schleppgas von der Diatomit-Säule direkt in den Detektor geleitet. Bei diesem Gerät kann jede Trennsäule einzeln benutzt werden, zum Beispiel genügt zur Analyse von Butan- und Pentanfraktionen eine Säule mit Diatomit und für die Analyse gesättigter und ungesättigter Kohlenwasserstoffe die Säule mit Silikagel. Für die Analyse geringer Konzentrationen schwerer Kohlenwasserstoffe muß viel Gas eingeführt werden (Größenordnung: 50 bis 200 cm³). Hierbei kann die Gasmenge mit einer Genauigkeit bis zu 0,001% bestimmt werden.

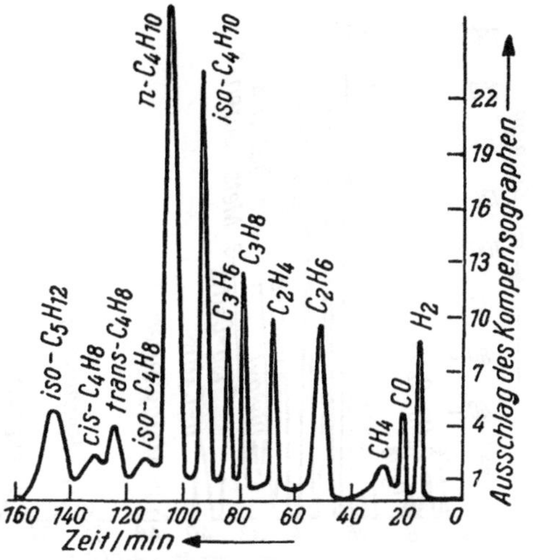

Abb. 17.2. Elutionskurve eines vielkomponentigen Gemisches von Kohlenwasserstoffen

Der Gehalt einzelner Komponenten im Gemisch kann durch Abmessen der Berghöhen oder durch Integrieren aus der Elutionskurve bestimmt werden. Vorher müssen die Eichfaktoren an einem Modellgemisch bekannter Zusammensetzung ermittelt werden.

Das Gerät eignet sich zum Bestimmen des Gehalts an Wasserstoff, Kohlenmonoxyd, Methan, Äthan, Äthylen, Propan, Propylen, Isobutan, Butan, Isobutylen, trans-Butylen-2, cis-Butylen-2, Isopentan, Pentenen, Divinyl, Hexan, Heptan und Oktan.

In Abbildung 17.2 ist die Elutionskurve der Trennung eines vielkomponentigen Gemisches dargestellt, die gute Trennergebnisse zeigt. Mit drei Trennsäulen gelingt es, ein Gemisch aus niedrig- und hochsiedenden Gasen und isomeren C_4- und C_5-Kohlenwasserstoffen zu trennen. Auf Diatomit werden die Isomeren von Butan und Butylen getrennt, gesättigte und ungesättigte Kohlenwasserstoffe und niedrigsiedende Gase lassen sich jedoch schlecht trennen. Auf Silikagel trennen sich gesättigte Kohlenwasserstoffe von den entsprechenden ungesättigten gut ab. Verschiedentlich verwendet man für die Trennung der Isomeren von Butan und Pentan statt Silikagel Alumogel.

Abbildung 17.3 zeigt die Elutionskurve der Trennung eines komplizierten Gemisches in zwei Säulen, die mit Alumogel und mit Dibutylphthalat getränktem

Diatomit gefüllt waren. Die Anwendung des Universalgerätes mit allen drei Säulen wird in Tabelle 1 angeführt. In Tabelle 2 sind die Ergebnisse zusammengestellt, die bei Anwendung von nur einer Säule, entweder mit Silikagel oder mit Aktivkohle gefüllt, erzielt wurden. Der Fehler überstieg mit Ausnahme der Abweichung bei schwer zu trennenden Gasen nicht 3—5%. Die große Trennfähigkeit des Gerätes wurde durch die Kontrolle der Fraktionsreinheit im Massenspektro-

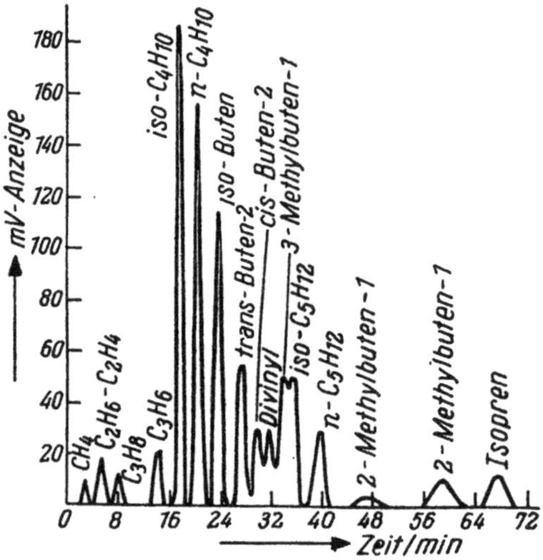

Abb. 17.3. Elutionskurve für die Trennung eines Kohlenwasserstoff-Gemisches, gewonnen in zwei Trennsäulen

meter MS-21 bestätigt. Die Empfindlichkeit der Analyse beträgt 0,02%, für schwere Kohlenwasserstoffe kann sie bei Einsatz von 100 bis 200 cm³ Gas leicht auf 0,001% erhöht werden. An Stelle der Detektoren ist das mit einer KOH-Lö-

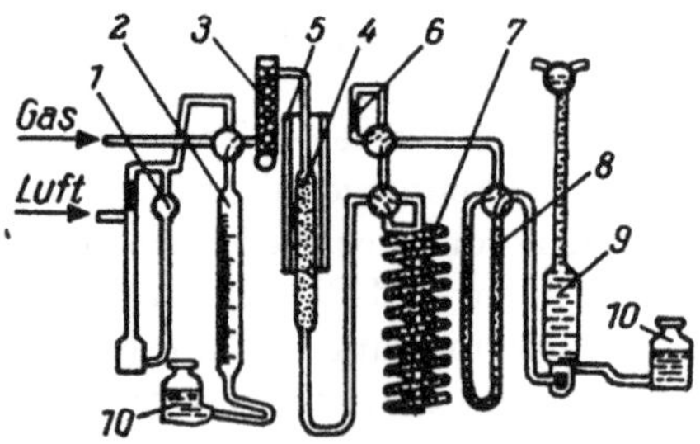

Abb. 17.4. Gasschema des Universal-Thermo-Gas-Chromatographie-Gerätes mit Volumenmessung

1) Rheometer; 2) Bürette; 3) Trockner mit $CaCl_2$; 4) Säule mit Silikagel; 5) Ofen; 6) Widerstand; 7) Säule mit Diatomit; 8) Säule mit Aktivkohle; 9) Azotometer mit KOH; 10) Ausgleichsgefäß

sung gefüllte Azotometer [6—8] anwendbar (Abb. 17.4). Als Schleppgas nimmt man dann Kohlendioxyd, das vom Alkali in der Bürette völlig absorbiert wird, so daß

TABELLE 1

Analysenergebnisse (in Vol-%) bei Einsatz von drei Trennsäulen
(lineare Schleppgasgeschwindigkeit $v = 55$ cm/Min., Ofengeschwindigkeit $w = 2{,}52$ cm/Min, $w/v = \eta = 0{,}046$)

H_2	CO	CH_4	C_2H_6	C_2H_4	C_3H_6	C_3H_8	i—C_4H_{10}	n—C_4H_{10}
33,30	32,30	33,30	13,30	13,30	13,30	13,30	13,30	13,30
33,45	32,54	33,30	11,88	12,30	13,62	13,24	12,91	13,13
16,65	16,15	16,65	6,65	6,65	6,65	6,65	6,65	6,65
16,79	16,89	16,03	6,69	6,50	6,51	6,86	6,65	6,37
8,32	—	—	3,33	3,33	3,33	3,33	3,33	3,33
8,18	—	—	3,33	3,33	3,45	3,45	3,39	3,21

TABELLE 2

Analysenergebnisse mit dem Universalgerät bei Anwendung von nur einer Säule: (V_t = Rückhaltevolumen in cm³, c = Anzeige des EPP-09 Kompensographen in Skalenteilen)

Komponente	1		2		3		4		Mittelwert aus 4 Analysen	
	V_t	c	V_t	c	V_t	c	V_t	c	V_t	c
Silikagel ASM; Ofengeschwindigkeit 6 cm/Min.; lineare Schleppgasgeschwindigkeit 200 cm/Min.										
CH_4	86	17,5	86	18,0	86	17,5	102	17,5	90	17,6
C_2H_6	506	15,5	506	16,0	582	16,0	666	16,0	565	15,9
C_2H_4	1566	5,5	1566	6,0	1626	6,0	1606	6,5	1591	6,0
C_3H_8	2506	51,5	2506	52,5	2506	52,5	2436	53,0	2501	52,4
C_4H_{10}	2726	63,0	2716	63,0	2716	63,5	2716	65,0	2718,5	63,6
i—C_5H_{12}	2946	14,5	2946	15,0	2946	15,0	2926	15,5	2941	15,0
Aktivkohle AG; lineare Schleppgasgeschwindigkeit 55 cm/Min.										
H_2	29,3	113	30,2	112	30,2	110	30,2	112	29,9	111,7
CO	74,3	29,3	73,4	28,8	73,4	28,8	72,5	31,0	73,4	29,4
CH_4	249,4	4,4	250,3	4,4	250,3	4,4	248,5	4,4	249,6	4,4

das Volumen jeder Komponente, die aus den chromatographischen Säulen austritt, direkt in der Bürette gemessen werden kann.

Die Empfindlichkeit der Analyse beträgt in diesem Falle 0,3%; mit diesem Gerät können Komponenten, die sich bei Zimmertemperatur kondensieren, nicht bestimmt werden. Die Analysendauer beträgt 1,5 bis 2 Stunden.

LITERATURVERZEICHNIS

[1] SHUCHOWITZKI, A. A., SOLOTARJEWA, O. W., SOKOLOW, W. A. u. a., DAN SSSR, **77**, 435 (1951).
[2] JAMES, A. T., MARTIN, A. J. P., Biochem. J., **50**, 679 (1952).
[3] TURKELTAUB, N. M., Shurnal Analititschesskoi Chimii, **5**, 100 (1950).
[4] TURKELTAUB, N. M., SOLOTARJEWA, O. W., LATUCHOWA, A. G. u. a., Shurnal Analititschesskoi Chimii, **11**, 159 (1956).
[5] RAY, N. M., J. appl. Chem., **4**, 21, 82 (1954).
[6] JANÁK, J., Chem. Listy, **47**, 817, 837 (1953) und JANÁK, J., Sborník Českoslov. chim. rabot., **19**, 684 (1954).
[7] WJACHIREW, D. A., BRUCK, A. J. und GUGLINA, S. A., DAN SSSR, **90**, 577 (1953).
[8] TURKELTAUB, N. M., Trudy komissij po chromatografii. Isdat. AN SSSR, **6**, 146 (1955).

Chromatographische Schnellanalyse von Kohlenwasserstoffgemischen

Von A. J. Tarasow, A. W. Kudrjawzewa, A. W. Jogansen und N. J. Lulowa, Moskau

Die Trennung von C_4-Kohlenwasserstoffen, besonders von Isobuten und Buten-1, ist schwierig. Gewöhnlich wird sie bei niedriger Temperatur (0° C) mit sehr langen Säulen und schwer erhältlichen Materialien durchgeführt (Dimethylsulfolan oder Dimethylformamid auf inerten Trägern wie *Johns-Mansville C-22*, *Sterchamol*) und verlangt eine lange Analysendauer. Wir fanden einen neuen Träger für die Trennsäulen, auf dem bei konstanter Temperatur von etwa 20 bis 40° C innerhalb von 40 bis 20 Minuten gesättigte und ungesättigte Kohlenwasserstoffe C_1—C_5 außer Äthan, Äthylen (Penten-1 und 2-Methyl-Buten-1) getrennt werden. Propan, Propylen, Butan, Isobutan und die vier Isomeren des Butens werden in 20 Minuten bei 20° C und in 11 Minuten bei 40° C in einer 6 m langen Säule getrennt.

Als Trägermaterial für die Trennflüssigkeit dienen die *Termoisoljazija*-Ziegel des Aprelewschen Werkes. Als Trennflüssigkeit nimmt man Vaselinöl, als Schleppgas Stickstoff oder Wasserstoff.

Diese leicht herzustellende und billige Säulenfüllung zeichnet sich durch hohe Stabilität aus, was ein großer Vorzug für die Verwendung in Laboratorien und besonders in der Industrie zur Kontrolle der Zusammensetzung industrieller Gase ist.

Um leicht beschaffbares Material als inerten Träger für die Verteilungs-Gas-Chromatographie zu gewinnen, fanden Vergleichsuntersuchungen an einer Reihe inländischer Diatomitmaterialien mit den im Ausland in der Praxis angewandten Diatomitziegeln *C-22* und *Sterchamol* statt.

Besondere Aufmerksamkeit wurde auf die Adsorption gesättigter und ungesättigter C_1—C_5-Kohlenwasserstoffe auf trockenem Träger, auf die Menge der Trennflüssigkeit und die Trennwirkung der damit gefüllten Säulen gerichtet.

Die Ergebnisse erlauben es, die *Diatomitziegel der Marke 500* des Insenskers Werkes als inerten Träger zu empfehlen, an Stelle der oben angeführten ausländischen Muster. Die *Diatomitziegel der Marke 600—800* des Aprelewsker Werkes sind für die gleichen Zwecke ungeeignet, werden aber als Adsorbens Verwendung finden.

Massenspektrometrische Prüfung des Trennvermögens von Thermo-Gas-Chromatographen

Von N. M. TURKELTAUB und L. J. ABRAMOWITSCH, Moskau

Die Thermo-Gas-Chromatographen [1] finden bei den Gasanalysen in der Industrie und bei wissenschaftlichen Forschungsarbeiten eine breite Anwendung. Im Zusammenhang damit ist es wichtig, nach einer unabhängigen Methode die Reinheit der Fraktionen zu bestimmen, die aus den Gasgemischen thermo-gas-chromatographisch abgetrennt werden. Für diesen Zweck haben wir die Massenspektroskopie gewählt, da sie sehr empfindlich ist.

Dieser Artikel zeigt, welcher Fraktionsreinheitsgrad laut Massenspektrometer MS-2 von thermo-gas-chromatographischen Geräten (Thermo-Gas-Chromatograph Nr. 4 und Nr. 5 und thermo-gas-chromatographisches Universalgerät) bei der Trennung von Gasgemischen erreicht wurde.[1])

Im Thermo-Gas-Chromatograph Nr. 5 [2, 3] dient Luft als Schleppgas. Die Stoffkonzentration hinter der Trennsäule wird ununterbrochen mit einer Wärmeleitfähigkeitsmeßzelle festgestellt. Im Thermo-Gas-Chromatographen Nr. 4 [3] dient Kohlendioxyd als Schleppgas. Die Mengen der adsorbierten Stoffe werden visuell im Azotometer gemessen, das mit 40%iger Kalilauge gefüllt ist.

Das thermo-gas-chromatographische Universalgerät [4] erlaubt die gleichzeitige Anwendung der Thermo-Gas-Chromatographie, der Verteilungs- und Adsorptions-Gas-Chromatographie nach der Entwicklungsmethode. Als Schleppgas dient Luft, als Detektor eine Wärmeleitfähigkeitsmeßzelle oder eine Meßzelle für die Verbrennungswärme. Ungesättigte Kohlenwasserstoffe erhielt man durch Dehydrierung der dreifach destillierten entsprechenden Alkohole auf aktiven Aluminiumoxyd bei 360 bis 400° C.

Gesättigte Kohlenwasserstoffe wurden durch Hydrierung ungesättigter Kohlenwasserstoffe auf Nickelkatalysatoren gewonnen und die so erhaltenen Gase vom Kohlendioxyd gereinigt.

Die Methodik der Untersuchung besteht in folgendem: Eine bestimmte Gemischmenge von entsprechender Zusammensetzung wurde in die Adsorptionssäule eingeführt und die Trennung durch gleichzeitige Wirkung des Schleppgas-

[1]) An der experimentellen Arbeit waren J. I. BARANOWA, L. E. PALZEWA, N. I. FOMITSCHEWA und O. N. INJUSCHKINA beteiligt.

stromes und des bewegten Ofens erreicht. Nach Bestimmung der Durchbruchszeit bzw. der Rückhaltevolumina einzelner Komponenten bei Standardversuchsbedingungen wurden über einen Dreiweghahn die einzelnen Fraktionen aus dem Thermo-Gas-Chromatographen entnommen und im Massenspektrometer auf Reinheit analysiert. Getrennt wurden im Thermo-Gas-Chromatographen Nr. 5 die Gemische A (Äthan/Distickstoffoxyd/Propan) und B (Methan/Äthan/Äthylen/Propan/Propylen/Butan/Butylen). Das Gemisch C (Methan/Äthan/Propan/Butan) und ebenso natürliches Erdgas wurden im Thermo-Gas-Chromatographen

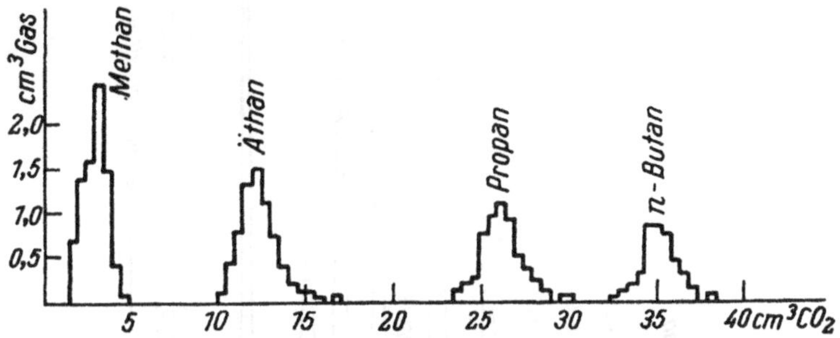

Abb. 19.1. Elutionskurve für die Gemischtrennung von Kohlenwasserstoffen mit dem Thermo-Gas-Chromatographie-Gerät Nr. 4

Nr. 4, das Gemisch D (Methan/Äthan/Äthylen/Propan/Propylen/Isobutan/n-Butan/Isobutylen/trans-Butylen/cis-Butylen/Isopentan) im thermo-gas-chromatographischen Universalgerät getrennt.

Abbildung 19.1 illustriert die Trennung von Methan/Äthan/Propan/Butan.

In Abbildung 19.2 ist die Elutionskurve der Trennung von Methan/Äthan/Äthylen/Propan/Propylen/Isobutan/n-Butan/Isobutylen/trans-Butylen/cis-Butylen/Isopentan im thermo-gas-chromatographischen Universalgerät dargestellt. Das Vorhandensein zehn diskreter Zonen zeugt von der Vollständigkeit der Trennung dieser Komponenten.

Für den Nachweis der Reinheit der thermo-gas-chromatographisch gewonnenen Gasfraktionen wurde ein inländisches Massenspektrometer der Type MS-2 eingesetzt, das mit einem Einlaßsystem versehen ist und bis zu 0,01 cm³ Gas zu analysieren erlaubt. Die Auflösung im Massenspektrometer wird durch automatische Veränderung des Elektromagnetfeldes bewirkt. Die Ergebnisse des Massenspektrometers wurden vom Kompensationsbandschreiber EPP-09 aufgezeichnet. Zur Überprüfung des Massenspektrometers wurden mehrfach die Massenspektren von Eichsubstanzen aufgenommen. Die Schwankungen in der Empfindlichkeit des Massenspektrometers, bezogen auf einige Berge von Propan und Isobutan, sind in den Tabellen 1 und 2 angegeben.

Die Fraktionszusammensetzung wurde nach der von Washburn u. a. vorgeschlagenen Methode [5, 6] geprüft. Zur Erhöhung der Empfindlichkeit wurde der

Gehalt an Beimischungen nach den Bergen bestimmt, auf die das Hauptgas keinen oder nur einen geringen, die Beimischung aber einen großen Einfluß ausübt. Der Berg der Masse 28 wurde auf Grund des hohen Wertes im Fond des Geräte-Spektrums in die Berechnungen nicht mit einbezogen.

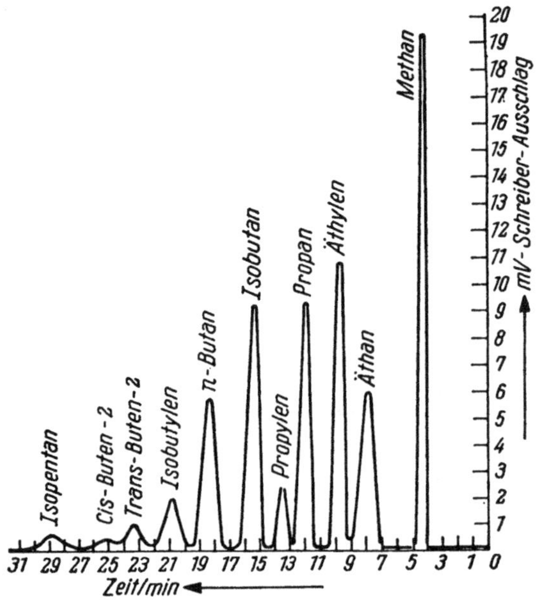

Abb. 19.2. Elutionskurve für die Gemischtrennung von Kohlenwasserstoffen im thermo-gas-chromatographischen Universalgerät

TABELLE 1

Massenspektren vom Eichgas Propan[1])

Druck im Einlaß-system (Torr)	Aufgezeichnete Linien 1.	2.	3.	4.	5.	6.	7.	Mittelwert	Maximaler Fehler absolut %	Maximaler Fehler relativ %
	0,74	0,48	0,69	0,34	0,46	0,69	1,38			
Empfindlichkeit in Skalenteilen	5330	5620	5700	5550	5510	5710	6040	5640		7,1
Massen	in % von den Bergen der Masse 44									
26	33,7	34,5	34,0	34,6	33,9	33,7	32,7	33,9	1,2	3,5
27	141	143	140	141	139	138	142	140	3	2,1
30	7,9	8,7	9,5	9,6	9,6	7,2	9,58	8,8	1,6	18,2
39	71,8	71,2	70,1	69,2	68,6	67,9	67,9	69,5	2,3	3,3
41	49,2	49,1	48,4	48,7	47,6	48,7	48,5	48,6	1,0	2,1
42	21,6	22	20,6	21,7	21,3	21	21	21,3	0,7	3,3
43	88,7	87,8	88,7	88,0	88,0	87,8	88,1	88,1	0,6	0,7

[1]) Alle Massenspektren wurden im Verlauf eines Arbeitstages aufgenommen.

TABELLE 2

Massenspektren von Isobutan als Eichgas[1])

Druck im Einlaß-system (Torr)	Aufgezeichnete Linien									Maximaler Fehler absolut %	Maximaler Fehler relativ %
	1.	2.	3.	4.	5.	6.	7.	8.	Mittelwert		
Empfindlichkeit in Skalenteilen	0,34	0,45	0,68	1,36	0,31	0,41	0,61	1,22			
	744	739	723	735	756	716	723	740	735	—	2,86
Massen	in % vom Berg der Massen 58										
26	91	90	93	87,5	92,6	92,8	86	88	90	4	4,4
27	930	953	980	929	940	963	930	935	945	35	3,7
30	5,1	5,0	6,1	5,2	5,2	5,5	5,4	5,2	5,3	0,8	15,0
39	810	829	837	799	830	820	817	794	817	23	2,8
41	1700	1740	1770	—	1700	1720	1700	—	1720	50	2,9
42	1180	1260	1290	1240	1210	1240	1240	1230	1240	60	4,8
43	3930	4020	—	—	3980	4040	—	—	3990	60	1,5
56	24,0	24,0	23,2	21,2	23,0	22,0	21,0	20,0	22,3	2,3	10,3
57	130	130	132	131	130	130	129	129	130	2	1,5

[1]) Alle Massenspektren wurden im Verlauf eines Arbeitstages aufgenommen.

TABELLE 3

Analyse der mit dem Thermo-Gas-Chromatographen Nr. 4 getrennten Fraktionen

Ausgangsgemisch	Bezeichnung der Fraktion	Zusammensetzung der Fraktionen in %					
		$i—C_4H_{10}$	$n—C_4H_{10}$	C_3H_8	C_3H_6	C_2H_6	C_2H_4
C	Äthan					91,1	0,9
	Propan			99,9	1,0		
Natürliches Gas aus dem	Äthan					99,9	0,1
Bohrloch Nr.23 (Mucha-	Propan			99,9	0,1		
nowo)							
Natürliches Gas aus dem	Äthan			100		99,9	0,1
Bohrloch Nr. 67 (Mucha-	Propan						
nowo)	Butan	8,9	90,1		1,0		

Als Beispiel führen wir an, von welchen Massen die Berge für die Bestimmung der Beimischungen in den Butanfraktionen angewandt wurden: Isobutanbeimischungen wurden aus den Gleichungssystemen bestimmt, die sich aus den Bergen der Massen 57 und 58 ergeben; Butylenbeimischungen nach dem Rest des Berges der Masse 56; Propanbeimischungen nach dem Rest des Berges der Masse 44; Propylenbeimischungen nach dem Rest des Berges 42; Äthanbeimischungen nach dem Rest des Berges 30 und Äthylenbeimischungen nach dem Rest des Berges 26. Wegen des geringen Unterschieds der Eichspektren gelang keine getrennte Berechnung für trans-Butylen und cis-Butylen.

Tabelle 3 bringt Ergebnisse der Fraktionsanalysen des Thermo-Gas-Chromatographen Nr. 4. Wie aus Tabelle 3 hervorgeht, enthalten die Äthan- und Propanfraktionen Beimischungen, deren Größe maximal an der Genauigkeitsgrenze der Bestimmung des Massenspektrometers liegt.

Die einprozentige Beimischung in der Butanfraktion des natürlichen Gases aus dem Bohrloch Nr. 67, Fundstelle Muchanowo (im Thermo-Gas-Chromatographen Nr. 4 wird bei Einsatz von einer Säule mit MSM-Silikagel keine Trennung von n- und iso-Butan erreicht), muß ebenfalls mit der Instabilität der Anzeige des Massenspektrometers erklärt werden, da Butylen im natürlichen Gas nicht enthalten ist. Somit stellt die massenspektrometrische Analyse der vom Thermo-Gas-Chromatograph Nr. 4 abgenommenen Fraktionen praktisch keine Beimischungen in ihnen fest.

Tabelle 4 zeigt die Untersuchungsergebnisse der Fraktionen, die mit dem Thermo-Gas-Chromatographen Nr. 5 getrennt wurden.

TABELLE 4

Analyse der mit dem Thermo-Gas-Chromatographen Nr. 5 getrennten Fraktionen

Ausgangsgemisch	Bezeichnung der Fraktion	Zusammensetzung der Fraktionen in %							
		i—C_4H_{10}	n—C_4H_{10}	C_4H_8	C_3H_8	C_3H_6	C_2H_6	C_2H_4	N_2O
A	Distickstoffoxyd				0,1		3,8		96,1
	Äthylen						0,4	99,6	
	Propan			100					
	Butan		10						
	Butylen		1,9	98,1					
B	Äthan						97,1	2,9	
	Äthylen							100	
	Propan				96,9	0,9		2,2	
	Propylen				0,1	99,0			
	Butan		99,8	0,2					

Aus Tabelle 4 geht hervor, daß die Propan- und Butanfraktionen des Gemisches A keinerlei Beimischungen enthalten. Die Äthylenfraktion enthält 0,4% Äthan. In der Fraktion des Distickstoffoxyds sind 0,1% Propan und 3,8% Äthan enthalten, woraus die Schlußfolgerung gezogen werden kann, daß bei der vorliegenden Säulenlänge die Fraktion 96 bis 97% N_2O enthält.

In der Butylenfraktion wurden 1,9% Butan festgestellt, in der Butanfraktion des Gemisches B 0,2% Butylen, in der Propylenfraktion 1% Propan, in der Äthylenfraktion keine Beimischung. In den Propan- und Äthanfraktionen wurden 2 bis 3% Äthylen festgestellt. Der festgestellte Beimischungsgehalt ist entweder aus der Unvollständigkeit der Trennung oder aus dem Bestimmungsfehler des Massenspektrometers zu erklären. Somit folgt aus Tabelle 4, daß im Thermo-Gas-Chromatographen Nr. 5 praktisch eine vollständige Trennung gesättigter und ungesättigter Kohlenwasserstoffe erreicht wird, da die geringen, im Massenspektrometer festgestellten Beimischungen keine Wirkung auf die Höhe der Berge in den Elutionskurven ausüben.

In Tabelle 5 sind die mit dem Massenspektrometer erhaltenen Analysenergebnisse der Fraktionen zusammengestellt, die mit dem Universalgerät getrennt wurden. Aus dieser Tabelle geht hervor, daß eine praktisch vollkommene Trennung von Propylen, iso-Butan, n-Butan und Butylen möglich ist.

TABELLE 5

Analyse der mit dem thermo-gas-chromatographischen Universalgerät getrennten Fraktionen

Ausgangsgemisch	Bezeichnung der Fraktionen	Zusammensetzung der Fraktionen in %						
		$i—C_4H_{10}$	$n—C_4H_{10}$	C_4H_8	C_3H_8	C_3H_6	C_2H_6	C_2H_4
	Propylen					100		
G	iso-Butan	97,9	0,5		1,6			
	n-Butan		100					
	Butylen			96,7	2,5			0,8

Zusammenfassung

Das Massenspektrometer der Type MS-2 kann mit Erfolg bei der periodischen Überprüfung der Vollständigkeit der thermo-gas-chromatographischen Trennung komplizierter Gemische und ebenso bei der Wahl optimaler Arbeitsbedingungen für thermo-gas-chromatographische Geräte angewandt werden.

Die massenspektrometrische Analyse der bei der Trennung von Gasgemischen mit thermo-gas-chromatographischen Geräten gewonnenen Fraktionen zeigt, daß mit dem Thermo-Gas-Chromatograph Nr. 4 gesättigte und ungesättigte Kohlenwasserstoffe vollständig getrennt werden können; mit dem Thermo-Gas-Chromatographen Nr. 5 ist außerdem die Trennung des Distickstoffoxyds von Kohlenwasserstoffen möglich, im thermo-gas-chromatographischen Universalgerät trennen sich ebenso die Isomeren des Butans.

LITERATURVERZEICHNIS

[1] Shuchowitzki, A. A., Solotarjewm, O. W., Sokolow, W. A. und Turkeltaub, N. M., DAN SSSR, **77**, 435 (1951).

[2] Shuchowitzki, A. A., Turkeltaub, N. M., DAN SSSR, **94**, 77 (1954).

[3] Turkeltaub, N. M., Arbeiten der Komm. der anal. Chemie. Isdat AN SSSR, **6**, 147 (1955).

[4] Turkeltaub, N. M., Shuchowitzki, A. A., Sawodskaja Laboratorija, **23**, 1120 (1957).

[5] Washburn, H. W., Wiley, H. F., Rock, S. M., Ind. Engng. Chem., analyt. Edit., **15**, 541 (1943).

[6] Washburn, H. W., Wiley, H. F., Rock, S. M., Berry, C. E., Ind. Engng. Chem., analyt. Edit., **17**, 74 (1945).

Apparatur zur Messung der Adsorptions- und Desorptionsenergie von gasförmigen an festen Stoffen

Von J. Bobok und Z. Kapišinský, Nováky, ČSSR

Bei jedem Adsorptions- und Desorptionsvorgang gasförmiger und flüssiger Stoffe an festen Adsorptionsmitteln wird Wärme entwickelt oder verbraucht. Dieser Wärmeumsatz hängt vor allem vom Charakter des adsorbierten Stoffes und des verwendeten festen Adsorbenten ab. Die Adsorption stellt in der Regel einen exothermen Vorgang dar. Es ist klar, daß die Menge der freiwerdenden Wärme sich vor allem nach dem ersten thermodynamischen Gesetz richten wird. Der Wärmeeinhalt des Systems hängt weiter von äußeren Bedingungen ab, d. h. von Druck und Temperatur, denn die Werte der Adsorptions- und Desorptionswärmen beziehen sich auf die Bedingungen, unter denen sie gemessen werden.

Für ein gegebenes Adsorptionsmittel gilt die einfache Beziehung, daß die Menge des adsorbierten Stoffes nach Gleichgewichtseinstellung nur von Druck und Temperatur abhängt:

$$a = f(p, T)\,, \tag{1}$$

a = Menge des adsorbierten Stoffes;
p = Gleichgewichtsdruck;
T = Temperatur in °K.

Infolge der Adsorptionskräfte wächst die Konzentration im Adsorptionsvolumen, d. h. in dem Raum, in dem noch Adsorptionskraftfelder bestehen. Für kleine Konzentrationen kann in vereinfachter Form folgende Beziehung abgeleitet werden

$$a = K \cdot c_0 \cdot e^{-\frac{Q}{R \cdot T}}\,. \tag{2}$$

Darin ist K = Adsorptionskonstante;
c_0 = Anfangskonzentration;
Q = Adsorptionswärme.

Aus der Gleichung (2) folgt, daß man unter konstanten Bedingungen in Übereinstimmung mit den thermochemischen Gesetzen die Beziehung

$$a = K \cdot Q$$

ableiten kann, d. h., daß die Menge des adsorbierten oder desorbierten Stoffes der Adsorptions- oder Desorptionswärme direkt proportional ist.

Auf der Grundlage dieser vereinfachten Beziehung können wir durch Messung der Adsorptionswärme die Menge des auf dem festen Adsotptionsmittel adsorbierten Stoffes feststellen.

a) Beschreibung der Apparatur

Die Apparatur besteht im wesentlichen aus einer Thermosäule mit zwei Kammern mit einem Durchmesser von 5 mm und einer Länge von 80 mm. In jede Kammer waren über ihre gesamte Länge von zwei Seiten in Reihe geschaltete Thermoelemente aus Konstantan-Kupfer eingebaut, insgesamt etwa 200. Die Kammern aus Vinidur wurden in einer Vinidurhülle untergebracht und so auf einfache Weise wärmeisoliert. Als Meßgerät verwendeten wir den elektronischen Kompensationsbandschreiber Typ EPP-09, der so eingerichtet ist, daß man bei jedem Wert die Null-Lage einstellen und die Asymmetrie der Thermosäule ausgleichen kann. Mit Hilfe eines von einem Zeitgeber gesteuerten elektromagnetischen Probengeberventils wurde in die Meßkammer eine genau abgemessene Menge der zu analysierenden Komponente eingeführt. Die Adsorptions- und Desorptionsperiode ließ sich in der Meßkammer beliebig einstellen. Ein konstanter Stickstoffgasstrom, der als Schleppgas für die zu analysierende Komponente diente, wurde mit einer geeigneten Kapillare und einem Manostaten hergestellt und beibehalten. Auf gleiche Weise wurden der für die Desorption in der Meßkammer und zum Durchblasen der Ausgleichskammer benötigte Stickstoffstrom wie auch die Temperatur des verwendeten Stickstoffs und der Thermosäule mit einem Thermostaten konstant gehalten.

Bei der eigentlichen Messung wird der Ausgleichskammer eine konstante Stickstoffmenge zugeführt, mit einem Gegenpotential am Schreiber die Null-Lage eingestellt und danach das vom Zeitgeber betätigte Dosierventil in Betrieb gesetzt.

Die freigewordene Wärme wurde mit der Thermosäule gemessen, wobei die entstandene EMK der Konzentration der untersuchten Komponente direkt proportional war.

b) Ergebnisse

Bei den ersten orientierenden Versuchen verwendeten wir ein Gemisch aus Benzol und Stickstoff und als Adsorbent Silikagel mit einer Körnung von 0,6 mm und einem Gesamtgewicht von 2 g. Die Temperatur des Schleppgases und des Benzols betrug 20° C und die der Kammern 21° C. Zur Adsorptionsmessung diente eine Stickstoffströmungsmenge von 68 ml/Min.; in der Ausgleichskammer wurden 100 ml/Min. N_2 angewendet.

Bei der unter den angeführten Bedingungen durchgeführten Adsorption des Benzols auf Silikagel bis zur völligen Sättigung der aktiven Zentren stellten wir fest, daß dieser Vorgang sehr langsam verläuft und sich das Gleichgewicht annähernd in 2 Stunden stabilisiert. Beim Desorptionscyclus stabilisierte sich das Gleichgewicht noch langsamer.

Um diesen Zeitaufwand, der für die kontinuierliche Analyse unvorteilhaft ist, zu vermindern, kürzten wir den Adsorptions- und Desorptionscyclus auf 90 Sekunden ab, wodurch wir ein dynamisches Gleichgewicht auf Silikagel erzielten. Der gesamte Vorgang setzte sich aus zwei Cyclen zusammen. Im ersten Cyclus, der Adsorptionsperiode, stieg der Zeigerausschlag im Temperaturschreiber. Im zweiten Cyclus, der Desorptionsperiode, ging der Ausschlag zurück. Die Höhe eines so aufgezeichneten Berges ist proportional der Konzentration der analysierten Komponente (Abb. 20.1).

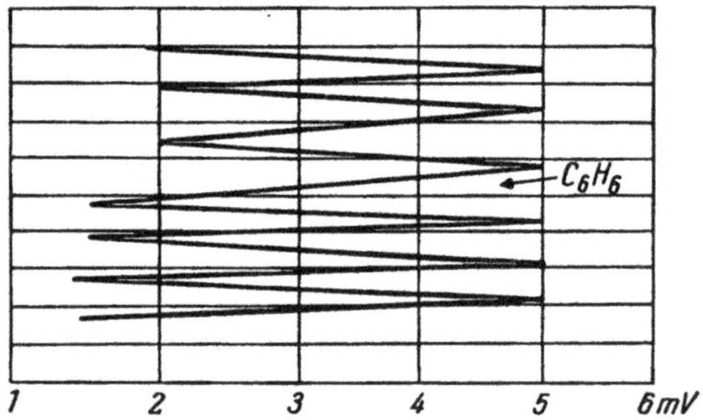

Abb. 20.1. Temperaturverlauf bei Adsorptions- und Desorptionszyklen im dynamischen Gleichgewicht von Benzol auf Silikagel

Der Nachteil bei Verwendung von Silikagel liegt vor allem darin, daß die Null-Lage, die sich durch den Einfluß des beweglichen dynamischen Gleichgewichtes verschiebt, nicht stabil ist und daß die große Zeitkonstante des Systems Änderungen der Anfangskonzentration des zu messenden Stoffes im kontinuierlichen Analysator nicht rasch genug erfaßt.

Um diesen Nachteil wenigstens teilweise zu beseitigen, nahmen wir statt des Silikagels Quarzgrieß mit einer Korngröße von 0,2 mm, mit Diglykoldibenzoat imprägniert (20 Gew.%), als stationäre Phase. Bei Verwendung dieser Füllung ging die Empfindlichkeit wesentlich zurück, weil die Anzahl der aktiven Zentren sank, andererseits erzielten wir eine beträchtliche Verkürzung der Desorptionsperiode. Der Verlauf der Adsorptions- und Desorptionskurve ist in Abbildung 20.2 dargestellt.

Der Kurvenverlauf zeugt von einer quantitativen Desorption, wodurch die Null-Lage wesentlich stabilisiert wird. Als Folge davon hat das gesamte System einen Null-Gang, so daß die einzelnen Perioden der Adsorption und Desorption gut von einander getrennt werden. Die Höhe der Berge ist der Konzentration proportional und der zeitliche Verlauf des Cyclus für die kontinuierliche Messung geeignet.

Das angeführte Verfahren eignet sich jedoch nur für ein Zweikomponentensystem. Will man ein Mehrkomponentensystem mit der beschriebenen Apparatur untersuchen, so muß man vor diese noch eine Trennsäule einschalten. Die Säule soll zur Trennung der einzelnen Fraktionen dienen, die zu verschiedenen Zeiten in die eigentliche Apparatur eintreten, wo man dann aus der entstandenen Adsorptionswärme auf ihre Konzentration schließen kann. Wir verwendeten eine Trennsäule mit einem Durchmesser von 5 mm und einer Länge von 900 mm, die mit Quarzgrieß mit der stationären Phase Diglykoldibenzoat gefüllt war. Für die Trennung nahmen wir ein Gemisch von Äther und Chloroform. Das Auflösungsvermögen der mit einer Thermoelementbatterie ausgestatteten Meßapparatur war zufriedenstellend (1:1), aber die Empfindlichkeit gering (Abb. 20.3).

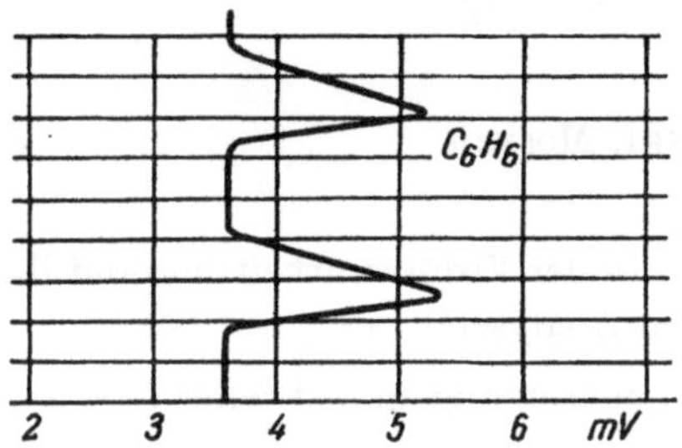

Abb. 20.2. Temperaturverlauf bei Adsorption und Desorption von Benzol auf imprägniertem Quarzgrieß

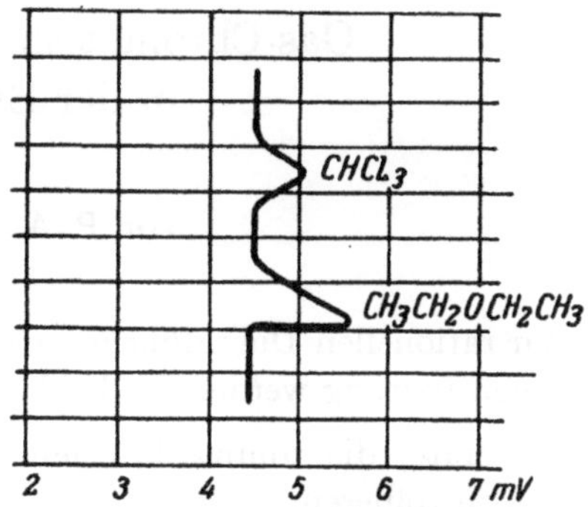

Abb. 20.3. Temperaturverlauf bei der Adsorption von vorher getrenntem Äther und Chloroform

Aus unseren vorausgegangenen Messungen folgern wir, daß die Thermoelementbatterie und eine geeignete Adsorptionsfüllung zur Indikation der einzelnen Komponenten eines binären Gemisches unter der Voraussetzung verwendet werden können, daß die Desorption bis zum Ende quantitativ verläuft. Voraussetzung für die Verwendung der Thermoelementbatterie zur Indikation eines Mehrkomponentengemisches ist eine ausreichende Eluierungszeit der einzelnen Verbindungen aus der Säule, damit die einzelnen Verbindungen jeweils aus dem in der Thermoelementbatterie verwendeten Adsorptionsmittel quantitativ desorbiert werden können.

Gas-Chromatographie zur Prozeßkontrolle in der Erdölverarbeitung

Von P. A. Frolowski, Moskau

Zur rationellen Durchführung der Prozesse in der Erdölverarbeitung und ihrer Automatisierung werden die beiden folgenden Analysengerätetypen benötigt:

1. Geräte, die ununterbrochen die Zusammensetzung industrieller Gasströme kontrollieren;
2. Geräte für einmalige und schnelle Analysen von Rohstoffproben oder für Proben, die an einzelnen Stellen des Prozesses abgenommen wurden.
3. Analysatoren, welche automatisch die Prozessse nach der Qualität des Produktes regulieren.

Neben diesen Industriegeräten benötigen große Betriebslaboratorien analytische Kontrollgeräte.

SKB-ANN entwickelten zusammen mit WNJJ-NP gas-chromatographische Analysatoren zur ununterbrochenen Kontrolle wie für einmalige Analysen und ein Regulierungsgerät.

Gas-Chromatograph zur ununterbrochenen Kontrolle der Zusammensetzung eines Gasstromes in einem industriellen Prozeß

Ein Gerät zur ununterbrochenen Kontrolle ist für die Industrie von besonderer Bedeutung. Das zu demonstrierende Gerät CHPA-1 besteht aus:

a) Analysator;
b) Block zur Gasreduzierung und Gasreinigung (wird in einem beliebigen Raum einschließlich der Explosionsgefahrenstufe C 3 untergebracht);
c) Registrator;
d) Steuerungsblock (wird an der Schalttafel in der operativen Abteilung montiert).

Das Gerät dient zur Kontrollanalyse, deren Ergebnis für den Anlagenfahrer zur richtigen Steuerung des technologischen Prozesses nötig ist; es arbeitet auf der Grundlage der isothermen Gas-Chromatographie. Während der Analyse ändert sich die Säulentemperatur nicht, es wird eine konstante Temperatur im Bereich von 20° C bis 80° C eingestellt.

Als Trennsäulenfüllung verwendet man entweder ein aktives oder ein inertes, mit irgendeiner Trennflüssigkeit imprägniertes Adsorbens. (Die Methodik für konkrete Analysenziele ist in den Mitteilungen der WNJJ-NP angegeben.)

Die besonderen Vorteile der konstanten Temperaturen für Geräte in der Industrie sind einfache und zuverlässige Thermostatierung im Vergleich zur Temperaturprogrammierung, konstantere Rückhaltezeit der Komponenten und bessere Bedingungen für die Wärmeleitfähigkeits-Meßzelle.

a) Analysator

Die Trennsäulen des Analysators bestehen aus nichtrostenden Stahlröhren (∅ 6/8) in Form von 2 m langen Spiralsektionen. Die Gesamtlänge der Trennsäule kann 2, 4, 6 oder 8 m betragen.

Die Säulen sind leicht auswechselbar.

Der Hahn, aus dem die Proben entnommen werden, wird von einem durch Zeitgeber gelenkten Motor automatisch bewegt. Der Zeitgeber, der im Steuerblock untergrbracht ist, entnimmt Gasproben periodisch einer Leitung mit konstantem Druck von 0,1 atü und leitet sie in die Trennsäule. Der Arbeitscyclus des Hahnes besteht aus zwei Takten: aus der Probenentnahme und aus dem Abgeben der Proben an die Trennsäule. Die Dauer des Cyclus kann auf 5,15 und 30 Minuten eingestellt werden.

Periodische Analysen der automatisch aus dem Gasstrom entnommenen Proben ermöglichen eine ununterbrochene Kontrolle.

Direkt am Ausgang der Trennsäule ist als Detektor eine Wärmeleitfähigkeits-Meßzelle mit Halbleiter-Thermowiderständen angebaut.

Alle Teile sind in einem explosivsicheren Thermostaten (Bauart WSG) untergebracht.

b) Block zur Gasvorbereitung

Die Gasvorbereitung hat für die Richtigkeit der Analyse und für die zuverlässige und ununterbrochene Arbeit des Gerätes große Bedeutung. Sie ist von den Entnahmebedingungen und der Zusammensetzung der Probe abhängig. Der Gasvorbereitungsblock im beschriebenen Gerät enthält ein Hochdruckreduzierventil (bis 20 atm am Ausgang), das überschüssiges Gas in die Atmosphäre abbläst, einen Regulator mit einem Korrektor des barometrischen Druckes, Filter für die Schwefel- und Wasserreinigung des zu prüfenden Gases und ebenso den Schleppgasdruckregulator und ein Rotameter.

Als Schleppgas wurde Flaschenstickstoff verwendet. Es eignen sich auch andere Gase wie z. B. Helium und Wasserstoff.

c) Registrator

Der Kompensationsbandschreiber der Type EPP-09 hat eine Skaleneinteilung von 5, 20 und 100 mV, eine Empfindlichkeitsumschaltung und eine automatische Nullpunktkorrektur.

d) Steuerblock des Gerätes

Der Block führt folgende Funktionen aus:

1. Steuerung des Probenentnahmehahnes;
2. Aufrechterhaltung der konstanten Temperatur im Thermostaten;
3. hält den Betriebsstrom konstant (mit Thermistoren);
4. verändert die Aufzeichnung von Analysenergebnissen:
   a) vollständige Aufzeichnung aller Berge der Komponenten;
   b) wahlweise Registrierung von Bergen;
   c) Registrierung mit Unterbrechung des Diagrammpapiervorschubs.

Die Auswertung der Diagramme, die mit Stickstoff als Schleppgas gewonnen wurden, erfordert für die entsprechende Temperatur eine Eichung der Berghöhen der einzelnen Komponenten zur Ermittlung von Korrekturfaktoren der Empfindlichkeits-Koeffizienten. Periodisch (einmal täglich) wird die Empfindlichkeit des Gerätes mit einer Komponente bekannter Konzentration geprüft.

Das Gerät ist zur Kontrolle einer Reihe von Prozessen bestimmt; es kann für verschiedene Trennaufgaben nur nach Austausch der Säulen; nach Veränderung der Arbeitsbedingungen und des Programms für den Zeitgeber angewendet werden. Zur Zeit besteht die Möglichkeit, Kohlenwasserstoffe bis einschließlich C_5H_{12} zu analysieren. Die Analyse von 16-Komponenten-Gemischen dauert 30 Minuten.

Das Gerät wird bereits für industrielle Untersuchungen eingesetzt.

Gas-Chromatographen für einmalige Analysen (Laborgeräte ChL-2 und ChL-3)

Der Labor-Gas-Chromatograph ChL-3 besteht aus den Hauptteilen des Gerätes ChPA-1. Säulen, Probenentnahmehahn, Druck- und Temperaturregler, Detektor und Registrator wurden übernommen, Art und Methodik der Analyse sind die gleichen (Säulentemperaturen bis zu 120° C).

Im unteren Teil des Analysatorgehäuses befinden sich alle Teile der elektrischen Schaltung, Stutzen für die Einführung flüssiger Proben und ein Hahn zum Einleiten der zu untersuchenden Gase.

Der Labor-Gas-Chromatograph ChL-2 hat dasselbe Schema und arbeitet nach der gleichen Analysenmethode (Volumenbestimmung mit Kohlendioxyd als Schleppgas) wie das Gerät WNJJ NP ChTschK. Es unterscheidet sich lediglich durch die automatische Registrierung der Analysenergebnisse. Auf photoelektrischem Wege wird der Meniskus der Kalilauge in der Bürette verfolgt.

Gas-Chromatograph zur automatischen Regulierung der Prozesse

Der Gas-Chromatograph als Hauptanalysator industrieller Gasströme kann als Kontrollgerät für die Produktqualität verwendet werden. Nach Entwicklung entsprechender Anlagen, die die periodischen, elektrischen Signale des Gerätes in ununterbrochene umwandeln, kann es die automatische Regulierung steuern.

Möglicherweise werden ein oder zwei charakteristische Komponenten oder Fraktionen für die Regulierung benutzt.

Gas-Chromatographie-Gerät zur Reinheitskontrolle

Von V. Slavík und K. Novák, Brno, ČSSR

Auf der letzten Chromatographie-Tagung wurden wir beauftragt, einige beim Bau des Gas-Chromatographen gewonnenen Erkenntnisse und Erfahrungen, hauptsächlich über den elektrischen Teil, vorzutragen.

Das Forschungsinstitut für Makromolekulare Chemie in Brno hatte die Aufgabe, die Produktion von *Freonen* (Handelsbezeichnung der ausländischen fluorierten Kohlenwasserstoffe) zu entwickeln. In diese Aufgabe war auch die Ausarbeitung analytischer Kontrollmethoden eingeschlossen. Wir erarbeiteten eine chromatographische Analysenmethode für diese Produkte und einen Betriebs-Chromatographen.

Wie aus unseren Analysen hervorging, enthält das mit dem einheimischen Handelsnamen *Ledon* bezeichnete Gemisch fluorierter Kohlenwasserstoffe als Hauptbestandteil Difluordichlormethan neben Monofluortrichlormethan, Trifluorchlormethan und Luft. Für spezielle Zwecke wird das Gemisch rektifiziert, so daß sich der Gehalt an Difluordichlormethan zwischen 70% und 98% bewegt.

Unser Gas-Chromatograph, bezeichnet mit F 150, ist eine für die Analyse dieser Gemische entwickelte Apparatur. Die Trennung erfolgt auf einer chromatographischen Säule von 77 cm Länge und einem Durchmesser von 5,5 mm, gefüllt mit einem Ionenaustauscher, dessen Eigenschaften durch 2,5-Dimethyltetrahydrothiophen-1,1-dioxyd modifiziert wurden.

Die Arbeitstemperatur der Säule beträgt 30° C, eingeführt wurden 0,8 ml Gas. Schematisch ist die Einrichtung in Abbildung 22.1 veranschaulicht. Der chemische Teil enthält Trockenrohre für das Schleppgas (1), eine Überdruck-Sicherung (2) mit elektromagnetischem Ventil (3), die Vergleichsseite des Detektors (4), einen Probegeber (5), eine ummantelte Glassäule (6), die Meßseite des Detektors (7), einen Strömungsmesser (8) und eine Abgassammelleitung.

Zweckmäßig wird dabei eine an den vorhandenen Schreiber gut angepaßte maximal empfindliche Wärmeleitzelle verwendet. In der Praxis geht es darum, mit möglichst einfachen Mitteln eine maximale Empfindlichkeit und gute Stabilität zu erreichen. Kleine Widerstandsänderungen können mit der Wheatstone-Brücke gemessen werden. Die resultierenden geringen Spannungen werden vorteilhaft mit modernen Millivoltschreibern registriert.

Die Berechnung der Spannung der unsymmetrischen Brückenverstimmung ergibt für den Fall, daß alle Brückenarme sonst gleiche Widerstandswerte aufweisen, die Formel:

$$U = \frac{E}{4} \cdot \frac{\Delta R}{R}.$$

Aus der Gleichung geht hervor, daß die Meßempfindlichkeit mit der Brückenspeisespannung wächst. Eine Spannungserhöhung allein würde jedoch unter Bei-

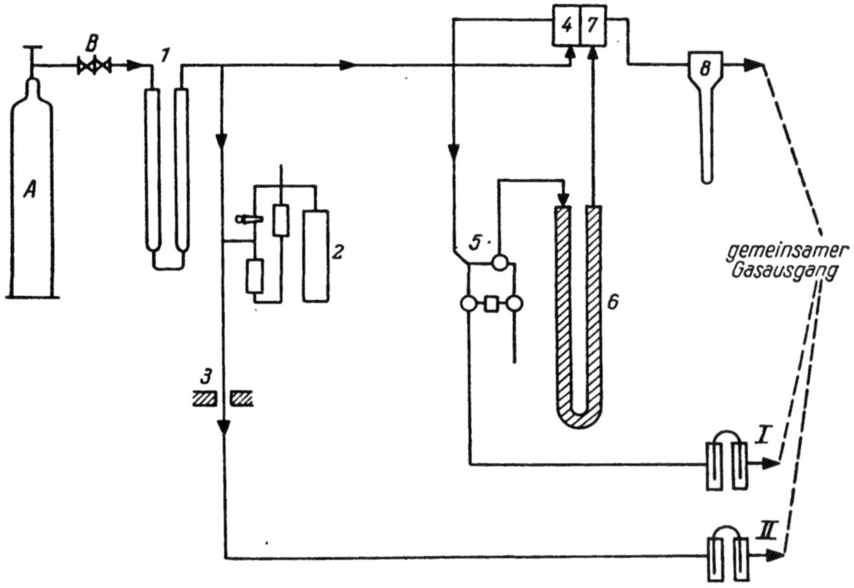

Abb. 22.1. Schema des chemischen Teils

A Druckflasche
B Reduzierventil
1 Schleppgastrockner
2 Überdrucksicherung
3 elektromagnetisches Ventil mit Schaltknopf
4 Vergleichszelle
5 Probengeber
6 umhüllte Glastrennsäule
7 Meßzelle
8 Strömungsmesser

behaltung der übrigen Bedingungen zu einer Temperaturerhöhung der Meßdrähte führen. Dies ist über eine gewisse Grenze hinaus unerwünscht, schon wegen der Möglichkeit chemischer Reaktionen an der Oberfläche der erhitzten Meßdrähte. Bei Temperaturerhöhung der Meßdrähte kann es schließlich zu einer Erniedrigung der Empfindlichkeit bis zur sogenannten Bergumkehr kommen, wie Bohemen und Purnel im Journal of appl. Chemistry (Juli 1956) auseinandersetzten. [Gilt nur für schlecht wärmeleitende Schleppgase wie N_2 (Anm. d. Herausg.).] Aus diesen Gründen muß auch bei Erhöhung der Speisespannung die Temperatur der Meßdrähte niedriggehalten werden. Man erreicht dies durch Erhöhung des elektrischen Widerstandes der Meßdrähte.

Konstruktive Einzelheiten des Detektors zeigt Abbildung 22.2. Der Kupferblock mit ausgebohrten Kammern trägt einen Temperiermantel, der gemeinsam mit dem Temperiermantel der chromatographischen Säule an den Flüssigkeitsthermostat angeschlossen ist. Die Kammern sind 40 mm lang und haben einen

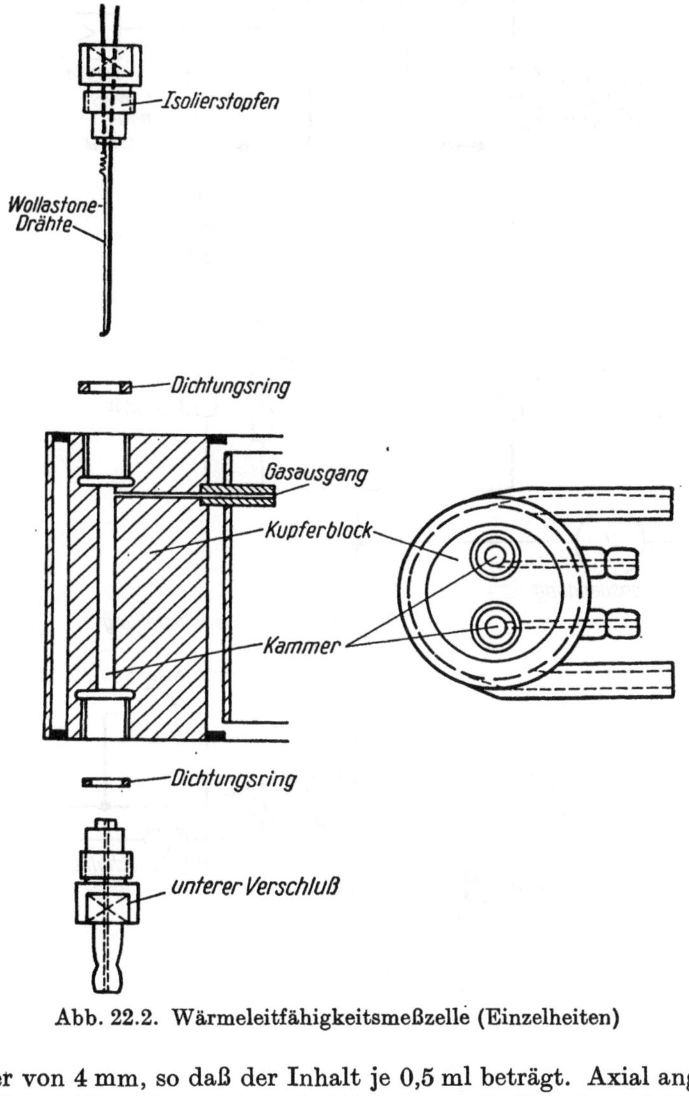

Abb. 22.2. Wärmeleitfähigkeitsmeßzelle (Einzelheiten)

Durchmesser von 4 mm, so daß der Inhalt je 0,5 ml beträgt. Axial angeordnete Gewinde nehmen Verschlußstücke mit Dichtung auf. Das Gas wird durch die axiale Öffnung des unteren Stopfens eingeführt und durch die tangentiale Öffnung am oberen Rand der Kammer abgeleitet.

Der obere Stopfen, für den Temperaturbereich bis 90° C, besteht aus Silon. In diesem sind zwei Träger aus Kupferdraht eingespannt. Einer davon ist kurz, und

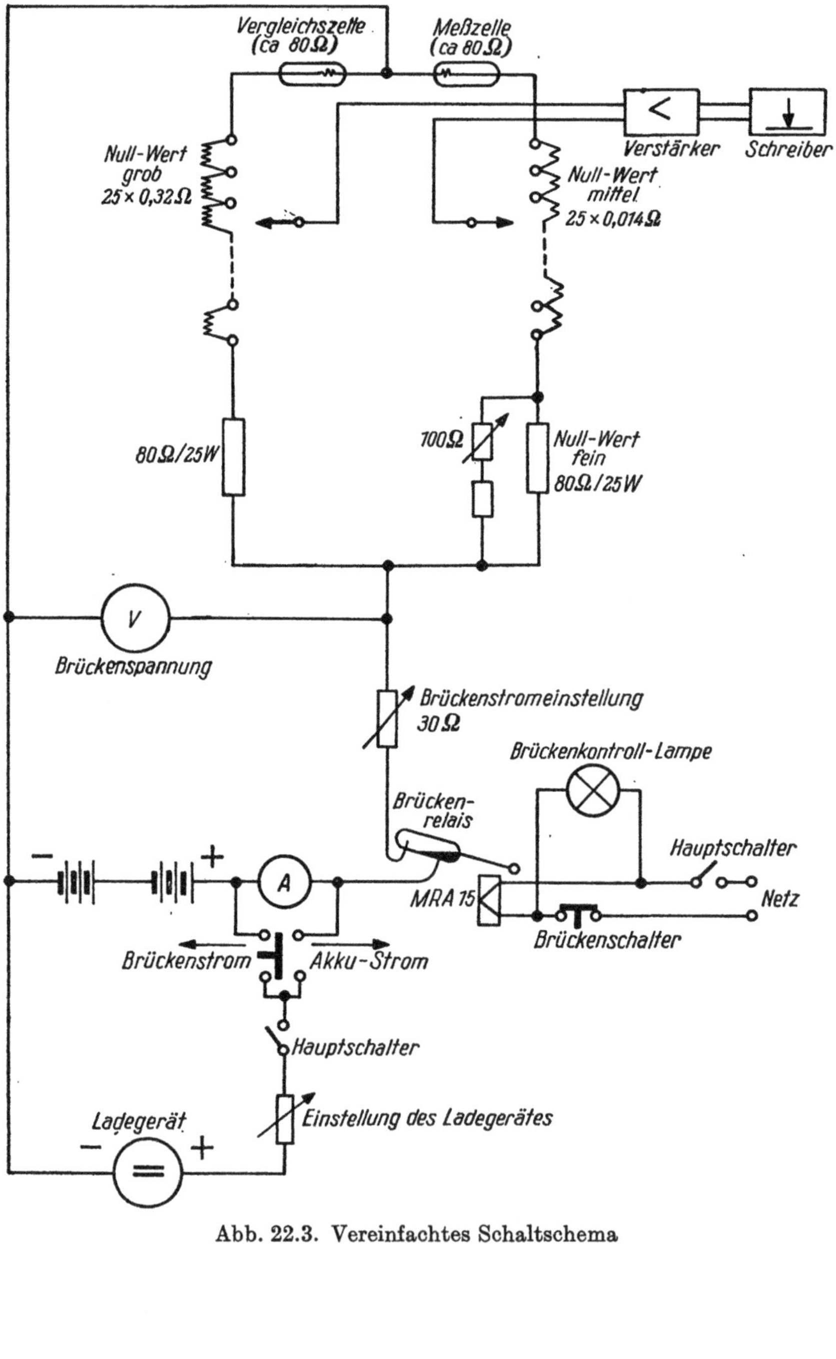

Abb. 22.3. Vereinfachtes Schaltschema

der zweite reicht mit seinem umgebogenen Ende bis knapp auf den Boden der Kammer. Zwischen die Träger ist ein Wollaston-Draht, mit einer 0,01 mm starken Platinseele, angelötet. Sein Durchmesser (mit Sibermantel) beträgt ca. 0,05 mm.

Vor der Montage wird der Draht an dem einen Ende durch einige Windungen elastisch gemacht und an dem Träger befestigt. Der Meßteil des Drahtes wird in seinem geraden Teil durch Abätzen gebildet. Dieser Meßteil soll in der Mitte der Kammer eingespannt sein und der lange Träger möglichst in Nähe der Wände geführt werden. Die Herstellung erfordert Sorgfalt und wird zweckmäßigerweise unter dem Mikroskop verfolgt. Als Ergebnis hat man dann ein Gerät, das Erschütterungen verträgt und sehr meßempfindlich ist.

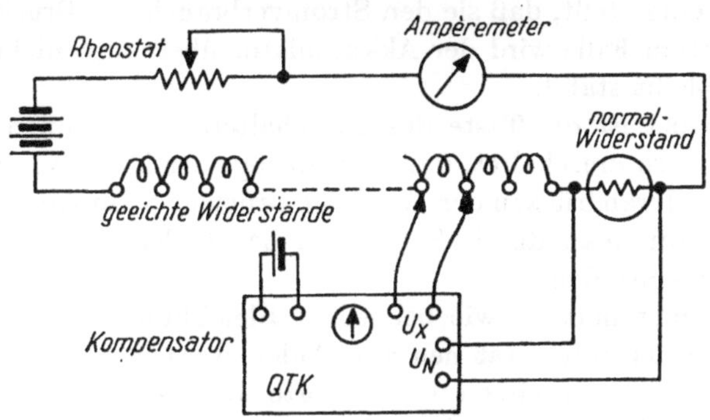

Abb. 22.4. Prüfung der Abgleichwiderstände

Der beschriebene Detektor bildet schaltungsmäßig nur einen Teil der Wheatstonschen Brücke, die nach dem Schema auf Abbildung 22.3 geschaltet wird.

Zwei obere Brückenarme werden durch die Platindrähte des Detektor gebildet. Weitere zwei Arme setzen sich aus festen Widerständen mit je 80 Ohm und aus Widerständen der Umschalter zusammen.

Das Gleichgewicht der Brücke wird in groben Sprüngen durch den Umschalter mit 25 Stellungen zu je 320 Milliohm eingestellt. Jede Schaltstufe kann mit einem weiteren Umschalter in 25 Stellungen zu je 14 Milliohm unterteilt werden. Die weitere Feineinstellung bis zum Brücken-Nullwert bewirkt ein parallel geschaltetes Potentiometer.

Zur Brückenschaltung dienten der Tesla-Schalter 1 AK 55803 und ein genaues Drahtpotentiometer zu 100 Ohm. Die Widerstände auf den Umschaltern bestehen aus Konstanten oder besser aus Manganindraht. Manganin ist jedoch für die Verarbeitung bedenklich; es darf nicht mit Weichlot gelötet werden, auch das Löten mit Silber bereitet Schwierigkeiten. Die Widerstände lassen sich günstig so herstellen, daß man auf den geraden Widerstandsdraht in entsprechenden Abständen kupferne Abzweigungen anlötet. Dann windet und formt man den Draht und lötet die kurzen Abzweigungen an die Kontakte des Umschalters. Die einzelnen Widerstände stellt man auf die erforderliche Größe leicht nach dem Schema auf Abbildung 22.4 ein. Die festen Widerstände der Brücke mit 80 Ohm müssen eine entsprechende Watt-Dimension erhalten, damit sie sich im Betrieb praktisch überhaupt nicht erwärmen. Wir verwendeten eine Semiparallelschaltung von je vier Drahtwiderständen mit 80 Ohm/6 W.

Gespeist wird die Brücke von Akkumulatoren, mit zwei Motorradbatterien, 6 V/14 Ah (Blei), die, in Reihe geschaltet, eine Spannung von 12 V ergeben. Die Spannung der Brücke läßt sich nach einem eingebauten Voltmeter durch einen Widerstand einstellen.

Da infolge Entladung die Spannung des Akkumulators sinkt, bevorzugten wir eine Schaltung, bei welcher der Akkumulator während des Betriebes durch ein eingebautes Aggregat ständig aufgeladen wird. Die Intensität der Aufladung wird so eingestellt, daß sie den Stromverbrauch der Brücke gerade kompensiert. In diesem Falle wird der Akkumulator überhaupt nicht belastet, und die Spannung bleibt stabil.

Im Schaltschema ist die Taste des Umschalters zu erkennen, mit der man das Ampèremeter so umschaltet, daß in Ruhelage des Tasters nur der Brücken-Nullstrom, nach Herabdrücken der Taste der Brückenspeisestrom gemessen wird. Diesen Strom kann man durch Regulieren des Ladeaggregats auf den obengenannten Wert einstellen.

Einmal im Monat muß — wie bei jedem Bleiakkumulator — entladen und mit vorgeschriebener Intensität neu aufgeladen werden.

Die nach diesen Grundsätzen konstruierte Brücke entspricht den meisten Anforderungen, auch bei Verwendung der empfindlichsten Millivoltschreiber.

Da die Zeit drängte und bei dem Bau des Betriebschromatographen einheimische Bauteile verwendet werden mußten, wurde in unserem Chromatograph F 150 das Registriergerät METRA, Typ G.R.g mit einer Schreibstreifenbreite von 70 mm angeschlossen. Es ist dies eigentlich ein Milliamperemeter mit Vollausschlag bei 5 mA. Es ist an den Ausgang eines Verstärkers angeschlossen, der ebenfalls in unserem Institut entwickelt wurde. Der Verstärker eignet sich für verschiedene Verwendungszwecke. Sein Rauschen beträgt am Eingang 5 μV, und vollen Ausschlag gibt er bei 2 mV Eingangsspannung. Der Eingangswiderstand beträgt 6 M-Ohm, die Stabilität ist besser als $\pm 5\%$ bei einer Netzspannungsschwankung von $\pm 10\%$. Der Verstärker enthält einen eingebauten Shunt mit Stufen von 1:1, 1:4 und 1:16 zur Verminderung der Empfindlichkeit.

Zum Chromatographen gehören ferner ein Probengeber und eine Drucksicherungsanlage, die an die Leitung des Schleppgases vor der Säule angeschlossen ist. Es handelt sich eigentlich um ein Quecksilber-Differenzkontaktmanometer. Durch einen Hahn wird nach Einstellung des Schleppgasmengenstromes im abgeteilten Volumen der Vergleichsdruck eingeschlossen. Wenn es in dem System zu einer Erhöhung des Druckes kommt, steigt der Quecksilberspiegel in der Kapillare, und durch einen Kontakt wird ein Relais geschlossen, welches das Magnetventil betätigt.

Dadurch wird ein Teil des Schleppgases in das Abgasrohr geleitet. Man kann die Wirkungsweise dieses Druckreglers so einstellen, daß im Gesamtsystem keine großen Druckstöße entstehen.

Zu den einzelnen Stromkreisen der elektrischen Schaltungen gehören selbständige Sicherungen und ein zentraler Hauptschalter. Bei Schaltstellung I sind das Ladeaggregat und seine Kontrollgeräte eingeschaltet, in Stellung II außerdem die Drucksicherung, die Kontrollgeräte und über ein Hg-Relais auch eine besondere Steckdose für den Anschluß eines zusätzlichen Thermostaten. In Stellung III sind außerdem der Verstärker, die Brücke und der Brückenspeisestrom eingeschaltet.

Da der Chromatograph für Arbeiten in korrosivem Milieu bestimmt ist, wird der Schrank gasdicht verschlossen.

Praktisch werden alle Verbindungen gelötet. Die Klemmleiste dient in diesem Falle nur als Befestigungsstelle. Wir machen darauf aufmerksam, daß die Potentiometer selbst bei guter Ausführung nur genietet sind. Daher empfehlen wir, die Nieten von beiden Seiten zu verlöten und den Potentiometerbügel mit Anschlußklemmen durch eine Drahtleitungsspirale entsprechender Ausführung zu verbinden. Vorteilhafter sind Potentiometer mit einem reibenden, selbstreinigenden Kontakt statt mit einem zusammengedrückten Blechplättchen.

Die elektrische Brücke befindet sich in einer abgeschirmten Kapsel, ebenso der Verstärker und das Ladegerät mit dem elektromagnetischen Relais der Drucksicherung. Um Quecksilberdämpfe bei Verwendung von Selen zu vermeiden, wurden Germanium-Gleichrichter eingeschaltet. Diese sind auch wegen ihrer geringen Abmessungen vorteilhaft. Zur Verdrahtung wurden nur abgeschirmte Kabel verwendet. Die Erdung der Abschirmung in einen Punkt beruht auf den in der Radiotechnik bewährten Grundsätzen.

Ebenso wichen wir zufälligen Quellen thermoelektrischer Spannungen dadurch aus, daß wir in der gesamten Schaltung die Leiter aus ein und demselben Kupfer ausführten und auch eine Erwärmung der einzelnen Partien auf ein Minimum herabsetzten. Die Apparatur wird in einen Rahmen aus Winkeleisen gestellt, die Wände sind aus Aluminiumblech. Das Gesamtgewicht beträgt 60 kg.

Zum Bau eines Mitteltemperatur-Gas-Chromatographen

Von M. Spála, Pardubice-Rybitví, ČSSR

Eine der modernsten analytischen Methoden ist die Gas-Verteilungs-Chromatographie. Ihre Bedeutung und ihre einzigartigen Möglichkeiten treten insbesondere in der organischen Chemie hervor, wo sie oft die einzig verwendbare analytische Methode darstellt. Sie wird in den analytischen Laboratorien bereits in bedeutendem Maße angewendet; einer weiteren Verbreitung in Betriebs- und Kontrollaboratorien steht jedoch insbesondere der Mangel an geeigneten Geräten und Einrichtungen entgegen.

Deshalb wurde ein Gerät für die Gas-Verteilungs-Chromatographie konstruiert, das sich für die Analyse von Flüssigkeiten mit einem Siedepunkt bis zu 200 bis 220° C eignet. Das Gerät ist bei einfacher Bedienung für die Analyse in Laboratorium und Technikum bestimmt, wo besondere Anforderungen an die Genauigkeit der Messung und die rasche Einstellung der Parameter gestellt werden. Das Gerät zeichnet sich durch einfache Konstruktion aus und erfordert keine Importmaterialien.

Das Gerät ist mit zwei waagerecht gelagerten, 1 m langen Trennsäulen in U-Form ausgestattet; diese werden in einem Luftbad temperiert, dessen Temperatur mittels eines Kontaktthermometers im Bereich bis 180° C so reguliert wird, daß die kurzdauernden Temperaturänderungen bei einer Temperatur von 150° C nicht mehr als 0,5° C, die langandauernden nicht mehr als 1° C betragen.

In demselben Luftbad ist der Detektor untergebracht; er arbeitet nach dem Prinzip der Wärmeleitfähigkeitsmessung von Gasen und Dämpfen. Das Gerät ist mit einer Vorrichtung zum Einbringen flüssiger und gasförmiger Proben ausgestattet, die eine bequeme, leichte und genügend genaue Dosierung der vorher gewogenen Probemengen ermöglicht. Die Einwaagen der Proben bewegen sich zwischen 5 und 50 mg, je nach der Art des Stoffes und der Anzahl der Komponenten des Gemisches.

Das Gerät ist für den Anschluß an jedes registrierendes Kompensations-Millivoltmeter mit einem Bereich bis 20 mV eingerichtet.

Beim Studium der Arbeiten über Gas-Chromatographie kommt man zu der Erkenntnis, daß die Problematik bei der Konstruktion eines Gerätes für Chromatographie drei Grundprobleme umfaßt: 1. ein geeignetes Temperierverfahren der Trennsäule, gegebenenfalls auch des Detektors; 2. das Verfahren zum Dosieren der Probe; 3. Wahl und Konstruktion des Detektors. Hierbei entscheidet die erste Frage im wesentlichen über die Konstruktion des Gerätes im allgemeinen, während von Dosierweise und Detektion die Qualität abhängt.

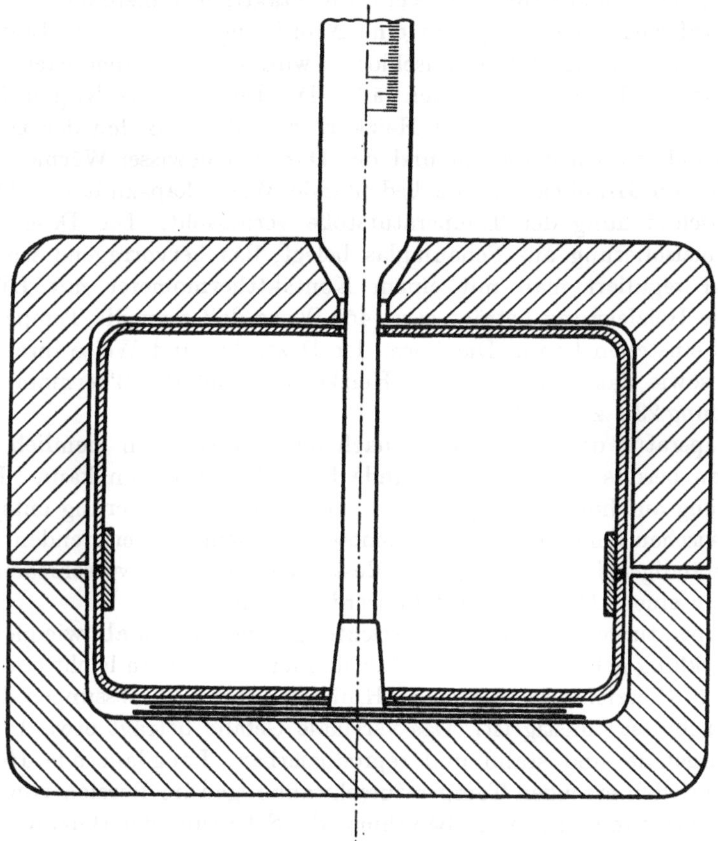

Abb. 23.1. Lage des Heizkörpers und Kontaktthermometers im Luftthermostaten

Außerdem ist es in der Regel nötig, das Gerät mit einigen Elementen auszustatten, die die Größe mehrerer seiner Parameter zu kontrollieren und zu regulieren haben, und zwar insbesondere die des Durchflusses des Schleppgases, seines Drucks, der Temperatur der Trennsäule und des Betriebsstromes für den Detektor.

Stoffe mit höherem Siedepunkt werden als Dampf analysiert. Die Probe wird verdampft, der Dampf wird von dem Schleppgas in die Trennsäule mitgenommen, wo der eigentliche Trennprozeß vor sich geht. Damit die Probe dampfförmig bleibt, müssen die Teile, mit denen der Dampf in Berührung kommt, auf einer entsprechenden Temperatur gehalten werden. Temperiert wird am besten in einem Luftbad mit genügend genauer Temperaturregulierung, mindestens

$\pm 0{,}5°$ C; da dies in größeren Bädern Schwierigkeiten bereitet, wird eine künstliche Zirkulation notwendig, wodurch sich die Apparatur aber kompliziert. Vorteilhaft ist dann eine solche Konstruktion, die ein stationäres Bad vorsieht und dabei einen leichten Zutritt zur Trennsäule und zum Detektor sowie eine einfache Regulierung der Temperatur mittels eines Kontaktthermometers gestattet.

Diesen Anforderungen entspricht eine Anordnung, bei der das Luftbad von einer starkwandigen Metalldose umschlossen wird, die der Länge nach so in zwei Teile geteilt ist, daß sie sich öffnen läßt. Die Dose ist aus Kupferblech, alle ihre Nähte sind verschweißt. Der Heizkörper wird am Boden der Dose angedrückt, so daß zwischen diesem und der Dose ein gewisser Wärmewiderstand besteht, der im Hinblick auf die bedeutende Wärmekapazität der Dose eine völlige Abschwächung der Temperaturstöße verursacht. Die Dose wird mit einer Wärmeisolierung aus Schaumglas belegt, das hervorragend isoliert; die Temperatur reguliert man mit einem Kontaktthermometer mit Hilfe eines Relais. Die Heizleistung beträgt etwa 450 W, so daß man die Temperatur bis auf 200° C einstellen kann. Die Form der Dose, Art und Weise ihrer Wärmeisolierung sowie das Anbringen des Heizkörpers und des Thermometers sind aus Abbildung 23.1 zu ersehen.

Die Temperatur des Bades steigt nach dem Einschalten ziemlich steil an, so daß man bereits nach etwa 1 Stunde bei 130° C arbeiten kann. Bei einer Temperierung auf höhere Temperaturen dauert die Stabilisierung entsprechend länger. Zwischen dem Kontaktthermometer und dem temperierenden Bade besteht ein ständiges Temperaturgefälle, dessen Größe für die verschiedenen Temperaturen in einem Diagramm erfaßt werden kann.

Das Temperaturgefälle in der Längsrichtung hängt davon ab, wie gleichmäßig die Heizwicklung gelagert ist. Die Erfahrung lehrt, daß man leicht ein kleineres Gefälle als 5° C erzielen kann, was im Hinblick auf die Abmessungen des Bades für die Ergebnisse günstig ist. Das vertikale Gefälle beträgt etwa 10° C. Die Temperaturgefälle sind stabil und reproduzierbar. Langdauernde Heiz- bzw. Nichtheizperioden erzeugen Temperaturschwankungen im Bereich von 0,5° C.

Temperaturveränderungen im Rhythmus der Schaltung der Heizung, die sonst bei dieser Regulierungsart die Hauptschwierigkeiten bilden, machen sich nicht bemerkbar. Die Temperaturen wurden mittels eines Cu-Konst.-Thermoelementes mit kleiner Zeitkonstante gemessen und verfolgt.

Die wesentlichen Eigenschaften, die über die Qualität des Detektors entscheiden, sind Empfindlichkeit, Anzeigegeschwindigkeit, Stabilität und Störrauschen, wobei die Forderung nach großer Empfindlichkeit und niedrigem Störrauschen in gewissem Maße im Gegensatz stehen.

Eine Erhöhung der Empfindlichkeit erreicht man auf mehrere Arten:

a) Durch Wahl eines Materials für den Heizdraht, das den größten Widerstandstemperaturkoeffizienten aufweist. Bei den in Betracht kommenden Metallen unterscheidet sich der Temperaturwiderstandskoeffizient nur wenig (5).

Platin	$3{,}9 \cdot 10^{-3}$
Nickel	$6{,}7 \cdot 10^{-3}$

Silber	$3,8 \cdot 10^{-3}$
Wolfram	$3,9 \cdot 10^{-3}$
Stahl, nichtrostend	$2,87 \cdot 10^{-3}$
Bronze	$1,5$—$2,6 \cdot 10^{-3}$

Im Hinblick auf die korrosiven Wirkungen organischer Stoffe und auf die Eignung für das Ziehen feiner Drähte ist Platin am besten geeignet. Nickeldrähte stehen in den fraglichen Durchmessern nicht zur Verfügung. Wolframdrähte verursachen Schwierigkeiten beim Verschweißen mit den Zuleitungsdrähten.

b) Durch Verwendung von Drähten mit bedeutendem spezifischen Widerstand. Für eine niedrigohmige, mit konstanter Spannung gespeiste Brücke mit gleichen Widerständen in allen Zweigen gilt

$$U_g = \frac{U}{4} \cdot \frac{\Delta R}{R},$$

worin

U_g = Spannung an den Meßpunkten der Brücke;
U = Brückenspeisespannung;
R = Widerstand der Brücke.

Es ist also die Empfindlichkeit der Größe der Brückenspeisespannung proportional.

c) Durch Verwendung von Drähten mit bedeutendem Widerstand. Bei gleicher elektrischer Leistung des Meßdrahtes muß mit dem sich vergrößernden Widerstand des Drahtes R die Speisespannung wachsen:

$$U = \sqrt{N \cdot R}.$$

Dadurch wächst auch die Spannung in der Diagonale der Brücke mit der Quadratwurzel des Widerstandes des Drahtes:

$$U_g = \frac{U}{4} \cdot \frac{\Delta R}{R} = \frac{\sqrt{N \cdot R}}{4} \cdot \frac{\Delta R}{R}.$$

Eine Erhöhung der Empfindlichkeit durch Verwendung von Widerstandsmaterial ist jedoch wegen ihres geringen Temperaturwiderstandskoeffizienten nicht möglich.

d) Durch Verwendung einer genügenden Temperatur des Drahtes. Die Widerstandsänderung des erwärmten Drahtes ist der Änderung seiner Temperatur proportional. Die Temperatur des Meßdrahtes sinkt um so mehr, je mehr Wärme abgeführt wird: Die Wärme wird sowohl durch die Zuleitungsdrähte als auch durch Strahlung abgeführt, vorwiegend jedoch durch die Wärmeleitfähigkeit des umgebenden Gases. Allgemein gilt, daß

$$E = \lambda \cdot \frac{dT}{dx},$$

worin E die abgeführte Energie, λ die Wärmeleitfähigkeit des umgebenden Gases und $\frac{dT}{dx}$ der Temperaturgradient ist. Es ist also die Abkühlung des Drahtes proportional dem Temperaturgradienten, der von der Temperatur des Drahtes abhängt. Wie Cabicar sehr übersichtlich darlegt, sind hier begrenzende Faktoren der Einfluß der Strahlung sowie die Änderung der Wärmeleitfähigkeit in Abhängigkeit von der Temperatur des Detektors und des Drahtes.

Obgleich ein langer und dünner Draht sehr empfindlich ist, muß, vom Standpunkt der Stabilität des Meßdrahtes, d. h. insbesondere seiner Steifheit, ein gewisser Kompromiß eingegangen werden. Die Festigkeit des Drahtes ist direkt proportional seinem Querschnitt und wächst rasch mit seinem sich vergrößernden Durchmesser, so daß zwischen einem Draht mit einem Durchmesser von 0,03 mm und einem Durchmesser von 0,05 mm in der Festigkeit und Steifheit ein sehr großer Unterschied besteht, was besonders bei einem schraubenförmig gewickelten Draht von Bedeutung ist. Eine Spirale ist insofern vorteilhaft, als die Einrichtung für das Aufspannen wegfällt. Nachdem wir einige Erfahrungen gesammelt hatten, verwendeten wir einen Draht mit einem Durchmesser von 0,04 mm, einer Länge von etwa 10 bis 15 cm, der in eine Schraubenwindung mit einem Durchmesser von etwa 0,3 mm gewickelt wurde, so daß der Draht in kaltem Zustand einen Widerstand von 10 bis 15 Ohm aufweist.

Die Anzeigegeschwindigkeit des Detektors ist durch die Geschwindigkeit gegeben, mit welcher die gemessene Komponente die Meßkammer füllt, bzw. wie rasch sie wieder hinausgespült wird, d. h. fast ausschließlich durch die konstruktive Anordnung der Meßkammern, insbesondere der Gas-Zu- und Ableitungen, des weiteren durch die Temperaturträgheit des Meßdrahtes. Ebenso lassen sich die Stabilität und das Störrauschen durch die Konstruktion beeinflussen.

Der Fortschritt in der Analyse von immer weniger flüchtigen Körpern erfordert Wärmeleitfähigkeitszellen, die bei immer höheren Temperaturen widerstandsfähig sind, so daß ein Detektor, der bei einer Temperatur von 300° C arbeitet, nicht selten ist. Man kann sagen, daß die Schwierigkeiten bei der Konstruktion einer Wärmeleitfähigkeitszelle proportional mit der höchsten Temperatur, bei der er arbeiten soll, wachsen. Für die Beurteilung der Temperaturfestigkeit ist besonders maßgebend, welches Material für die Anfertigung des Detektorkörpers verwendet wurde, wie die elektrischen Verbindungen und Isolationsteile ausgeführt wurden und wie sich die Gasdichtheit der Verbindungen gegenüber der Atmosphäre verändert. Die gesamte Detektoranordnung ist auf Abbildung 23.2 dargestellt. Der Körper des Detektors hat die Abmessungen $70 \times 60 \times 40$ mm. Die Meßkammern und alle Zuleitungen sind symmetrisch angeordnet, für den Gasdurchgang sind stets zwei Leitungen parallel geschaltet; elektrisch sind die Meß-Drähte in der Brücke gegeneinander geschaltet, so daß sich ihre Wirkung addiert. Um eine gute Wärmestabilität für den Detektor zu erreichen, ist es vorteilhaft, ein Material mit guter Wärmeleitfähigkeit (Kupfer 0,94; Messing 0,261; Aluminium 0,54 cal/cm, sec, °C) und mit bedeutender spezifischer Wärme (Kupfer 0,094; Messing 0,092; Aluminium 0,214 cal/g °C) zu verwenden, außerdem muß es sich gut bearbeiten lassen. Ein geeignetes Material scheint das übliche Konstruktionsmessing zu sein.

Die Gasdichtheit der Verbindungen wird bei Verwendung von Verschraubungen stark durch Dilatation beeinflußt. Sofern alle Bestandteile aus dem gleichen Material sind, ist die Dichtigkeit gut. Die Gewinde müssen jedoch etwas lockerer sein, weil sich eine solche Verschraubung manchmal einfrißt, oder weil sich die Bestandteile durch den Einfluß der Temperatur deformieren können.

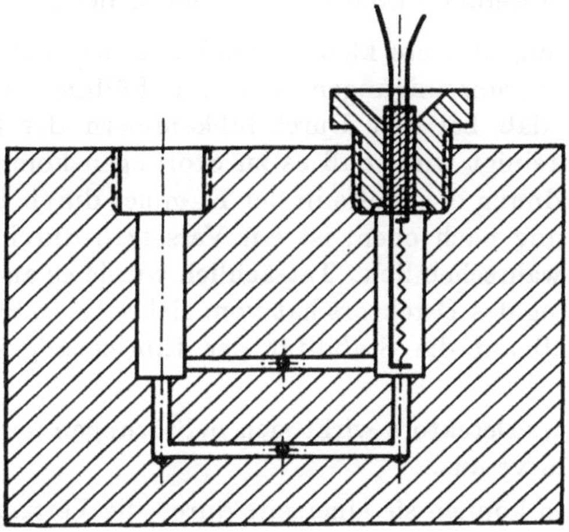

Abb. 23.2. Querschnitt durch den Detektor

Elektrische Verbindungen kann man nicht wie in der Elektrotechnik durch Weichlöten ausführen, weil die meisten Zinnverlötungen bei ziemlich niedrigen Temperaturen schmelzen. Aus diesen Gründen darf man zum Löten kein reines Zinn (Schmelzpunkt 232° C) nehmen, höchstens Blei (327° C), aber auch das nur unter Schwierigkeiten. Deshalb wurde das elektrische Verschweißen der Meßdrähte mit den Trägern durch Berühren mit einer Kohleelektrode vorgenommen. Es entsteht ein Lichtbogen, wobei das geschmolzene Metall des Trägers den Meßdraht umhüllt. Dieses Verfahren ergibt qualitativ sehr gute und sehr feste Verbindungen.

Die Isolierung der Träger, die durch die Wand der Kammer hindurchgehen, wird durch einen keramischen Stab (Durchmesser 4 mm, Länge 7 mm) gebildet, die in der Achsenrichtung zwei Öffnungen mit Durchmessern von 0,5 mm haben. Der Keramikstab ist in die Höhlung einer Schraubenmutter eingekittet. Als Kitt ist auch für höhere Temperaturen das Epoxydharz 1600 mit dem Härter M geeignet. Dieses Harz zersetzt sich bei 330° C; die Verbindungen verlieren jedoch bei Temperaturen, die sich dem Zersetzungspunkt nähern, wesentlich an Festigkeit. Da bei der beschriebenen Konstruktion auf den Keramikstab keine mechanischen Kräfte einwirken, ausgenommen die des Gasdruckes in der Kammer, dessen Einfluß wegen des kleinen Durchgangsquerschnittes ziemlich gering ist, leuchtet es ein, daß man dieses Harz bis zu ziemlich hohen Temperaturen verwenden kann, wobei sein Isoliervermögen ausreicht. Das Harz ist zwar bei diesen

Temperaturen sehr spröde, hat aber eine gute abdichtende Wirkung. Im allgemeinen ist seine Wärmebeständigkeit um so besser, je höher die Bildungstemperaturen waren. In unserem Falle entstand es bei 200° C in 1 Stunde.

Die Träger der Meßdrähte sind aus Platindraht (Durchmesser 0,3 mm), wobei genügend lange Enden bleiben müssen, damit sie gleichzeitig Zuleitungen zum Detektor bilden. Sie werden durch ein Glasrohr isoliert.

Der in Abb. 23.2 angedeutete kleine Kanal hat den Vorteil einer geringeren Versetzung durch Verunreinigungen aus der Füllung der Trennsäule. Es wurde beobachtet, daß bei den Durchflußkammern der Faden nach einiger Zeit so stark verunreinigt wird, daß es zu Störungen kommt. Da sich bei der beschriebenen Anordnung die Stoffe in der Kammer durch Diffusion ausbreiten, und zwar in Richtung nach oben, ist ein Versetzen durch feste Teilchen und Tröpfchen weniger wahrscheinlich. Tatsächlich wurde es auch nicht beobachtet. Die Art der Schaltung des Detektors hat vom elektrischen Standpunkt aus einen bedeutenden Einfluß auf die Stabilität der Einrichtung und auf die leichte Bedienung.

Die Instabilität des Detektors wirkt sich in Störungen der geschriebenen chromatographischen Kurve aus.

Verursacht werden können sie einerseits durch die Veränderlichkeit der Übergangswiderstände an den Potentiometerkontakten, durch Klemmleisten und Umschalter, andererseits durch Thermospannungen in den Verbindungsstellen. Die Bildung von Thermoelementen läßt sich dadurch leicht vermeiden, daß man für den gesamten Schaltdraht für Geräte, die sich im temperierten Teil befinden, gleiches Material, z. B. Platin, wählt. Alle übrigen Verbindungen, die Brücken bilden, muß man so lagern, daß die Temperatur mit Rücksicht auf ihre veränderten Widerstände stabil bleibt. Die Widerstände der Potentiometer muß man groß genug wählen, um die Übergangswiderstände der Kontakte vernachlässigen zu können.

Für die Bedienung muß die Schaltung des Detektors folgenden Anforderungen entsprechen:

a) Der Heizstrom muß leicht variabel einstellbar sein.

b) Es muß jedoch möglich sein, die Heizstromstärke bei Messungen, die sich in einem Zeitbereich wiederholen, stets genau reproduzierbar einzustellen.

c) Das Gleichgewicht der Brücke muß man stets leicht einstellen können, besonders wenn sich Parameter, wie z. B. die Temperatur, ändern.

Diesen Anforderungen entspricht gut die Schaltung nach Abbildung 23.3. Zur leichteren Einstellung der Brücke ist eine getrennte Fein- und Grobeinstellung vorgesehen. Für die Beurteilung der Wirkungsweise dieser Schaltung muß man den Widerstand sowohl zwischen den Klemmen S_1, S_2 als auch zwischen S_1, S_3 und S_2, S_3 sowie ihr Verhältnis bei verschiedenen Stellungen des Potentiometerknopfes kennen. Extreme Widerstände entstehen dann, wenn die Bügel beider

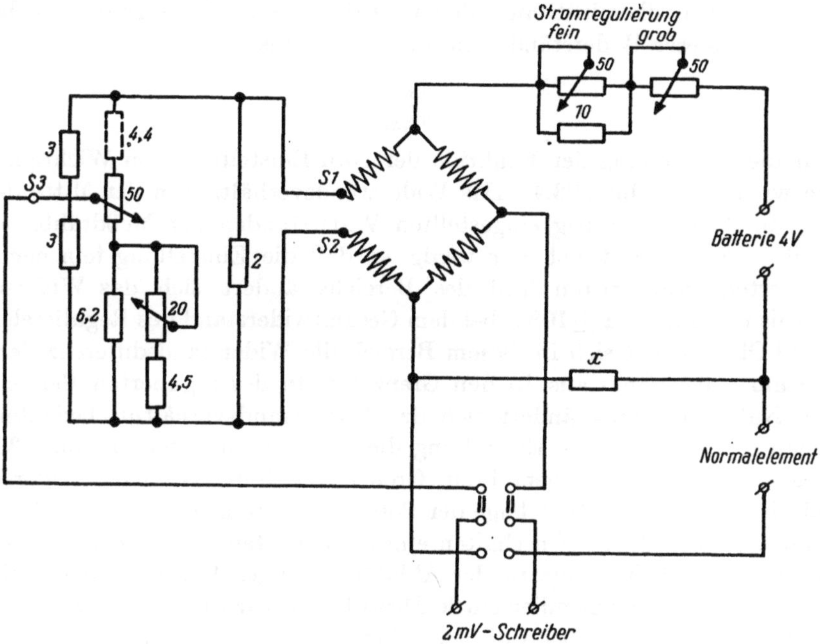

Abb. 23.3. Schaltung der Meßzelle

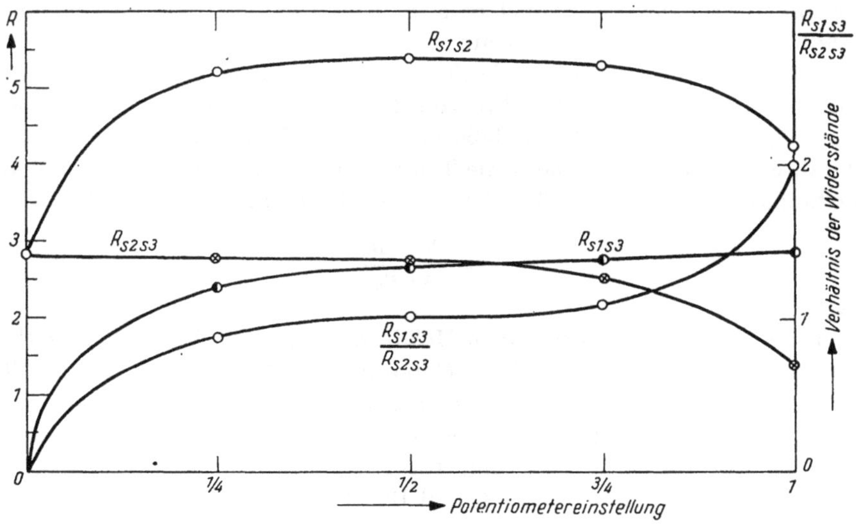

Abb. 23.4. Zusammenhang zwischen Potentiometereinstellung und Widerstand für die Nullpunktseinstellung

Potentiometer in übereinstimmenden Grenzlagen eingestellt sind. Die berechneten Werte dieser Widerstände und das Verhältnis

$$\frac{R_{S_1S_2}}{R_{S_3S_4}},$$

das für die Beurteilung der Funktion der Null-Einstellung von Wichtigkeit ist, finden wir in Abbildung 23.4. Das Widerstandsverhältnis in der Mitte des Bereiches, in dem bei richtig eingestellten Widerständen der Meßdrähte laufend gearbeitet wird, ändert sich nur wenig, so daß die Einstellung fein genug ist. Vom vierten zum dritten Teil des Bereichs ändert sich das Widerstandsverhältnis nur um etwa $\pm 10\%$; bei dem Gesamtwiderstand des Regulierelements von 1,43 Ohm gleicht sich in diesem Bereich die Widerstandsdifferenz der Meßdrähte um $\pm 0,14$ Ohm aus. In den Grenzvierteln des regulierten Bereichs der groben Null-Einstellung ändert sich das Widerstandsverhältnis bedeutend, so daß man durch sorgfältige Einstellung die Widerstandsdifferenz von 1,36 Ohm ausgleichen kann, was genügend breite Grenzen darstellt. Wenn das Widerstandsverhältnis gerade in der Mittellage der Potentiometereinstellung gleich 1 sein soll so kann man dies durch Einschalten eines Rheostaten mit 4,37 Ohm erreichen, wie es die gestrichelte Linie in der Abbildung zeigt. Der Verlauf der Kurven verändert sich dadurch ziemlich stark. Diese Korrektur ist nicht ganz unerläßlich.

Es ist wichtig, daß sich bei Null-Einstellung der Detektorheizstrom nicht ändert. Der Widerstand des gesamten Einstellungselementes mit dem parallelen Rheostaten ändert sich im Bereich von 0,29 Ohm. Sein Wert beträgt bei der Verbindung mit dem Detektorwert von 10 Ohm im ganzen 15,4 Ohm, er ändert sich daher um nicht ganz 2%, wobei er sich gerade in den weniger verwendeten Grenzvierteln des Potentiometers am meisten wandelt.

Beim Arbeiten mit dem Wärmeleitfähigkeitsdetektor muß man die Abhängigkeit der Temperatur der Meßdrähte von der Größe des Heizstromes kennen.

Wenn R_t der Widerstand des Meßdrahtes bei t °C ist, R_0 der Widerstand des Heizdrahtes in kaltem Zustand, t die Temperatur der Drähte und α der Wärmewiderstandskoeffizient ($Pt = 3,9 \cdot 10^{-3}$) so ist leicht abzuleiten, daß

$$t = \frac{R_t - R_0}{\alpha \cdot R_0}$$

beträgt.

Da der Widerstand eines so feinen Meßdrahtes nicht nach üblichen Methoden kalt gemessen werden kann, weil der Meßdraht in jedem Falle durch den Strom des Ohmmeters erwärmt wird, kann man den Wert R_0 durch Extrapolation der Widerstandswerte erhalten, die bei verschiedenen Strömen aus dem Spannungsgefälle berechnet wurden. Die Temperaturen der Meßdrähte wurden bei einer Temperatur des Detektors von 23° C und 130° C gemessen. Aus den Ergebnissen in Abbildung 23.5 ist ersichtlich, daß insbesondere bei größeren Strömen Differenzen in den Temperaturen der einzelnen Meßdrähte auftreten, da die Temperatursymmetrie der Fäden eng mit der Genauigkeit bei ihrer Herstellung zusammenhängt.

Die Abhängigkeit der Empfindlichkeit des Detektors von der Größe des Heizstromes bei Verwendung eines Gemisches von $N_2 + CO_2$ ist in Abbildung 23.6 dargestellt. Hieraus geht hervor, daß die Empfindlichkeit mit stärkeren Strömen bedeutend größer wird.

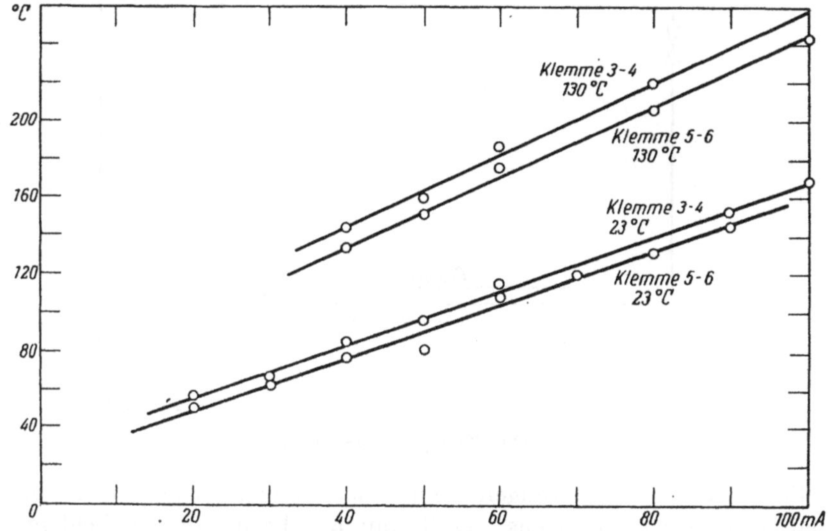

Abb. 23.5. Temperatur der Meßdrähte in Abhängigkeit vom Heizstrom

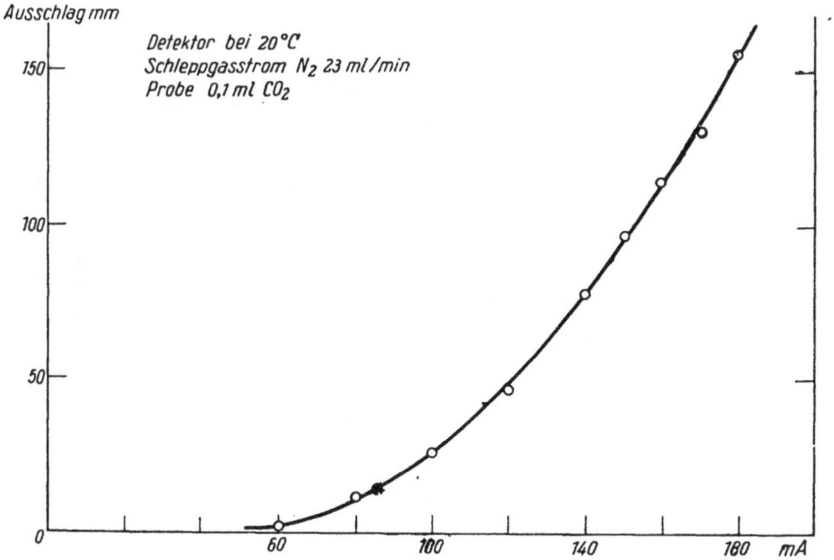

Abb. 23.6 Zusammenhang zwischen Empfindlichkeit der Zelle und Heizstrom

Die Ansprechzeit des Detektors von etwa 1 bis 2 Sekunden ist also kurz genug. Auch die Abhängigkeit des Detektorgleichgewichtes von der Durchflußmenge des Schleppgases ist ebenso gering.

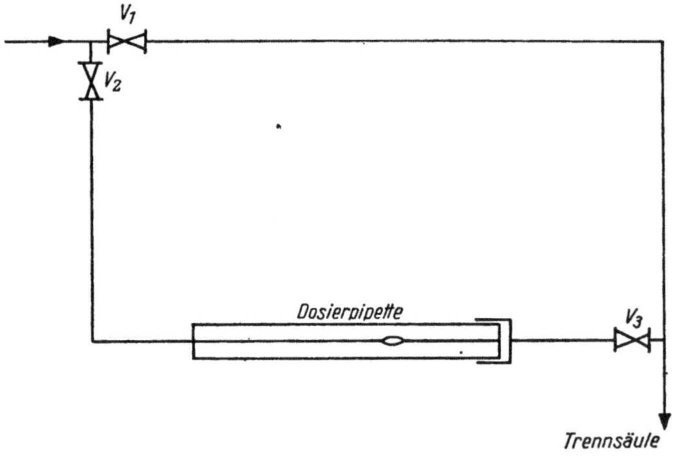

Abb. 23.7. Dosiersystem

Die flüssigen sowie gasförmigen Proben dosiert man in der Weise, daß man Kapillaren günstigen Volumens, gefüllt mit der Probe, in den Schleppgasweg bringt. Die Probe wird durch das Gas aus der Kapillare ausgetrieben und als

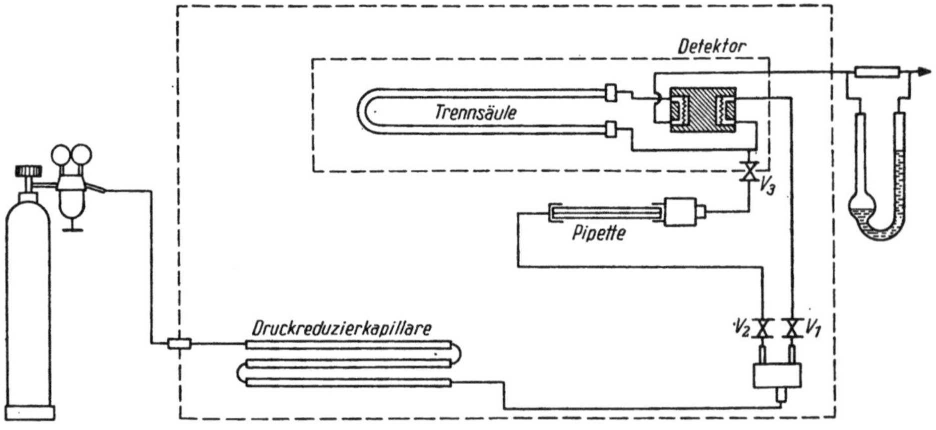

Abb. 23.8. Schaltschema der genannten Apparatur

Dampf in die Trennsäule geleitet. Die Kapillare besteht entweder aus Glas oder aus Metall; letzteres ist für die Dosierung von höhersiedenden Flüssigkeiten geeigneter. Die Probenmenge wird vom Volumen der Kapillare bestimmt. Falls die Einwaage entsprechend der angenommenen Anzahl der Komponenten des Gemisches korrigiert werden muß, kann sie durch Bestimmung der Länge der

Flüssigkeitssäule, die in dem gläsernen Kapillarrohr gut sichtbar ist, festgestellt werden. Durch Wägung des Rohres ist das Gewicht der Probe genau bestimmbar, (Abb. 23.7). Günstig ist bei dieser Anordnung neben der leichten Füllung des Rohres und der leichten Abmeßbarkeit der Probenmenge, daß alle Bestandteile, mit denen die Probe in Berührung kommt, aus Metall sind.

Das Schaltschema der gesamten Apparatur ist aus Abbildung 23.8 ersichtlich. Das Gas durchströmt zuerst einen Satz Kapillarröhrchen, die das Gerät für die Speisung mit Schleppgas mit höherem Druck anpassen sollen, um das übliche

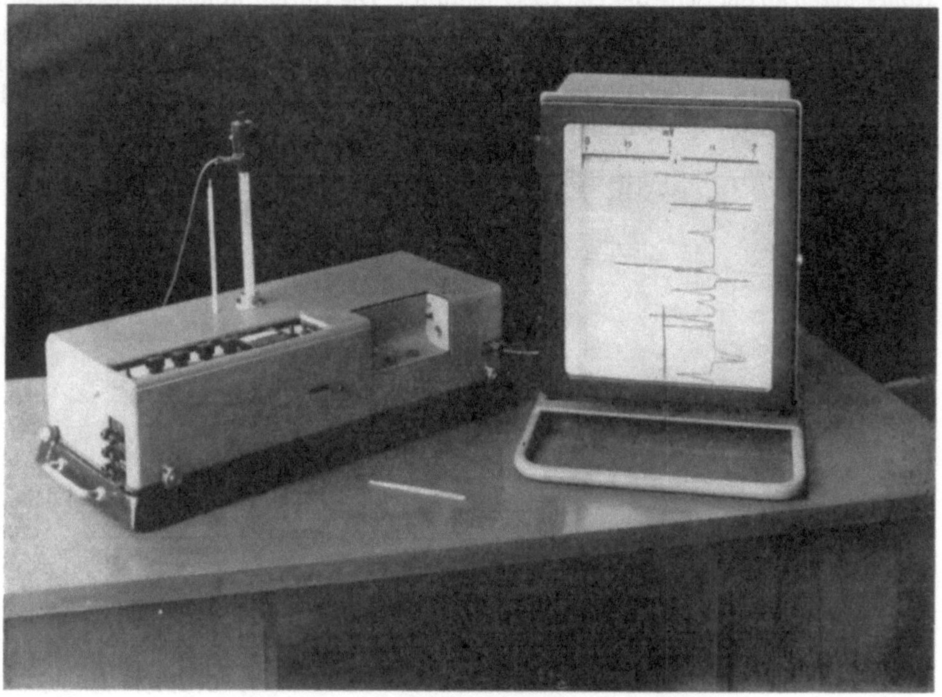

Abb. 23.9. Ansicht des Gas-Chromatographen

Reduzierventil verwenden zu können, außerdem bleibt dadurch der gesamte Gasströmungswiderstand auch bei Widerstandsänderungen der Trennsäule fast konstant, so daß auch der Gasmengenstrom des Schleppgases bei konstantem Eingangsdruck stabil ist und seine Stabilität nur von der Qualität des Reduzierventils abhängt.

Im Temperierbad werden der Detektor, das Nadelventil und zwei Trennsäulen in Form eines U-Rohres gelagert. Die Trennsäulen können 1 m lang sein und einen Durchmesser von 4 bis 8 mm haben. Alle Verbindungen bestehen aus metallenen Kapillarverbindungen mit Verschraubungen. Die Verbindungen außerhalb des temperierten Teiles der Apparatur sind Gummischläuche mit einer lichten Weite von 2 mm.

Das gesamte Gerät ist auf einer Grundplatte befestigt. Die elektrische Einrichtung befindet sich in einem Blechschrank, dessen obere Wand gleichzeitig die Bedienungstafel mit allen Steuerelementen bildet. Die Seitenwand trägt Klemmen für den Anschluß der Batterie, des Schreibers und des Normalelementes. Der Netzschalter, die Netzzuleitung und die Sicherung befinden sich an der Rückwand. Das Gerät erfordert eine Akkumulatorenbatterie von 4 V, eine Netzspannung von 200 V und Erdung.

Schleppgas mit einem Druck von 1 bis 3 atü wird durch einen Schlauch dem Rohrstutzen an der Seite des Gerätes zugeführt. Die Durchflußmenge des Schleppgases kann mit einem Durchflußmesser, der an den Rohrstutzen auf der Austrittsseite angeschlossen ist, gemessen werden. Hier lassen sich einzelne aus der Trennsäule austretende Fraktionen auffangen. Das gesamte Gerät wird durch eine leicht abnehmbare Haube verschlossen (Abb. 23.9).

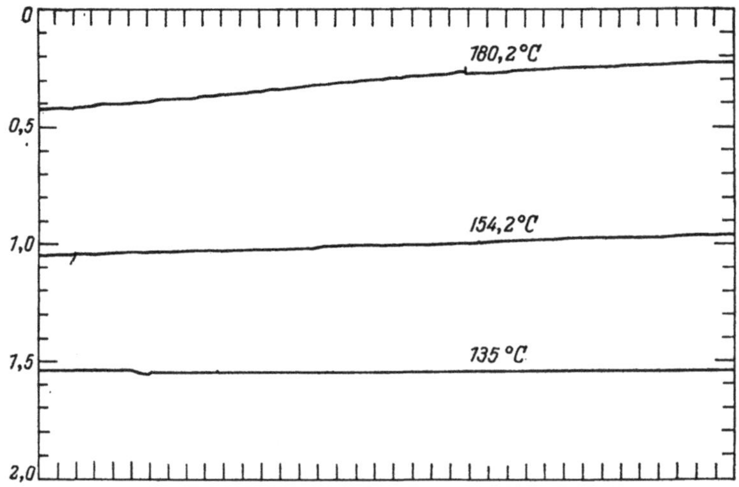

Abb. 23.10. Verlauf der Null-Linie bei höheren Temperaturen (135° C; 154,2° C; 180,2° C)

Die Chromatogramme werden mit einem Kompensationsbandschreiber mit einem Bereich bis 20 mV aufgenommen. Der Verlauf der Null-Linie bei höheren Temperaturen, das Wachsen der Empfindlichkeit in Abhängigkeit vom Detektorheizstrom und Analysenbeispiele zeigen die Abbildungen 23.10; 23.11 und 23.12.

Mit dem beschriebenen Gerät werden bereits einige Monate Analysen von Stoffen aus halbtechnischen Betrieben bei 130 bis 150° C durchgeführt. Es zeigte sich, daß das Gerät allen Anforderungen entspricht, die gewöhnlich an solche Geräte gestellt werden. Allerdings ist die verhältnismäßig lange Zeit (1 bis 2 Stunden), die für das Austemperieren der Trennsäule und des Detektors benötigt wird, von Nachteil. Falls die Trennsäule nicht oft ausgewechselt wird, schaltet man das Gerät selbsttätig durch eine Schaltuhr ein, so daß es bei Beginn der Arbeit temperiert und für die Analyse vorbereitet ist.

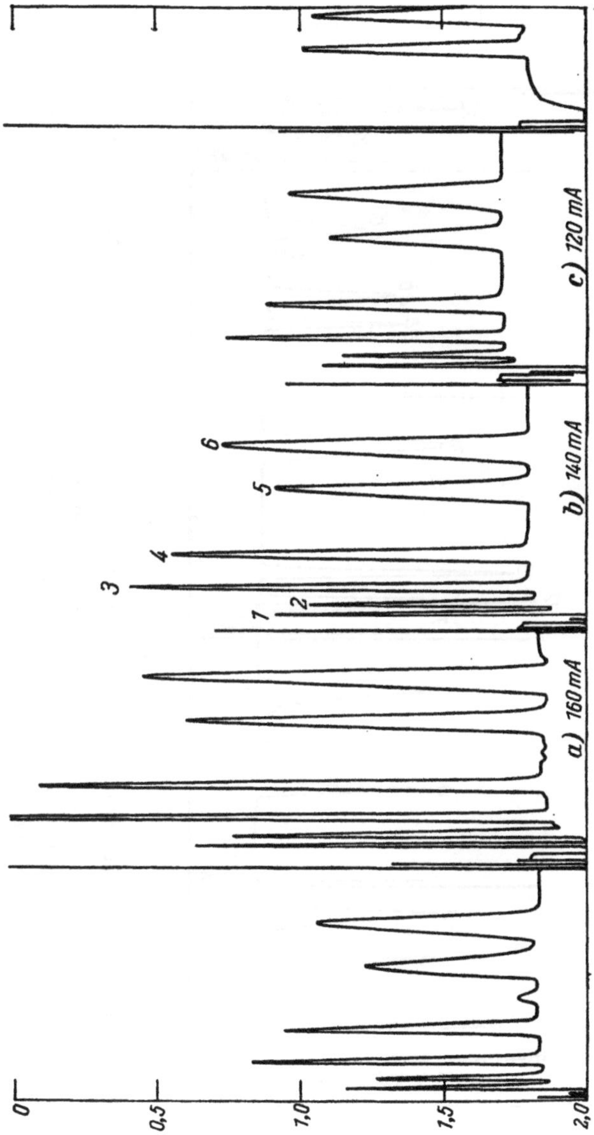

Abb. 23.11. Chromatogramme bei verschiedener Zellenempfindlichkeit
(A = 160 mA; B = 140 mA; C = 120 mA — Heizstrom)
1 = Azeton; 2 = Methyläthylketon; 3 = Diäthylketon; 4 = Methylbutylketon;
5 = Methylamylketon; 6 = Cyclohexanon

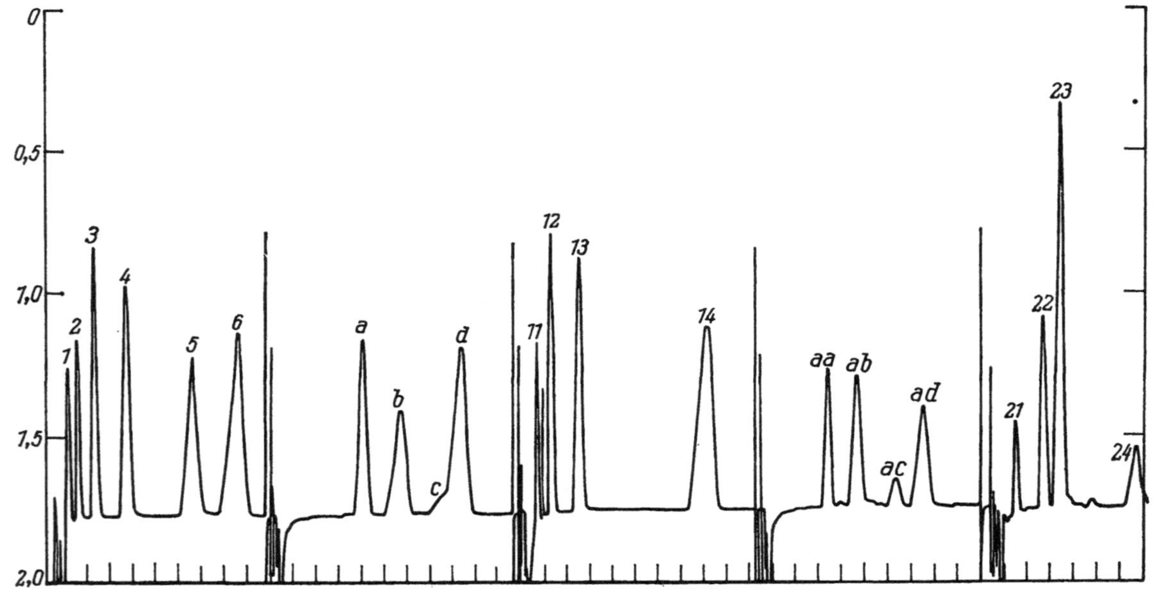

Abb. 23.12. Analysenbeispiele

Trennsäule: 1,1 Diphenyloktadekan; Schleppgasmengenstrom: 25 ml/Min. N_2; Trennsäulentemperatur: 134° C

1 Azeton; 2 Methyläthylketon; 3 Diäthylketon; 4 Methylbutylketon; 5 Methylamylketon; 6 Cyclohexanon

a) Cyclopentanon; b) Methylcyclopentanon; c) Dimethylcyclopentanon; d) Cyclohexanon 11 Propanol; 12 Butanol; 13 Pentanol; 14 Cyclohexanon

aa) Cyclopentanol; ab) Methylcyclopentanol; ac) Cyclohexanol; ad) Cyclohexanon 21 Isobutanol; 22 Methylisobutylketon; 23 Äthylpropylketon; 24 Cyclopentanol

LITERATURVERZEICHNIS

[1] Sborník plynové chromatografie, Matice harnickohutnická. (Sammelband für Gas-Chromatographie, Berg- und Hüttenverein), Praha 1956.
[2] CHOVIN, P., Bull. Soc. chim. France Mém., **2**, 83 (1957).
[3] CABICAR, J., Tepelnévodivostní analysatory v plynové chromatografii. (Wärmeleitfähigkeits-Analysatoren für Gas-Chromatographie) Vortrag, Brno 1957.
[4] DAVIES, A. J., JOHNSON, I. K., Sborník plynové chromatografie. (Sammelband für Gas-Chromatographie), S. 230.
[5] Taschenbuch für Chemiker und Physiker. Springer-Verlag, Berlin 1943.
[6] KREJČÍ, M., JANÁK, J., Způsoby kvantitativní práce s tepelněvodivostními analysatory. (Verfahren für die quantitative Arbeit mit Wärmeleitfähigkeits-Analysatoren), Vortrag. Brno 1957.
[7] CIRÁK, J. Slaboproudý obzor, **18**, 407 (1957).
[8] MC. CREADIE, S. W., WILLIAMS, R. F., J. appl. Chem., **1**, 47 (1957).
[9] USA-Patent Nr. 66.012.1/2.
[10] Express Informacija AU 87, Nr. 87, 1957.

Automatischer Analog-Integrator zur Auswertung von Gas-Chromatogrammen

Von Z. Böhm, Brno, ČSSR

Die Entwicklungsrichtung gas-chromatographischer Apparate zielt gegenwärtig auf die Konstruktion eines automatischen Gas-Chromatographen hin. Bei der Trennung flüchtiger Stoffe mittels Gas-Chromatographie werden die einzelnen Komponenten hinter der Trennsäule zum Beispiel mit einer Wärmeleitfähigkeitszelle nachgewiesen. Das Ausgangssignal des Detektors wird über einen Verstärker auf ein Registriergerät geleitet, auf dem das Gas-Chromatogramm festgehalten wird. Die Fläche unter den Bergen entspricht der Menge des zugehörigen Gases oder der Quantität der einzelnen getrennten Gasfraktionen. Für die Auswertung der Trennung flüchtiger Körper muß man die Quantität der Gasfraktionen kennen, sie wird durch die Fläche des Berges ausgedrückt. Für diesen Zweck wurde ein Gerät entwickelt, das die Flächen der einzelnen Berge auswertet: der „Analogintegrator für die Auswertung gas-chromatographischer Kurven".

Nach Auswertung verschiedener in der erreichbaren Literatur beschriebener Integratorkonstruktionen wurde ein Analogintegrator entwickelt, der den Indikationsteil des automatischen Gas-Chromatographen bildet.

Konstruktion und Prinzip der Arbeitsweise des Analogintegrators

Die verstärkte Ausgangsspannung aus dem Detektor wird zum Registriergerät, das den zeitlichen Verlauf der elektrischen Spannung aufzeichnet, und gleichzeitig zum Eingang des Analogintegrator geleitet. Die Ausgangsspannung wird zum 1 Gitter der Elektronenröhre 6 F 36 geleitet, die als Triode in der Funktion eines Wechselwiderstandes in Reihe mit einem Kondensator geschaltet ist. Durch Veränderung der Spannung des 1. Gitters der Röhre 6 F 36 ändert sich die resultierende Impedanz der Reihenschaltung: Widerstand der Elektronenröhre und des Kondensators. Durch den Einfluß der Kapazitätsänderung, die zugleich die Kapazität der Resonanzschaltung eines Impulsgenerators bildet, ändert sich auch die Frequenz des Generators. Der Impulsgenerator beruht auf dem Prinzip eines Interferenz-Impulsgenerators mit Ringmodulator. Es sind dies zwei selbständige Generatoren, die auf die gleiche Frequenz von ca. 5000 Hz eingestellt sind. Die resultierende Frequenz hinter dem Ringmodulator ist 0 Hz. Durch

Änderung der Frequenz eines Generators infolge Kapazitätsänderung seiner Resonanzschaltung, die durch die zusätzliche Kapazität der Eingang-Elektronenröhre beeinflußt wird, erhalten wir die resultierende Frequenz hinter dem Ringmodulator beider Generatoren. Die resultierende Frequenz ist der Ausgangsspannung des Detektors proportional und ändert sich mit dieser linear; sie wird auf das erste Gitter der weiteren Elektronenröhren aufgeschaltet. Die resultierende Anzahl der Impulse, die der Fläche unter dem Chromatogrammberg proportional ist, wird zahlenmäßig durch ein elektromagnetisches Zählwerk

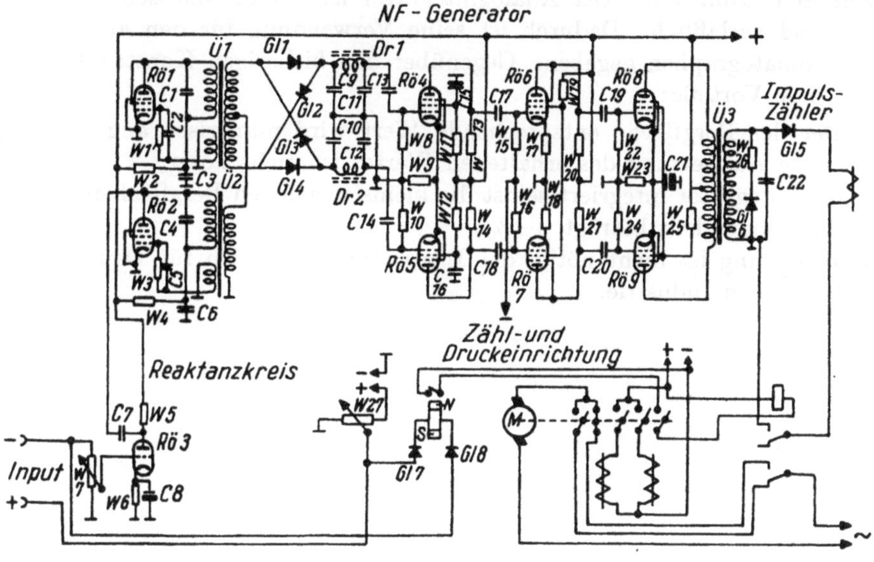

Abb. 24.1. Schaltschema des Integrators

angezeigt; diesem werden die Impulse des Generators zugeleitet, und nach Beendigung des Spannungsdurchgangs werden die Werte automatisch auf einen in Zählgeräten verwendeten Papierstreifen aufgetragen; nach Registrierung stellt sich der Impulszähler automatisch auf Null. Gleichzeitig verschiebt sich der Papierstreifen mit dem Zahlenergebnis und ist so für eine neue Registrierung vorbereitet. Die gesamte Zählvorrichtung wird durch Anlaßschaltung betätigt, die ein polarisiertes Mikrorelais mit einem Begrenzer der regelnden Spannung für das Mikrorelais bildet. Die Anlaßschaltung der Zählvorrichtung wird mit derselben verstärkten resultierenden Ausgangsspannung des Detektors geregelt wie die Eingangselektronenröhre.

Durch die Anlaßschaltung wird die Zählvorrichtung eingeschaltet und vorbereitet, und zwar bei einer minimalen Ausgangsspannung aus dem Detektor von 0,08 V. Während der Integrationsdauer, d. h. während der die verstärkte Spannung aus dem Detektor bis auf den maximalen Wert von 6 V ansteigt, bleibt das Mikrorelais der Anlaßschaltung eingeschaltet. Sobald die Spannung wieder auf den Wert von 0,08 V sinkt, schaltet das Mikrorelais in die frühere Stellung um und schaltet den durch einen Motor betätigten Umschalter ein; dieser schaltet in einem bestimmten Zeitintervall die einzelnen Teile des Zählwerks in folgender Reihenfolge ein: Einschaltung des Schreibers, Verschiebung des Papiers, Einstellung des Impulszählwerks auf den Null-Wert. Damit ist die gesamte Vorrichtung wieder für die Auswertung der folgenden Kurvenfläche vorbereitet.

Die gesamte Apparatur wird aus dem Netz gespeist, die Speisespannung wird magnetisch stabilisiert. Der Analogintegrator ist vollautomatisch. Er arbeitet genau und verläßlich. Dadurch ist seine Verwendung für den automatischen Gas-Chromatographen gegeben. Gegenüber den bisherigen Konstruktionen hat er folgende Vorteile:

1. Der der Bergfläche entsprechende Wert wird numerisch angegeben, eine zusätzliche Auswertung des erhaltenen Wertes ist nicht nötig;
2. der Integrator integriert selbst die kleinstmöglichen Bergflächen;
3. die Genauigkeit beträgt $\pm 1\%$;
4. Bedienung ist nicht nötig, der Integrator eignet sich für Dauerbetrieb in der chemischen Industrie.

Elektrischer Integrator für die Auswertung von Gas-Chromatogrammen

Von H. Dubský und W. Sokolíček, Brno, ČSSR

Die Gas-Chromatographie gewinnt als analytische Methode eine besondere Bedeutung, weil sie gleichzeitig über Qualität und Quantität des zu untersuchenden Stoffes aussagt. Die Qualität bestimmt man aus dem spezifischen Rückhaltevolumen [1]. Das Verfahren für quantitative Ergebnisse hängt von den verwendeten Detektoren ab. Die Gas-Chromatographie kann entweder integrale oder differentiale Detektoren benutzen.

Die erste Gruppe von Detektoren gibt unmittelbar die Quantität des analysierten Stoffes an. Zu dieser Gruppe gehört der Janáksche Chromatograph, der die zu analysierende Probe direkt über konzentrierter Kalilauge mißt, die das als Schleppgas verwendete Kohlendioxyd absorbiert [2]. Dieser Detektorentyp wurde schließlich so automatisiert, daß er entweder die Volumenänderung bei konstantem Druck [3, 4] oder die Veränderung des Drucks bei konstantem Volumen registriert [5]. Der Apparat arbeitet sehr genau, mit einem absoluten Fehler von $\pm 0{,}01$ ml und weniger. Er kann allerdings nur für schwer kondensierbare Gase verwendet werden.

In die erste Gruppe von Detektoren gehört auch das Gerät von James und Martin [6], das für flüchtige Säuren und Basen entwickelt wurde, die eine mit Indikator angefärbte Titrationslösung entfärben. Die Titrationslösung wird mittels eines Photo-Relais automatisch solange zugeführt, wie sich der ursprüngliche p_H-Wert ändert, wobei der Verbrauch angezeigt wird. Die Genauigkeit entspricht der bei acidi- und alkalimetrischen Messungen.

Die Differentialdetektoren (Wärmeleitfähigkeitszellen, Scott-Mikroflammendetektor u. ä.) ermöglichen eine quantitative Analysenauswertung entweder mit subjektiven Methoden oder objektiv durch zusätzliche Verwendung eines Integrators. Die subjektive Auswertung der Chromatogramme mit bekannten Methoden (planimetrisch, Berechnung aus Berghöhe und Bergbreite durch Wägung usw.) ist praktisch mit einem Fehler ab $\pm 3\%$ und mehr für Flächen von 100 bis 300 mm² belastet [7, 8]. Eine solche Auswertung dauert lange, die Fehler sind bedeutend.

Die Differential-Detektoren stellen einstweilen das einzige Verfahren der Detektion von Stoffen bei höheren Temperaturen dar, außerdem erfassen sie die Spurenmengen empfindlicher.

Die mechanische bzw. elektronische Auswertung der Analysenergebnisse beschleunigt die Arbeiten und erhöht die Genauigkeit wesentlich.

Daher wurden Integratoren entwickelt, die zur quantitativen Auswertung der Chromatogramme die den Bergflächen entsprechenden Integralwerte liefern.

Im Ausland wurde ein mechanischer Integrator mit Kugel und Haftscheibe verwendet [9]. Die Haftscheibe rotiert mit konstanter Geschwindigkeit. Die Drehbewegung wird auf die Kugel übertragen, deren Abstand von der Drehachse der Haftscheibe durch den Zeiger des Schreibers eingestellt wird. Die Kugel rotiert um so rascher, je weiter sie vom Drehmittelpunkt der Haftscheibe entfernt ist. Die Umdrehungszahl der Kugel ist dem Integral der Fläche des Berges proportional. Die Genauigkeit der Integrierung ist abhängig von der Glätte der Kugeln und der Fläche der Haftscheibe. Die Fehlergrenze eines solchen Integrators wurde bisher in der Literatur nicht angeführt.

Im Ausland gibt es einige kommerzielle Integratortypen, die nach verschiedenen Prinzipien arbeiten. Sie wurden für andere Zwecke entwickelt und könnten zur Auswertung der Chromatogrammbergflächen erst nach speziellen Umbauten verwendet werden.

Bei uns hat man einen neuen Typ eines elektrischen Integrators für die Gas-Chromatographie entwickelt. Er läßt sich an einen Detektor mit Verstärker [10] oder an einen Millivoltschreiber anschließen.

Beschreibung des Apparates

Der zu beschreibende Integrator ist für den Anschluß an mit Gleichstrom gespeiste Leitfähigkeitszellen bestimmt. Die kleine Brückenspannung der Zelle auf der Meß-Seite wird auf den Wert von 6 V verstärkt und in die Eingangsklemmen des Integrators eingeführt. Ein besonderes Element des Integrators ist der Gleichstromzähler. Die Umdrehungen der Zählerscheibe sind direkt proportional dem Strom, der durch die Wicklung der anregenden Spule hindurchfließt. Die Gesamtzahl der Umdrehungen ist daher dem Zeitintegral des zu integrierenden Stromes direkt proportional. An dem drehenden Teil des Stromzählers wird innerhalb einer Umdrehung zweimal ein Kontakt geschlossen.

Um die Empfindlichkeit zu erhöhen wird der Zähler mit einem genauen elektronischen Verstärker gespeist. Die Genauigkeit der gesamten Messung hängt unter anderem auch von der Linearität und Stabilität dieses Verstärkers ab. Da die erforderliche Genauigkeit der Integration etwa 1% betrug und der verwendete Stromzähler annähernd den gleichen Fehler aufweist, muß der Verstärker so konstruiert werden, daß diese Fehler praktisch vernachlässigt werden können. Der Verstärker ist im wesentlichen ein automatischer Kompensator, der durch einen photoelektrischen Komparator gesteuert wird. Sein Vorteil besteht in der hohen Genauigkeit und Stabilität, die auf andere Weise praktisch nicht erreichbar ist.

Der Kontakt an der Zählscheibe betätigt mittels einer elektronischen monostabilen Kipp-Anordnung ein dreistelliges dekadisches Tourenzählwerk. Es besteht aus drei Telephongesprächzählern und fünf Relaissätzen.

Der Zahlenstand auf dem Zählwerk kann jederzeit durch eine Taste annuliiert werden.

Der Verstärker besteht aus zwei Teilen (Abbildung 25.1), und zwar aus dem eigentlichen Verstärker, der von den Elektronenröhren 6 L 31 und 6 F 31 gebildet wird, und dem photoelektrischen Kompensator, der sich aus dem Galvanometer *G*, der Photozelle Z und der Lampe *L* zusammensetzt. Die Photozelle

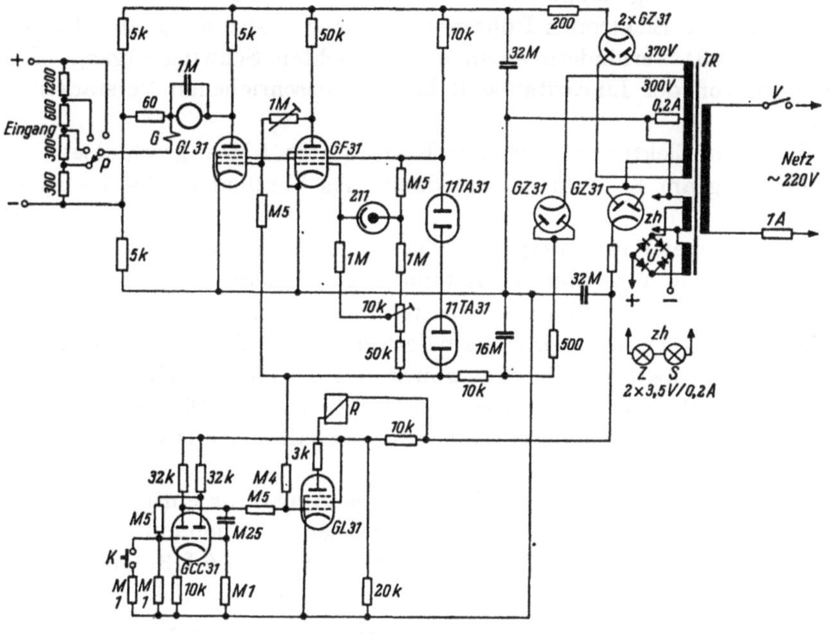

Abb. 25.1. Schaltschema des elektrischen Integrators

wird ununterbrochen von der Lampe *L* bestrahlt. Zwischen beide greift ein leichter Abschirmflügel, der am Zeiger des Galvanometers befestigt ist. Je nach der Stellung des Flügels wird die Photozelle mehr oder weniger bestrahlt und läßt mehr oder weniger Strom hindurch. Drei Widerstände von 5 kOhm und die Röhre 6 L 31 aind als Wheatstone-Brücke geschaltet, in deren horizontaler Diagonale das Elektrometer *I* und der Widerstand 60 angeordnet sind. Wenn die Brücke ausgeglichen ist, fließt durch das Elektrometer kein Strom. Führen wir aber eine Brückenspannung auf der Meßseite zu, dann fließt Strom durch das Galvanometer *G*, der Zeiger und mit ihm der Abschirmflügel beginnen sich zu bewegen, und zwar so, daß die Lampe *L* freigelegt wird. Die Photozelle wird auf diese Weise stärker bestrahlt und läßt mehr Strom hindurch. Diese Veränderung erscheint nach der Verstärkung als Spannungsausschlag auf der Anode 6 L 31, so daß durch das Elektrometer und den Widerstand 60 Strom zu fließen beginnt. Durch den Stromfluß bewegt sich das Elektrometer, und über dem Widerstand 60 entsteht eine Spannung, die von der Spannung am Eingang abgezogen wird. Die Stromstärke wächst solange an, bis die Spannung am Widerstand 60 der Eingangsspannung gleich ist; dann hört der Stromfluß durch das Galvanometer *G* auf, und der Abschirmflügel bleibt stehen. Der ganze Vorgang ist im Bruchteil einer Sekunde beendet. Die Verstärkung, d. h. das Verhältnis des Elektrometerstromes und der Eingangsspannung, hängt von der Größe des Widerstandes 60 ab, bei welchem leicht große Konstanz zu erzielen ist. Die Verstärkung hängt in breiten Grenzen nicht von den Eigenschaften der verwendeten Elektronen-Röhren und der Netzspannung ab. Die Stabilisatoren 11 TA 31 verhindern einen unerwünschten Schwingvorgang. Die Abweichungen von der Linearität sind bei dem beschriebenen Verstärker kleiner als 0,1%.

Parallel zum Elektrometer ist der Kondensator 1 M angeschlossen. Er soll Funkenbildung am Kontaktteil und damit das Verzundern der Lamellen verhindern.

Das Galvanometer im Komparator hat einen Widerstand von 100 Ohm; die für den Ausschlag aus einer Grenzstellung zur anderen notwendige Spannung beträgt ca. 1 mV. Die Photozelle besteht aus einer Gaszelle (Erzeugnis von Tungsram Typ 211) und wird normalerweise als Bildtonempfängerzelle verwendet. Die Lampe *L* ist eine Zwergbirne mit 3,5 V/0,2 A. Fall sie sich lockert oder durchbrennt, hört die Apparatur auf zu arbeiten. Die Signallampe *S* auf dem Gehäuse ist mit der Lampe *L* in Reihe geschaltet. Falls sie versagt, erlischt die Signallampe ebenfalls.

Um die günstigste Empfindlichkeit für die Apparatur einstellen zu können, ist am Eingang ein Vierpolumschalter vorgesehen. Mit den einstellbaren Widerständen 1 M Ohm und 10 k Ohm werden für die Röhren 6 L 31 und 6 F 31 optimale Arbeitsbedingungen geschaffen. Der Kontakt am Elektrometer ist sehr fein, damit er die Rotation der Scheibe nicht bremst. Zwischen dem Anlaßkontakt *K* und dem Zählwerk ist ein elektronisches Schlüsselwerk angeordnet, das aus den Elektronenröhren 6 C C 31 und 6 L 31 besteht. Die erste Röhre ist als kathodisch gebundener monostabiler Kippschalter mit einer Kippzeit von ca. 40 ms geschaltet. Bei kurzem Verbinden mit dem Kontakt *K* erzeugt diese Schaltung einen positiven Spannungsimpuls von angeführter Länge, der die bisher blockierte Röhre 6 L 31 öffnet. Durch die Schaltung, in der das Telephonrelais *R* verbunden ist, fließt der Strom, das Relais zieht den Anker an, und über die Kontakte schaltet es das elektrische Zählwerk ein (in Abb. 25.1 nicht eingezeichnet).

Der Hauptgleichrichter wird aus zwei parallelgeschalteten Röhren 6 Z 31 gebildet. Die weitere Röhre 6 Z 31 richtet die negative Spannung für die Verstärkerröhre 6 L 31 gleich, die vierte liefert die Spannung zum Schlüsselwerk und der Selenverstärker *U* die Spannung für das Umdrehungszählwerk.

Spezifikation des Integrators

Der Apparat zählt das Zeitintegral der elektrischen Gleichstromspannung in Form einer dreiziffrigen Zahl. Er ist für maximale Eingangsspannungen von

0,75—1,5—3—6 V eingerichtet. Die größte Zählgeschwindigkeit des Zählwerks beträgt ca. 500 Einheiten/Min. Die Genauigkeit liegt unter 1%.

Gespeist wird der Apparat aus einem Wechselstromnetz von 220 V. Eine Spannungsänderung von $\pm$ 10% wirkt sich nicht aus. Untergebracht ist der Apparat in einem Normgehäuse mit den Abmessungen von ca. 490 + 185 + 340 mm.

Der Apparat kann bedeutend vereinfacht werden, insbesondere die Energieversorgung für das Zählwerk. Statt zwei 6 Z 31-Röhren parallel zu verwenden, kann man eine AZ-12-Röhre einsetzen und statt der restlichen 6 Z 31 kleine Selengleichrichter nehmen. Bei einem empfindlicheren Zählwerk erübrigt sich das Relais, und man kommt mit einer Röhre 6 C C 31 aus. Nach dem gleichen Prinzip könnte man eine Apparatur mit maximaler Empfindlichkeit im Spannungseingang bauen, so daß eine Anschaltung am Ausgang der Leitfähigkeitszellen möglich wäre.

Nachtrag zur Spezifikation des Gerätes

Falls ein in das Elektrometer eingebauter Tourenzähler ausreicht, entfällt der angeschlossene Gleichrichter Es ist vorteilhaft, die Röhre 6 Z 31 im Gleichrichter der negativen Vorspannung durch einen Selengleichrichter zu ersetzen und die beiden parallelgeschalteten 6-Z-31-Röhren durch eine Elektronenröhre, z. B. durch A Z 11. Infolge der beschriebenen Änderungen reduziert sich die Anzahl der Röhren auf die Hälfte.

Experimenteller Teil und Ergebnisse

Zur Stofftrennung wurde das Gerät der Fa. Griffin und George, London mit der üblichen Schaltung verwendet. Das Gerät arbeitet mit 34 Ohm-Wärmeleitfähigkeitszellen und ist mit einem Millivoltschreiber für 0 bis 3 mV von Honeywell-Brown ausgerüstet. Auf dem Schreibwagen ist ein Stromabnehmer montiert, der sich auf einem gespannten Widerstandsdraht bewegt. Dieser diente als Potentiometer und wurde von einer 6-V-Batterie gespeist. Die abgenommene Spannung wurde über einen Spannungsteiler in den Eingang des oben beschriebenen Integrators geleitet und die Trennsäule mit 20 g Molekularsieb 5 Å mit einer Körnung von 0,2 bis 0,4 mm gefüllt. Über die Aktivierung siehe [7].

Ein Gasgemisch, bestehend aus 24,1% He; 10,2% O_2; 37,9% N_2; 27,8% CH_4 wurde mit Schleppgas (Wasserstoff) verdünnt. Dadurch ändert sich die absolute Konzentration der Komponenten, ohne daß sich das proportionale Verhältnis der Komponenten ändert. Die Kontrolle erfolgte manometrisch. Die Meßreihen I—IV enthalten stets verschiedene Gasmengen bei gleichem relativen Verhältnis. Es wurden stets 2 ml Gas mit einer Injektionsspritze dosiert.

Tabelle 1 bringt die statistische Auswertung der Analysenergebnisse des künstlichen Gemisches. Jede Reihe stellt das Mittel aus zehn Analysen dar. Die Größe der einzelnen Fraktionen ist in Tabelle 1 durch eine Fläche wiedergegeben (Spalte a), die nach der Dreieckmethode errechnet wurde (mit einem mittleren Fehler von 1 bis 16% [7, 8]). Diese Fläche ist auch in %-Werten ausgedrückt (Spalte b). Die durch den Integrator erhaltenen Werte (Spalte c) sind auf Prozente mit einem absoluten Fehler (Spalte d) berechnet. Der absolute Fehler ist bei den unsymmetrischen Bergen (Methan) wegen der Ungleichheit der Bergbreite größer. Der relative Fehler (Spalte e) der mit Integrator erhaltenen Werte wächst bei kleinen Fraktionen. Das erklärt sich aus den Grundlinienschwankungen, die auf kleine Bergflächen relativ stark einwirken.

TABELLE 1

Interpretation der chromatographischen Wärmeleitfähigkeits-Werte, berechnet dnrch Flächenbestimmung nach der Dreiecksmethode und elektro-mechanischer Integrierung

Probe	Reihe	Größe der Probe	*a* mm²	*b* %	*c* %	*d* ± +	*e* ± %
He	I	0,331	54	5,0	4,8	0,6	12,5
	II	0,306	48	5,0	5,3	0,2	3,8
	III	0,252	44	5,3	5,1	0,5	9,8
	IV	0,179	38	6,0	5,2	0,5	9,6
O_2	I	0,144	152	14,1	13,0	0,4	3,1
	II	0,133	138	14,4	13,4	0,4	3,0
	III	0,110	116	13,8	13,4	0,2	1,5
	IV	0,078	89	14,1	13,5	0,4	3,0
N_2	I	0,530	533	49,3	50,3	0,5	1,0
	II	0,490	491	51,4	49,0	0,8	1,6
	III	0,404	418	50,0			
	IV	0,286	317	50,2	51,3	0,5	0,9
CH_4	I	0,389	343	31,7	31,9	0,6	1,9
	II	0,360	278	29,1	32,1	0,8	2,5
	III	0,297	260	31,0	30,6	1,2	4,0
	IV	0,210	189	29,8	30,1	0,7	2,3

a Bergfläche nach der Dreiecksbeziehung $h \cdot b/2$ berechnet;
b Bergfläche, ausgedrückt in Prozenten;
c Anzahl der durch den Integrator gezählten Impulse, ausgedrückt in Prozenten;
d Absoluter Fehler der in Spalte *c* angegebenen Werte;
e Relativer Fehler des Integrators, ausgedrückt in Prozenten.

Bei Beurteilung der Ergebnisse in Tabelle 1 muß man beachten, daß die berechneten Fehler nicht nur durch den Integrator entstehen, sondern daß sie die Summe der Fehler aus dem gesamten Ablauf (Probengabe, Trennung, Registrierung) darstellen. Wegen der unterschiedlichen Empfindlichkeit des Detektors gegenüber verschiedenen analysierten Komponenten muß man den Fehler auf die aufgezeichnete Fläche, aber nicht auf die Größe der Probe beziehen.

In dem gesamten untersuchten Bereich von 40 bis 500 mm Partialdruck des Ausgangsgases beträgt der absolute Fehler etwa 0,5%. Vergleichen wir die relativen mittleren Fehler des Integrators mit den Fehlern verschiedener Konstruktionen [7, 8], so sehen wir, daß die Fehler gleich oder kleiner sind.

Der Integrator kann zur Verwendung in der Gas-Chromatographie empfohlen werden.

LITERATURVERZEICHNIS

[1] Interpretace chromatografických dat. (Referat von Ing. J. Janák auf der regelmäßigen Beratung über Gas-Chromatographie am 28. und 29. November 1956).
[2] Janák, J., Chem. Listy, **46**, 817 (1952).
[3] Janák, J., Tesařík, K., Chem. Listy, **51**, 2048 (1957).
[4] Leibnitz, E., Hrapia, H., Koennecke, H. G., Brennstoff-Chemie, **38**, 14 (1957).
[5] Van de Craats, F., Analytica chim. Acta [Amsterdam], **14**, 136 (1956).
[6] James, A. T., Martin, A. J. P., Biochem. J., **50**, 679 (1952).
[7] Janák, J., Krejčí, M., Dubský, H., Použití zeolitu v plynové chromatografii I. (Verwendung von Zeolith in der Gas-Chromatographie), Chem. Listy, **52**, 359 (1958).
[8] Způsoby kvantitativní interpretace tepelné vodivosti. (Arten der quantitativen Auswertungen von Wärmeleitfähigkeitskurven und anderen mit differentiellen Detektoren erhaltenen Chromatogrammen in der Gas-Chromatographie), Vortrag von Krejčí, M., Janák, J., auf der chromatographischen Versammlung 1957, Chemie, **10**, 264 (1958).
[9] Oil Gas J., **17**, 133 (1956).
[10] Böhm, Z., Chem. Listy, **52**, 329 (1958).

III. ABSCHNITT

SPEZIELLE ANWENDUNG

Zur Anwendung der Gas-Chromatographie für das Studium von Katalysatoreigenschaften

Von E. Smolková, Prag

Die Chromatographie ist nicht nur eine wirksame Trenn- und Analysenmethode, sondern sie eignet sich auch zum Verfolgen verschiedener physikalisch-chemischer Vorgänge.

Verhältnismäßig wenig Aufmerksamkeit wurde bisher der Anwendungsmöglichkeit der Gas-Chromatographie für das Studium der heterogenen Katalyse gewidmet. Wir befaßten uns mit diesem Problem, weil die Arbeitsbedingungen bei den Katalysatoren den in der Gas-Chromatographie angewendeten ähneln und die Daten ein verhältnismäßig getreues Bild katalytischer Vorgänge ergeben könnten. Nach orientierenden Versuchen auf Silikagel (Untersuchung der Abhängigkeit der Adsorption von verschiedenen Parametern), wurde der Katalysator 7373 für die Wassergaskonvertierung verwendet, der hauptsächlich aus Eisenoxyd besteht. Das für die Umsetzung mit diesem Katalysator bestimmte Gemische enthält CO_2, CO, H_2, außerdem ist N_2 und CH_4 mit je 1% vertreten.

Da das Kriterium für das Verhalten des Stoffes gegenüber der Säulenfüllung der Trennsäule die charakteristische Rückhaltezeit ist, die ein Maß für die Adsorptionsfähigkeit darstellt, führten wir die Messungen von t_{max} von H_2, $N_2(O_2)$, CO, CO_2 und CH_4 in Abhängigkeit der Probengröße des zu untersuchenden Gases von der Temperatur der Trennsäule und der Durchflußgeschwindigkeit des Schleppgases durch.

Als Schleppgas wurde vorwiegend Stickstoff (eventuell Sauerstoff) verwendet. Die Säule (das katalytische Bett) war 160 mm lang mit einem Durchmesser von 6 mm. Die Indikation erfolgte nach der Wärmeleitfähigkeitsmethode unter Verwendung von Glaszellen mit Platindrähten.

Da katalytische Vorgänge von dem Adsorptionsmechanismus der reagierenden Verbindungen beeinflußt werden, waren zuerst die Adsorptionseigenschaften der einzelnen Gase, die bei der Reaktion in Betracht kommen, festzustellen.

Um die Adsorptionseigenschaften der Gase zu beurteilen, wurde deren Abhängigkeit von t_{max} des Gases, von der Probengröße, der Durchflußgeschwindigkeit des Schleppgases, und zwar bei einer Temperatur von 20 bis 400° C gemessen. Das eigentliche Temperaturarbeitsgebiet des Katalysators bewegt sich zwischen 200 und 400° C. Die niedrigeren Temperaturen wurden aus dem Grunde erprobt, um gegebenenfalls die physikalische Adsorption von der Chemosorption unterscheiden zu können. (Mit ansteigender Temperatur sinken die physikalische Adsorption und die Werte t_{max}; bei der Chemosorption wächst mit ansteigender Temperatur das Adsorptionsvermögen, und man kann mit einer Erhöhung der Werte t_{max} rechnen.)

Bei Versuchen mit Sauerstoff und Stickstoff waren in dem verfolgten Temperaturbereich weder eine meßbare Adsorption noch irgendwelche chemischen Veränderungen festzustellen. Ebenso kommt es bei Kohlendioxyd zu keiner Reaktion

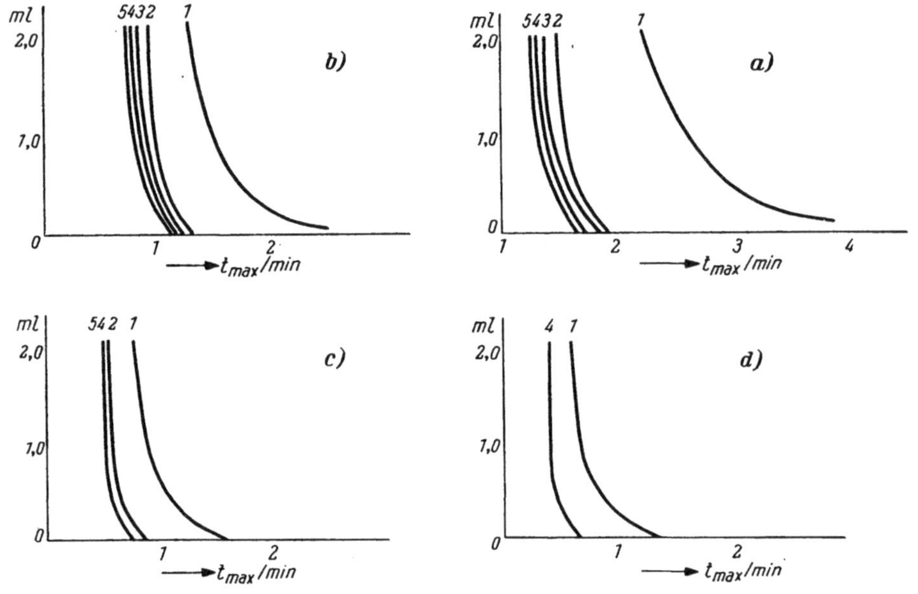

Abb. 26.1. Abhängigkeit der maximalen Rückhaltezeiten von Schleppgasdurchfluß und Temperatur

Gas-Durchfluß:	Temperatur:
a = 0,34 mlN_2/sec	1 ~ 20°C
b = 0,62 mlN_2/sec	2 ~ 100°
c = 1,23 mlM_2/sec	3 ~ 200°
d = 1,84 mlN_2/sec	4 ~ 300°
	5 ~ 400°

mit dem Katalysator. Jedoch wurde ein gewisser abweichender Verlauf der Abhängigkeit des t_{max} von der Durchflußgeschwindigkeit und der Probengröße bei verschiedenen Temperaturen festgestellt. Wie aus Abbildung 26.1 zu ersehen, verschieben sich die bei niedrigeren Durchflußgeschwindigkeiten für eine Temperatur von 20° C erhaltenen Kurven zu höheren t_{max}-Werten.

Dieses einigermaßen unterschiedliche Verhalten des Kohlendioxyds ist unter den angeführten Bedingungen leicht erklärbar mit der Größe seiner Moleküle und seinem verhältnismäßig großen physikalischen Adsorptionsvermögen. Möglicherweise tritt hier auch zum Teil eine Kapillar-Kondensation auf. Weiter wurde die Adsorption von H_2, CO, CH_4 untersucht. Bei diesen Gasen kommt es aber bei höheren Temperaturen zu einer Reaktion mit dem Katalysator. Deshalb konnten vom Standpunkt der physikalischen Adsorption nur die vorwiegend bei niedrigeren Temperaturen erhaltenen Ergebnisse verglichen werden, da bei höheren Temperaturen durch Reaktion mit dem Eisenoxyd die Werte verfälscht werden.

Die charakteristischen Daten (t_{max}, V_{max}) für H_2, O_2, CO, CO_2 und CH_4 in Abhängigkeit von der Temperatur und der Durchflußgeschwindigkeit sind in Tabelle 1 zusammengefaßt. Die Tabelle zeigt:

1. t_{max} ist für H_2, O_2, CO praktisch gleich (Adsorption = 0);
2. es bestehen nur geringe Unterschiede der t_{max}-Werte von CH_4 gegenüber den Werten der übrigen Gase;
3. die besondere Stellung von CO_2:
   a) in der Abhängigkeit von der Durchflußgeschwindigkeit im gesamten Meßbereich,
   b) in der Abhängigkeit von der Temperatur schon bei 100° C praktisch gleiche t_{max}-Werte wie bei den übrigen Gasen.

TABELLE 1

Charakteristische Daten von Gasen bei Einwirkung auf den Katalysator in Abhängigkeit von Temperatur und Durchflußgeschwindigkeit des Schleppgases

Säule: d = 160 mm, Durchmesser = 6 mm

t/°C	t_{max}/sec					V_{max}/ml					Durchfluß N_2 ml/sec
	H_2	O_2	CO	CO_2	CH_4	H_2	O_2	CO	CO_2	CH_4	
20	98	96	96	135	106	33,36	32,64	32,64	45,90	36,02	0,34
100	—	89,2	87	89	—	—	30,33	29,58	30,26	—	
200	—	84	82	83	—	—	28,56	27,88	28,22	—	
300	—	80	—	72	—	—	27,20	—	26,82	—	
400	—	—	—	75	—	—	—	—	22,51	—	
20	59,5	60	60	79	63,3	36,90	37,20	37,20	48,98	39,25	0,62
100	54,9	55,8	—	56,2	60,0	34,05	34,59	—	34,84	37,20	
200	51,8	53,2	—	51	—	32,10	32,98	—	31,62	—	
300	—	50,0	—	49,5	—	—	31,0	—	30,07	—	
400	—	—	—	48	—	—	—	—	29,76	—	

Bemerkung: Sämtliche Werte beziehen sich auf eine Probe von 2 ml. Bei höheren Temperaturen reagieren H_2, CO, CH_4 chemisch mit dem Katalysator.

Man kann also zusammenfassen: Gase, die beim katalytischen Prozeß mit dem zu studierenden Katalysator in Berührung kommen, zeigen im Bereich von 200 bis 400° C (wenn sie mit dem Katalysator nicht reagieren) praktisch keine oder nur sehr geringe Unterschiede in den Adsorptionseigenschaften gegenüber diesem

Katalysator. Nur Kohlendioxyd kann einige Adsorptionszentren blockieren, und dies nur, wenn die Temperatur des Katalysators unter 100° C absinkt.

Bei der Untersuchung der Adsorption von H_2, CO, CH_4 wurde festgestellt, daß es bei höheren Temperaturen zu einer Reaktion dieser Gase mit dem Katalysator kommt. Deshalb wurde der Verlauf dieser Reaktion unter verschiedenen Bedingungen weiter untersucht.

Da es sich um ein heterogenes System handelt, muß man sich vergegenwärtigen, welche Einflüsse bei diesen Reaktionen auftreten können.

Bei allen Reaktionen geht es um eine Reduktion des Eisenoxyds. In der vereinfachten Durchführung (so wie sie von uns realisiert wurde), handelt es sich um die Reduktion von Fe_2O_3 entweder durch H_2 oder CO, g. F. durch CH_4. In allen Fällen reagiert ein fester Körper (der Katalysator) mit Gasen. Unter solchen Umständen hängt die Reaktionsgeschwindigkeit ab:

1. von der Geschwindigkeit der eigentlichen Reaktion zwischen dem Gas und dem Katalysator;
2. von der Geschwindigkeit, mit welcher die einzelnen Stoffe miteinander in Berührung kommen;
3. von der Geschwindigkeit der Entfernung der Reaktionsprodukte.

Da 2 und 3 einerseits von der Durchflußgeschwindigkeit, andererseits von Diffusionsvorgängen (Gas-Katalysator) abhängen, kann man zwei Fälle erwägen:

1. Die Temperaturgeschwindigkeit ist gegenüber der Reaktionsgeschwindigkeit klein;
2. Die Transportgeschwindigkeit ist gegenüber der Reaktionsgeschwindigkeit groß.

Auf die Reaktion hat weiter die Dauer der Einwirkung des reagierenden Gases auf den Katalysator Einfluß, und dieser wird in unserem Falle bestimmt durch einen weiteren Faktor, die Durchflußgeschwindigkeit des inerten Schleppgases.

In unseren weiteren Ausführungen wollen wir nun die Frage behandeln, wie sich diese einzelnen Faktoren auswirken.

Wasserstoff: Beim Prüfen der Bergform des Wasserstoffs in Abhängigkeit von der Temperatur wurde festgestellt, daß bei Temperaturen über 150° C die Berghöhe sinkt und daß dem ersten Berg im normalen Verlauf ein weiterer deformierter Berg folgt, den man durch Einschalten eines Trockenrohres mit Chlorcalcium hinter der Trennsäule beseitigen kann.

Diese einfache Anordnung zeigte uns einerseits, daß es sich hierbei um Wasserdampf handelt, der als Reaktionsprodukt bei der Reaktion des Wasserstoffs mit dem Eisenoxyd entsteht, andererseits konnte durch Messen der Berghöhenverkleinerung der quantitative Verlauf der Reaktion H_2 mit Fe_2O_3 in Abhängigkeit von der Temperatur verfolgt werden.

Es wurde festgestellt, daß bei gegebener Temperatur und Durchflußgeschwindigkeit immer ein bestimmter Prozentsatz Wasserstoff umgesetzt wird. Wie man aus Kurve A (Abb. 26.2) ersieht, läuft die Reaktion im Bereich von 160 bis 175° C an, von 198 bis 250° C ist der Verlauf linear. Über 275° C wird bei Verwendung einer Probe bis zu 0,5 ml auf der gegebenen Säule H_2 quantitativ zu H_2O umgewandelt.

Um festzustellen, in welchem Maße diese Reaktion mit dem Katalysator von der Durchflußgeschwindigkeit beeinflußt wird, folgten weitere Messungen unter den gleichen Bedingungen, nur mit dem Unterschied, daß die Durchflußgeschwindigkeit annähernd auf das Dreifache erhöht wurde,

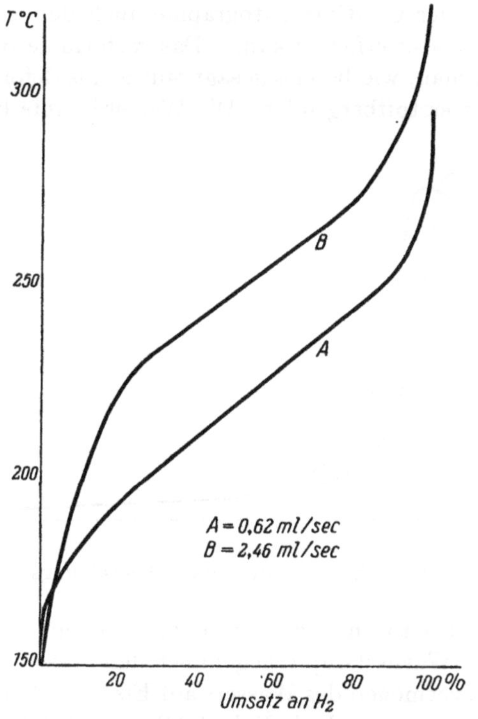

Abb. 26.2. Quantitativer Umsatz an H_2 in Abhängigkeit von Temperatur und Schleppgas-durchfluß

Unter diesen Bedingungen befindet sich der lineare Teil der Kurve im Bereich von 230 bis 270° C, quantitative Umwandlung tritt erst bei einer Temperatur von 315° C ein (Kurve B). Bei diesen Messungen mit verschiedenen Durchflußgeschwindigkeiten kann man den Einfluß der Berührungszeit des reagierenden Gases mit dem Katalysator demonstrieren. Wie erwartet, ist die Menge des reagierenden Gases bei gegebener Temperatur und bei konstanter Katalysatormenge um so größer, je niedriger die Durchflußgeschwindigkeit ist. Diese Feststellung ist besonders bei Wasserstoff wichtig, da es sich um ein Gas mit großer Diffusionsgeschwindigkeit (D_{H_2} in Stickstoff = 0,739 cm²/sec. bei 12,5°) handelt. Der Katalysator ist ein poröser Körper (außerdem wurde er stets in großem Überschuß zugesetzt, so daß die Oberfläche nicht erschöpft war), d. h., es waren Bedingungen gegeben, bei denen beide Verbindungen rasch reagieren konnten. Die eigentliche

Reaktionsgeschwindigkeit, die in dem verfolgten Temperaturbereich bei der Umsetzung

$$3\,Fe_2O_3 + H_2 = 2\,Fe_3O_4 + H_2O$$

herrscht, ist bedeutend. Aber auch unter diesen für die Reaktion optimalen Bedingungen beeinflußt die Durchflußgeschwindigkeit wesentlich den Vorgang auf dem Katalysator. Aus den mit Wasserstoff durchgeführten Messungen folgt weiter, daß man mit der Gas-Chromatographie auch den Reaktionsverlauf des Gases mit dem Katalysator erfassen kann. Das gasförmige Reaktionsprodukt — H_2O-Dampf — kann man, wie bereits gesagt wurde, als deformierten Berg erfassen, der auf den Wasserstoffberg folgt. Die Wasserdämpfe können nämlich auf

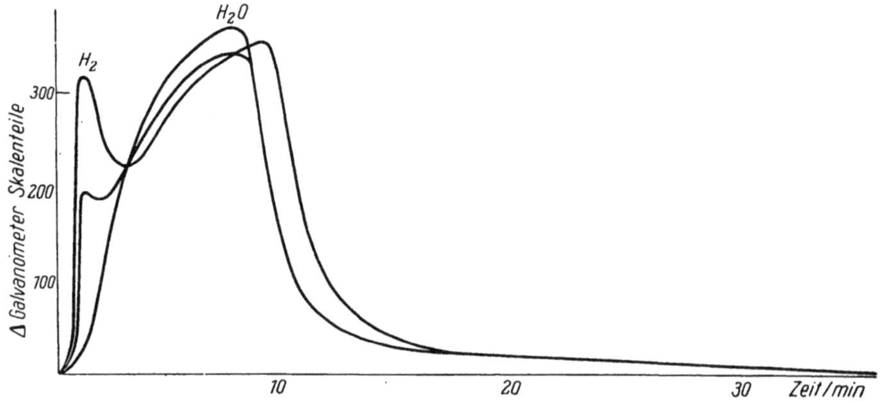

Abb. 26.3. Gas-Chromatogramm der Umsetzungsprodukte

dem gegebenen Katalysator mit dem Schleppgasstrom ausgewaschen werden. Die Verzögerung der Wasserdämpfe gegenüber dem Wasserstoff wird von dem größeren Adsorptionsvermögen des Wassers auf Eisenoxyd verursacht, evtl. auch von der kleineren Diffusionsgeschwindigkeit ($D_{H_2O} = 0{,}282$ cm²/sec bei 16,1°).

Um die Kapazität der verwendeten Säule beurteilen zu können, wurde die Adsorption des Wasserstoffs bei 300° C bei einer Durchflußgeschwindigkeit von 20,46 ml/Min. gemessen. Unter diesen Bedingungen konnte, im Hinblick auf die vorhergehende Messung, ein quantitativer Reaktionsverlauf des Wasserstoffs mit dem Eisenoxyd angenommen werden. Auf der gegebenen Säule erfolgte bis zu einer Probengröße von 4,28 ml eine quantitative Umsetzung des Wasserstoffs zu Wasser (Abb. 26.3 zeigt einen nur den Wasserdämpfen entsprechenden Berg). Bei weiterer Zugabe von Wasserstoff wurde bereits ein Berg von nichtumgesetztem Wasserstoff erhalten, dem ein Wasserdampfberg folgte.

Da die Flächen unter den Bergen, die den Wasserdämpfen entsprechen, praktisch gleich sind, kann man sagen, daß die gegebene Säule unter gleichen Bedingungen stets eine bestimmte Wasserdampfmenge zu bilden vermag.

K o h l e n o x y d: Ähnlich wie bei Wasserstoff wurde die Temperaturabhängigkeit der Reaktion des Kohlenoxyds mit dem Katalysator verfolgt. Hier war es bereits nicht mehr möglich, die Wärmeleitfähigkeitsindikation zu verwenden, denn der Berg des entstehenden gasförmigen Produktes (CO_2) überlagert sich mit dem Berg des Kohlenoxyds. Das gebildete CO_2 wurde daher durch Titration nach der Absorption in einer Maßlösung von Bariumhydroxyd verfolgt und der Überschuß mit Oxalsäure bestimmt. Hinter die Kolonne wurde ein Adsorptionsgefäß geschaltet,

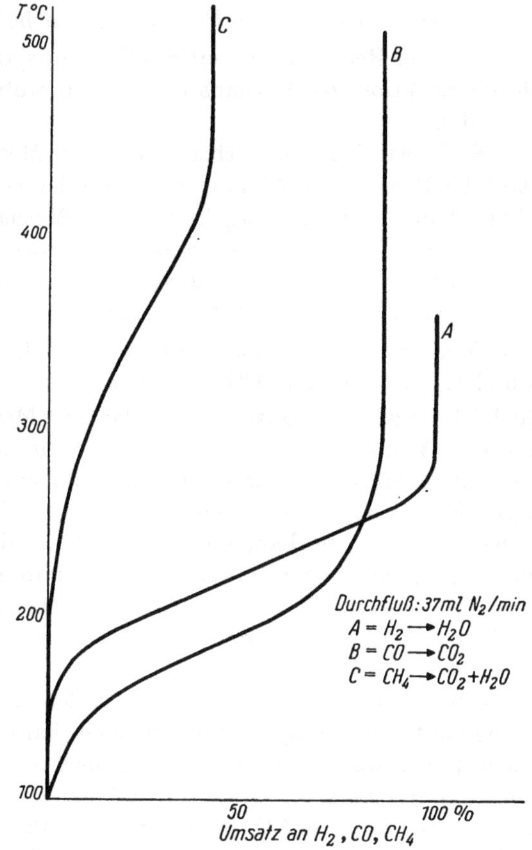

Abb. 26.4. Quantitativer Umsatz an H_2, CO und CH_4 in Abhängigkeit von der Temperatur

das sich zum Feststellen geringer Mengen Kohlendioxyd eignete. (Aus den vorhergegangenen Messungen war bekannt, daß innerhalb 5 Minuten CO und auch CO_2 aus der Säule völlig ausgewaschen werden. Der Kolben wurde 10 Minuten hinter der Säule belassen, um sicher zu sein, daß das gesamte gebildete CO_2 aus der Säule entfernt war.)

Eine Reihe Messungen ergab einen dem Wasserstoffberg ähnlichen Berg. Wie aus Abbildung 26.4, Kurve B, zu ersehen ist, verläu t die Reaktion von CO mit Fe_2O_3 im Temperaturbereich von 100 bis 300° C. Über dieser Temperatur bleibt die umgesetzte Menge, auch wenn eine 100%ige Umsetzung von CO und CO_2 nicht erreicht wurde, konstant.

Das erklärt sich daraus, daß auf einer gleichgroßen Säule unter gleichen Bedingungen größere Proben (bis zu 1 ml) verwendet wurden und daß der Durchfluß des Schleppgases unter diesen Bedingungen der Reaktion soweit vorausgeht, daß eine quantitative Umsetzung nicht zu erreichen ist. (Dies bestätigen auch Versuche mit kleineren Proben — die relative Umsetzung war höher.)

Methan: Ähnlich wie der Reaktionsverlauf des Kohlenoxyds mit dem Katalysator wurde auch die Reaktion des Methans beobachtet, wobei als Endprodukt H_2O und CO_2 entstanden.

Auf der gleichen Säule wie bei den vorhergegangenen Messungen wurde der quantitative Verlauf der Reaktion in Abhängigkeit von der Temperatur verfolgt. Er ist in Kurve C auf Abbildung 26.4 festgehalten. Bei Methan verläuft die Reaktion annähernd von 200 bis 400° C. Bei höherer Temperatur ist bereits die Menge des umgesetzten Gases konstant. In unserem Falle, bei dem die Probenmenge ca. 1 ml betrug, wurden maximal 41% Methan umgesetzt.

Die Oxydation des Methans wird summarisch betrachtet, d. h., man nimmt eine Bildung von CO_2 und H_2O an, die über CO entstehen.

Selbstverständlich ist der gesamte Oxydationsverlauf des Methans im Vergleich mit der Oxydation des Wasserstoffs und des Kohlenoxyds komplizierter, denn beide Verbindungen entstehen erst im Verlauf der Reaktion auf der Säulenfüllung. Auch wenn die Oxydation von H_2 und CO rasch verläuft, kann sie vorerst als Folgereaktion gewertet werden, d. h., die Länge der Säule ist für die vollständige Reaktion immer weniger geeignet. Daraus erklärt sich, weshalb bei einer gegebenen Säule die Oxydation von H_2 und CO fast quantitativ, die Oxydation des Methans jedoch in einem größeren Temperaturbereich und mit niedrigerer Ausbeute verläuft.

Aus dem hier Gesagten geht hervor, daß man mit der chromatographischen Methode die Vorgänge auf den Katalysatoren verfolgen kann, und zwar sowohl die im wesentlichen physikalisch-chemischen Vorgänge als auch verschiedene chemische Reaktionen. Der Vorteil besteht darin, daß man leicht die Bedingungen zugrunde legen kann, unter denen der Katalysator in der Praxis verwendet wird (Temperatur, Durchfluß, Zusammensetzung des Gemisches).

Wir haben den Katalysator, der in der Technik zur Erzeugung von Wasserstoff aus Wassergas dient, unter vereinfachten Bedingungen geprüft.

Wie festgestellt wurde, reagieren N_2, O_2 und CO_2 mit dem Katalysator nicht. Bei Kohlendioxyd tritt bei kleinen Durchflußgeschwindigkeiten, insbesondere bei niedrigen Temperaturen, eine deutliche Adsorption ein. Bei H_2, CO und CH_4 kommt es zu den Reaktionen:

$$H_2 + 3\,Fe_2O_3 = 2\,Fe_3O_4 + H_2O\,,$$

$$CO + 3\,Fe_2O_3 = 2\,Fe_3O_4 + CO_2\,,$$

$$CH_4 + 12\,Fe_2O_3 = 8\,Fe_3O_4 + CO_2 + 2\,H_2O\,.$$

In allen Fällen kann man eine Reduktion bis zum Eisenoxyduloxyd annehmen, denn die Temperatur des Katalysators (Fe_2O_3) überschritt nicht 450° C. Nach übereinstimmenden Literaturangaben kommt es erst bei höherer Temperatur zu einer Reduktion von Ferrioxyd zu Ferrooxyd, oder bis zu Eisen.

Aus den Temperatur-Abhängigkeiten des Verlaufs der angeführten Reaktionen, die auf Abbildung 26.4 festgehalten sind, folgt, daß bei 300° C die Reaktion (1) und (2) bereits quantitativ verläuft bzw. daß es zu einer Umwandlung einer konstanten Gasmenge kommt, die durch die Menge der reagierenden Verbindungen gegeben ist (Verhältnis der Gasmenge zum Katalysator). Unter gleichen Bedingungen wirkt sich die Reaktion (3) erst in größerem Maße aus, wenn die vorhergehenden Reaktionen bereits im Gleichgewichtszustand sind. Wie schon gesagt, ist der Verlauf der Reaktion (3) vermutlich komplizierter. Dieser Vorgang ist jedoch bei der Wasserstofferzeugung nicht entscheidend, denn Methan ist im Umsetzungsgemisch nur mit 1% vertreten.

Das bisher von uns Erarbeitete kann als erste Annäherung zur Klärung der heterogenen Katalyse mit der Gas-Chromatographie gelten. Im weiteren sind die Vorgänge zu verfolgen, die auftreten, wenn das Gasgemisch wie bei der industriellen Verwendung des Katalysators auf die Säule aufgebracht wird. In manchen günstigen Fällen könnten auf der Säule gleichzeitig die entstehenden Produkte getrennt werden. Meistens wird jedoch eine weitere analytisch wirksamere Trennsäule eingesetzt werden müssen, die sowohl den qualitativen als auch den quantitativen Verlauf des Vorgangs sichtbar macht. Ein weiterer Fortschritt wäre die Anwendung der Frontalchromatographie, wenn das Gasgemisch auf die Säule kontinuierlich aufgegeben wird.

Die Ergebnisse dieser Arbeit liefern die notwendigen Voraussetzungen, das Verhalten des Gemisches auf dem Katalysator zu studieren und auch die physikalisch-chemischen Vorgänge (physikalische Adsorption, Chemosorption, Reduktion des Katalysators, Feststellung der Reaktionsgeschwindigkeit u. a) zu verfolgen, was jedoch Gegenstand weiterer Forschung ist.

Bestimmung von Chlorderivaten mittels Gas-Chromatographie

Von M. Šingliar und A. Bobák, Nováky, ČSSR

Die konventionelle chemische Analyse der Halogenverbindungen ist schwierig und ungenau. Kompliziertere Gemische (nahe Siedepunkte, gleiche Summenformeln) kann man nur annähernd analysieren. Es ist deshalb verständlich, daß der Anwendungsmöglichkeit der Gas-Chromatographie für die Analyse der Halogenderivate große Aufmerksamkeit gewidmet wurde,

Bisher wurden alle vier Arten Halogenderivate analysiert: Flüchtige [15, 27, 28, 31] und nichtflüchtige Fluorderivate [3, 6, 7, 10, 14, 30], Chlorderivate mit niedrigem Siedepunkt [2, 5, 11, 18, 19, 22, 24, 28, 33, 35] und mit höherem Siedepunkt [12, 13, 21, 29, 32], weiter Bromide [8, 9, 16, 17, 25, 26] und Jodide [9, 20, 34]. Auch Halogene selbst wurden getrennt [4, 23].

Zur Trennung der Halogenverbindungen wurden verschiedene Trennflüssigkeiten benutzt, am häufigsten aber Phthalate, Silikonöle und verschiedene Paraffinsorten, weniger Polyäthylenglykol, organische Phosphate und Ester der Sebazinsäure. Nur vereinzelt verwendet man $\beta\beta'$-Oxydipropionitril, Benzyldiphenyl, Nitrobenzol und andere. Phthalate als polare Stoffe vergrößern die Rückhaltevolumina ungesättigter Derivate gegenüber gesättigten Derivaten. Bei höheren Temperaturen ist dieser Effekt jedoch so gering, daß sich die Fraktionen überdecken. Noch weniger eignen sich Silikonöle für die Trennung von Stoffen mit ähnlichen Siedepunkten. Trikresylphosphat ist ebenfalls nicht besonders wirksam. An polaren Paraffinen erscheinen die Stoffe entsprechend ihren Siedepunkten, was man manchmal, z. B. bei der Trennung der Chlormethane [35] gut ausnutzen kann.

Polyäthylenglykole, ihre Äther und $\beta\beta'$-Oxydipropionitril als stationäre Phasen wurden bereits geprüft [24].

Zur Trennung der bei uns vorkommenden Chlorkohlenwasserstoffe suchten wir daher nach geeigneten Trennflüssigkeiten.

Experimenteller Teil

Die verwendete Trennsäule bestand aus einem Glasrohr mit einem inneren Durchmesser von 6 mm und 200 cm Länge, war schraubenförmig gewickelt und befand sich in einem Thermostaten. Als Füllung der Trennsäule wurde Kieselgur „Svetlofilter" von 0,2 bis 0,4 mm Korngröße, mit 16,7 Gew.-% Trennflüssigkeit imprägniert, benutzt.

Als Detektor diente eine Wärmeleitzelle (bei 20° C 20 Ohm Widerstand). Als Schleppgas Stickstoff mit einem Gasmengenstrom von 32,5 ml/Min.

Die notwendigen Chlorderivate haben wir selbst hergestellt. Reines 1,2-trans-Dichlorpropan, 1,1-Dichlorpropan und 2,3-Dichlorpropen (Siedepunkt um 92,5° C) herzustellen, gelang uns nicht.

Man kann annehmen, daß die angeführten Stoffpaare jeweils zur gleichen Zeit eluiert werden und ihre Rückhaltevolumina gleich sind. Chlordimethyläther haben wir nur hochkonzentriert hergestellt.

Zur Trennung der Chlorkohlenwasserstoffe hat sich als Trennflüssigkeit Triphenylphosphat am besten bewährt (Siedepunkt 255° C/5 mm Hg). Man kann es bis zu einer Temperatur von 100° C in der Trennsäule verwenden.

Die gemessenen Rückhaltevolumina für Chlorderivate sind in Tabelle 1 angeführt.

Wir haben weiterhin die Trennwirkung von Triphenylphosphat und Trikresylphosphat, das bereits zur Trennung von Chlorverbindungen verwendet wurde,

TABELLE 1

Stoff	Siedepunkt	V_R^0	
		70° C	100° C
Äthylchlorid	12,2	18,37	30,85
2-Chlorpropen	22,6	57,74	30,85
1-Chlorpropen-cis	23,8	87,78	45,29
Isopropylchlorid	34,8	87,78	45,29
1-Chlorpropen-trans	37,4	111,80	53,70
1,1-Dichloräthylen	37,0	55,11	—
Allylchlorid	45,1	151,86	81,1
Propylchlorid	46,6	141,8	76,0
1,2-Dichloräthylen-trans	48,4	102,4	—
1,1-Dichloräthan	57,3	135,20	—
1,2-Dichloräthylen-cis	60,3	242,15	—
2,2-Dichlorpropan	69,7	312,1	166,9
1,2-Dichlorpropen-trans	77,0	547,3	269,2
1,1-Dichlorpropen	77,2	547,3	269,2
3,3-Dichlorpropen	83—85	842,6	302,8
1,2-Dichloräthan	83,7	447,6	—
1,1-Dichlorpropan	86,8—88,3	652,4	306,0
Trichloräthylen	87,2	362,40	
1,2-Dichlorpropen-cis	92,5	1213,0	495,6
2,3-Dichlorpropen	92,5—94,0	1213,0	495,6
1,2-Dichlorpropan	96,2	1009,4	508,4
1,3-Dichlorpropen-cis	103—104	1562,7	820,6
1,3-Dichlorpropen-trans	112,0	1726,9	966,7
1,3-Dichlorpropan	120,5	2444,8	1258,8
Chlordimethyläther	59,5		

verglichen. In Abbildung 27.1 ist das Chromatogramm eines Gemisches von 2-Chlorpropen, Isopropylchlorid und Allylchlorid an beiden genannten stationären Phasen dargestellt. Die übrigen Trennungsbedingungen waren dieselben. Abbildung 27.1 zeigt, daß Triphenylphosphat wirksamer ist.

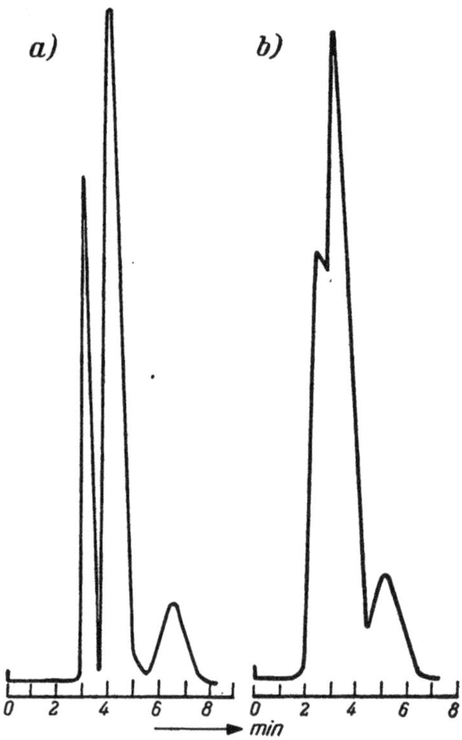

Abb. 27.1. Chromatogramm der Monochlorderivate an a) Triphenylphosphat; b) Trikresylphosphat

Quantitative Auswertung:

Probeneinführung:

Die Proben wurden in Glaskapillaren eingeschmolzen und nach Temperierung auf die Arbeitstemperatur der Trennsäule in geeigneter Weise zertrümmert [36].

Die Vorteile dieses Verfahrens bestehen darin, daß die Dosierung unter konstanten Bedingungen vor sich geht, die Probe innerhalb kürzester Zeit auf die Füllung gelangt und Verluste an flüchtigen Komponenten völlig ausgeschlossen sind. Mit allmählich immer größeren Probenmengen haben wir Eichproben aufgestellt und aus den chromatographischen Kurven dann die Berghöhe quantitativ ermittelt. Wie aus Abbildung 27.2 ersichtlich, ist die Abhängigkeit der Berghöhe von der Menge im angeführten Bereich linear. Für diese Stoffmengen gilt noch die Gleichung nach van Deemter

$$A < 0{,}5\, v \sqrt{n}\,,$$

so daß die lineare Abhängigkeit in den angeführten Grenzen begründet ist.

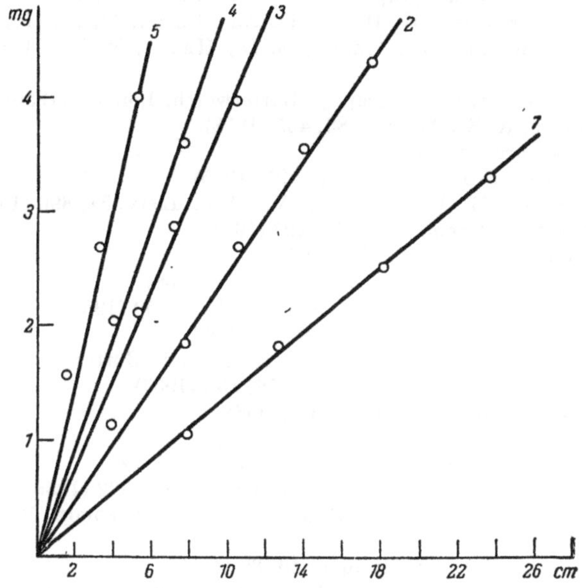

Abb. 27.2. Eichkurven

1 Isopropylchlorid; 2 Allylchlorid; 3 1,2-Dichlorpropan (mg × 2); 4 1,3-Dichlorpropylen-cis (mg × 2); 5 1,3-Dichlorpropylen-trans (mg × 2)

Diskussion

Wir haben die Trennung der angeführten Stoffe auch an Polyäthylenglykol vom Molekulargewicht 240 und 6000 untersucht. Die Trennung ist weniger selektiv als an Trikresylphosphat, dafür eignet sich aber diese stationäre Phase (PEG) zur Trennung von Chlordimethyläther, der mit Methylalkohol und Formaldehyd verunreinigt ist.

LITERATURVERZEICHNIS

[1] Boggus, J. D., Adams, N. G., Liebigs Ann. Chem., **30**, 1471 (1958).
[2] Brealey, L., Elvidge, D. A., Proctor, K. A., Analyst, **84**, 221 (1954).
[3] Cuthbertson, F., Musgrave, W. U. R., J. appl. Chem., **7**, 49 (1957).
[4] Ellis, J. F., Iveson, G., Gas-chromatography, Butterworth, London (1956).
[5] Essayan, L., Cherman, M., Stefan, V., Istraze, E., Rev. de Chim., **9**, 125 (1958).
[6] Evans, D. E. M., Tatlow, J. C., Gas-chromatography, Butterworth, London (1956).
[7] Evans, D. E. M., Tatlow, J. C., J. chem. Soc. [London], 1184 (1955).
[8] Evans, J. B., Quinlan, J. E., Willard, J. E., Ind. Engng. Chem., **50**, 192 (1958).

[9] Evans, J. B., Willard, J. E., J. Amer. chem. Soc., **78**, 2908 (1956).
[10] Felton, H. R., Gas-chromatography, Acad. Press, NY (1958).
[11] Fox, J. E., Proc. Soc. exp. Biol. Med., **97**, 236 (1958).
[12] Fridrich, K., Chem. and Ind., **47** (1957).
[13] Gimblett, F. G. R., Chem. and Ind., 365 (1958).
[14] Godsel, J. A., Stacey, N., Tatlow, J. C., Nature, 178, 199 (1956).
[15] Green, S. W., Gas-chromatography, Butterworth, London (1956).
[16] Harris, W. E., McFadden, W. H., Liebigs Ann. Chem., **32**, 114 (1959).
[17] Harrison, G. F., Knight, D., Kelby, E. D., Heath, M. T., II. Symp. on GCH, Amsterdam (1958).
[18] Harrison, G. F., Gas-chromatography, Butterworth, London (1956).
[19] Haslam, J., Jeffs, A. R., Analyst, **83**, 455 (1958).
[20] James, A. T., Research, **8**, 8 (1953).
[21] James, A. T., Chem. Process Engng., **36**, 95 (1955).
[22] Janák, J., Nedorost, M., Bubeníková, V., Chem. Listy, **51**, 890 (1957).
[23] Janák, J., Rusek, M., Chem. Listy, **48**, 207 (1954).
[24] Kelker, H., Angew. Chem., **71**, 218 (1959).
[25] McFadden, W. H., Liebigs Ann. Chem., **30**, 499 (1958).
[26] Nystrom, R. F., Berger, C. R. A., Chem. and Ind., 559 (1958).
[27] Percival, W. C., Liebigs Ann. Chem., **29**, 20 (1957).
[28] Polard, F. H., Hardy, C. J., Gas-chromatography, Butterworth, London (1956). Ref.: Analytica chim. Acta [Amsterdam], **16**, 135 (1957).
[29] Raupp, G., Liebigs Ann. Chem., **164**, 135 (1958).
[30] Reed, T. M., Liebigs Ann. Chem., **30**, 211 (1958).
[31] Root, M. J., Gas-chromatography. Acad Press, NY (1958).
[33] Troupe, R. A., Golner, J. J., Liebigs Ann. Chem., **30**, 1929 (1958).
[33] Warren, G. W., Priestley, L. J., Haskin, J. F., Yarborough, V. A., Liebigs Ann. Chem., **31**, 1013 (1959).
[34] Vertalier, Martin, Chem. analytique, **40**, 80 (1958).
[35] Wjachirev, D. A., Rješetnikova, L. E., Shurnal Prikladnoi Chimii, **31**, 302 (1958).
[36] Šingliar, M., Brida, J., Chem. Průmysl, **8**, 588 (1958).

Analyse der Produkte der Divinylproduktion aus Butan

Von W. A. Kolobichin, Jaroslawl, UdSSR

Analyse des Kontaktgases

Für die Bestimmung der Zusammensetzung des Kontaktgases bei der katalytischen Dehydrierung von Butan und Butylen setzten wir die Gas-Chromatographie mit Aluminiumoxyd als Adsorbens ein.

Die Analyse wurde an der volumen-gas-chromatographischen Anlage durchgeführt, die aus einer Säule von 40 cm Länge und 2 cm Durchmesser, aus dem unbeweglichen Elektroofen, der Azotometer-Bürette, einer Säule mit Aktivkohle und einem Rheometer bestand. Der Elektroofen von 50 cm Länge hat keinen Wärmegradienten und umschließt die Trennsäule mit dem Adsorbens vollständig. Durch ununterbrochenes Aufheizen des Ofens mit einem Transformator bis zu einer festgesetzten Endtemperatur wurde in der Trennsäule ein Temperaturfeld geschaffen. Als Schleppgas diente Kohlendioxyd. Die Konzentrationen der einzelnen aus der Säule austretenden Komponenten wurden mit einer Gasbürette bestimmt, die mit Kalilauge gefüllt war. Bei der thermo-gas-chromatographischen Trennung von Gasgemischen werden bei Verwendung von Aluminiumoxyd als Adsorbens leichte Gase (Wasserstoff und Methan) nicht getrennt, sondern unter gewöhnlichen Bedingungen wie eine einzige Komponente desorbiert.

Wasserstoff und Methan werden in einer Zusatzsäule auf Aktivkohle getrennt. Es zeigt sich, daß die Anwendung von Aluminiumoxyd als Adsorbens für die Gas-Chromatographie eine vollständige Trennung von Äthan, Äthylen, Propan, Propylen, Butan, Butylen und Divinyl ermöglicht.

Analysendauer: 50 bis 55 Minuten.

Relativer Fehler: 1,2%.

Analyse von C_4-Kohlenwasserstoffen mit Verteilungs-Gas-Chromatographie

Die Analyse komplizierter Gemische von C_4-Kohlenwasserstoffen wurde mit der Verteilungs-Gas-Chromatographie bei Verwendung polarer Flüssigkeiten (Nitrobenzol, Diäthylanilin, 40%ige alkalische Silbersalzlösung in Glykol) als stationäre Phase ausgearbeitet. Die Trennflüssigkeiten wurden zu 40% des Trägergewichtes auf feinzerkleinerte Diatomit-Wärmeisolationsziegel aufgetragen.

Die Trennung der C_4-Kohlenwasserstoffe wird in einer U-förmigen Säule (200 cm Länge, 0,6 cm ∅) bei 25° C mit Kohlendioxyd als Schleppgas vorgenommen. Bestimmt werden die abgetrennten Fraktionen in einer Bürette mit einer 40%igen Ätzkalilösung.

Auf Nitrobenzol gelang eine vollständige Trennung von i-Butan, n-Butan, α-Butylen und β-Butylen.

α-Butylen und i-Butylen werden auf Nitrobenzol nicht getrennt, und deshalb geht bei Anwesenheit der Butylenisomeren im zu analysierenden Gemisch die Desorption von α-Butylen gleichzeitig mit der des i-Butylens unter Bildung eines gemeinsamen Berges auf dem Chromatogramm vor sich.

Ist Divinyl im Gemisch enthalten, wird es zusammen mit β-Butylen desorbiert.

In Säulen mit gemischter Trennflüssigkeit (Nitrobenzol und Diäthylanilin) wird die vollständige Trennung von Propylen, n-Butan, i-Butan, α-Butylen und β-Butylen erreicht. Nicht getrennt wird α-Butylen vom iso-Butylen und ebenso nicht β-Butylen vom Divinyl.

Auf einer Säule, die aus 40%iger alkalischer Silbersalzlösung im Glykol auf fein zerkleinertem Diatomitziegel (von 0,2—0,25 mm Korngröße) besteht, ist die Trennung Paraffin/Olefin und der Dien-Kohlenwasserstoffe der C_4-Fraktion möglich.

Die Paraffine (i-Butan, n-Butan) sondern sich völlig von den Olefin-Kohlenwasserstoffen ab, trennen sich aber nicht untereinander, sondern bilden auf dem Chromatogramm einen gemeinsamen Berg.

Zur vollständigen Analyse der C_4-Kohlenwasserstoffe schlagen wir folgendes Analysenverfahren vor:

In einer mit einem Gemisch von Nitrobenzol und Diäthylamin imprägnierten Säule werden der Gehalt an Propylen, i-Butan, n-Butan, die Summe von α- und iso-Butylen, die Summe von β-Butylen und Divinyl bestimmt. Eine andere Probe des gleichen Gases wird in einer mit Silbernitrat-Glykol imprägnierten Säule in gesättigte Kohlenwasserstoffe (n- und i-Butan), cis-β-Butylen, iso-Butylen und in die Summe von α-Butylen, trans-β-Butylen und Divinyl getrennt.

Durch einfache Berechnungen wird der Gehalt aller Komponenten des zu analysierenden Gemisches ermittelt. Für die Analyse werden 50 bis 60 Minuten benötigt.

Die relativen Fehler der Bestimmung betragen im Mittel 1,5%. Die beschriebene Analysenmethode von C_4-Kohlenwasserstoffen findet zur Zeit bei der Kontrolle der Divinylproduktion aus Butan breite Anwendung.

Analyse von C_5-Kohlenwasserstoffen mit Verteilungs-Gas-Chromatographie

Bei der Produktion von Isopren durch katalytische Dehydrierung von Isopentan und Isoamylen ist die Bestimmung von i-Pentan, n-Pentan, Isipropyläthylen, Methyläthyläthylen, Trimethyläthylen, n-Penten, Isopren und Piperylen äußerst wichtig.

Wir entwickelten die Analyse komplizierter Kohlenwasserstoffgemische der C_5-Fraktion durch Verteilungs-Gas-Chromatographie mit Nitrobenzol als stationäre Trennflüssigkeit, das auf fein zerkleinertem Diatomit-Isolationsziegel in einer Menge von 60% des Trägergewichtes aufgetragen. Die Untersuchungen wurden im gewöhnlichen Volumen-Gas-Chromatographen mit Kohlendioxyd als Schleppgas durchgeführt und die aus der Trennsäule austretenden Komponenten in einer mit Kalilauge gefüllten Gasbürette bestimmt.

Als Säule diente eine U-förmige Röhre (Länge 200 cm, ⌀ 0,6 cm), thermostatiert auf 25° C.

Die Probe des zu analysierenden Gemisches wurde vorher in einem getrennten Gasometer mit Luft in einem Verhältnis 1:3—1:3,5 verdünnt.

Zur Verhütung von Dampfkondensation der C_5-Kohlenwasserstoffe wird die Gasbürette mit der Kalilauge in einen Glasmantel eingesetzt, in dem Wasser von 45° C zirkuliert.

Bei einer Schleppgasgeschwindigkeit von 60 mm/Min. erfolgt in der Säule mit Nitrobenzol eine völlige Trennung von i-Pentan, n-Pentan, Isopropyläthylen, Methyläthyläthylen, Trimethyläthylen, Penten-1, Penten-2, Isopenten und Piperylen. C_3- und C_4-Kohlenwasserstoffe, die immer in geringen Mengen in den angeführten technischen Gemischen vorhanden sind, stören die getrennte Bestimmung der C_5-Kohlenwasserstoffe nicht, da sie unter diesen Bedingungen in den ersten Minuten desorbiert werden, wobei sie sich auch untereinander völlig auftrennen.

Analysendauer: 65 bis 70 Minuten.

Relativer Fehler: 0,5%.

Die beschriebene Methode wird zur Zeit bei der Kontrolle der Isopren- und Isopentanproduktion verwendet.

Gas-chromatographische Trennung des Gemisches Acetaldehyd-Diäthyläther-Äthylalkohol

Von M. Kubínová, Gottwaldov, ČSSR

In den Kondensaten des Lebedew-Prozesses befinden sich viele flüchtige Stoffe mit weitem Siedebereich. Die für die Untersuchung des Prozesses wichtige Bestimmung des Diäthyläthers ist mit konventionellen Methoden nicht möglich, zumindest ist die Fehlergrenze sehr groß. Daher wurde untersucht, inwieweit die Gas-Chromatographie als Analysenmethode herangezogen werden kann. Die Kondensate bestehen hauptsächlich aus Äthylalkohol und Wasser, daneben findet man geringere Anteile Butadien, Acetaldehyd, Äther, Kohlenwasserstoffe, höhere Aldehyde und Alkohole sowie andere Verbindungen.

Die Trennung eines solchen Gemisches auf einer einzigen Trennsäule wäre sehr schwierig. Da wir jedoch nur an der Bestimmung von Äther interessiert waren, nahmen wir für die chromatographische Trennung die Fraktion bis 78° C Siedebereich. Von dieser Fraktion sind in der ursprünglichen Kondensatmenge 5 bis 15% enthalten. Sie bestand aus Butadien, Acetaldehyd, Äther und Äthylalkohol und konnte verhältnismäßig leicht chromatographisch analysiert werden. Es war günstig, daß sich durch den Destillatschnitt der Gehalt der zu untersuchenden Verbindungen wesentlich erhöht hatte.

Die Bestimmung des Acetaldehyds und Äthylalkohols findet man bereits in der Literatur [1]. Die Trennung Sauerstoff enthaltender Stoffgemische wurde auf einer Trennsäule aus mit Diisodecylphthalat imprägniertem *C-22-firebrick* durchgeführt. Die Autoren führen an, daß sie *Celite* nicht verwenden konnten, weil sie eine lange Säule benötigten, in die sich *Celite* schlecht einfüllen läßt. In den neuesten Arbeiten [2] wird gleichfalls über die Anwendung von *C-22-firebrick*, mit Triäthylenglykol imprägniert, berichtet. Bei uns haben für die Trennung eines Gemisches von Acetaldehyd-Äther-Äthylalkohol Landa und Mitarbeiter [3] Quarzsand, imprägniert mit 5% Dioctylphthalat, verwendet. Die Untersuchungsergebnisse konnten jedoch bisher nicht reproduziert werden, weil uns das Trägermaterial *C-22-firebrick* nicht ausreichend zur Verfügung stand. Es gelang uns auch nicht, einen Quarzsand zu gewinnen, der eine ausreichende Menge Trennflüssigkeit hätte aufnehmen können. Wir prüften zunächst den mit HCl gereinigten Kieselgur-Typ *Borovany SK*, jedoch ohne zufriedenstellendes Ergebnis. Die Berge der Chromatogramme waren unsymmetrisch und wiesen Schweifungen auf. Als Trennflüssigkeit verwendeten wir Dioctylphthalat und Triglykol. Auf Triglykol erschienen Acetaldehyd und Äther nicht in der Reihenfolge ihres Siedepunktes, und die Trennung war schlecht. Für die Bestimmung von Acetaldehyd neben anderen sauerstoffhaltigen flüchtigen Stoffen ist nach [4] als Trägermaterial sogenanntes *Svetlofilter-Kieselgur* geeignet. Wir konnten diese Angabe bestätigen und führten die folgenden Untersuchungen auf einer Trennfüllung aus *Svetlofilter-Kieselgur*, imprägniert mit 30 Gew.-% Dioctylphtahlat durch.

Die verwendete Apparatur war ein Gas-Chromatograph des üblichen Typs mit Wärmeleitfähigkeitsdetektor. Die Proben dosierten wir in Kapillaren eingeschmolzen und zerschlugen sie elektromagnetisch. Als Schleppgas diente Wasser-

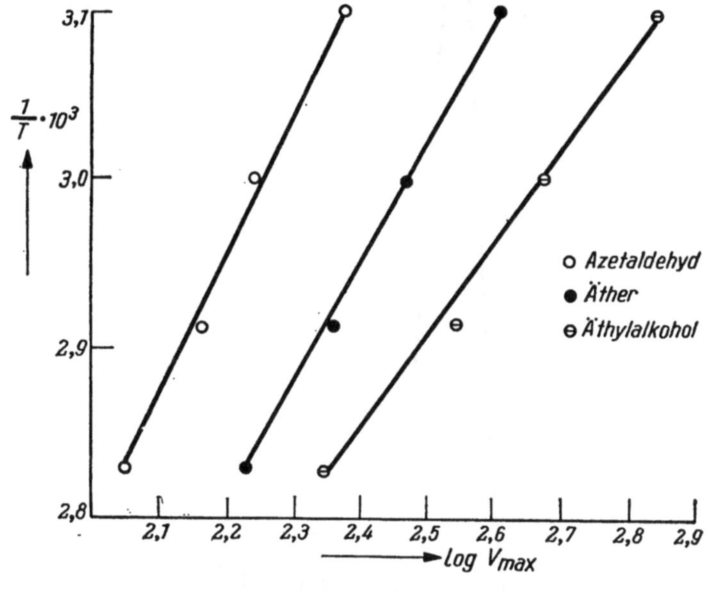

Abb. 29.1. Temperaturabhängigkeit der Rückhaltevolumina von Acetaldehyd, Äther, Äthylalkohol

stoff. Der Ausschlag des Detektors wurde von einem 5-m-V-Schreiber registriert, die Papiergeschwindigkeit betrug 200 mm/h.

Die orientierenden Reihenversuche machten wir auf einer 2 m langen, 36 g Füllung (30 Gew.-% Dioctylphthalat) enthaltenden Säule. Die Gemische wurden bei Temperaturen von 50 bis 80° C und einem Wasserstoffdurchfluß von 15 bis 65 ml/Min. (berechnet auf Normalbedingungen) chromatographiert. Auf Abbildung 29.1 sind die Werte von V_{max} der drei Verbindungen gegen $1/T \cdot 10^3$ wiedergegeben. Die relativen Werte von V_{max} enthält Tabelle 1.

Hieraus geht klar hervor, daß sich die V_{max}-Werte genügend voneinander unterscheiden, so daß man eine gute Trennung vermuten darf. Da auf der 2 m langen Säule die Trennung unvollständig war, wählten wir eine 3 m lange Säule, die bei

TABELLE 1

Relative Werte von V_{max} für Acetaldehyd–Äther–Äthylalkohol auf Bleicherde imprägniert mit 30% Dioctylphthalat–Äther = 1

	50°	60°	70°	80°
Acetaldehyd	0,579	0,598	0,636	0,656
Äther	1,000	1,000	1,000	1,000
Äthylalkohol	1,723	1,610	1,510	1,419

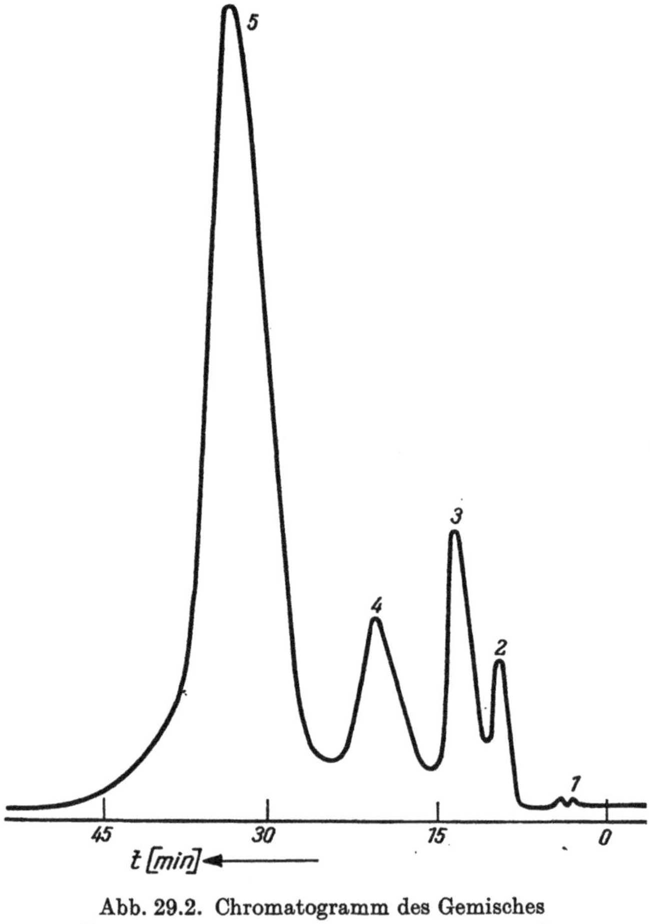

Abb. 29.2. Chromatogramm des Gemisches
1 Luft; 2 Äthyläther; 3 Butadien; 4 Acetaldehyd; 5 Äthylalkohol

70° C und einem Schleppgasmengenstrom von 20 ml/Min. arbeitete. Unter diesen Bedingungen benötigten wir für unsere Apparatur und den verwendeten Schreiber eine Probenmenge von 10 bis 15 mg. Die Analyse dauerte 45 Minuten. Ein Chromatogramm des angeführten Gemisches ist auf Abbildung 29.2 zu sehen.

Geeicht wurde mit unterschiedlichen Einwaagen reiner Verbindungen. Der Auswertung der Chromatogramme lag die Methode Berghöhe mal Breite in halber Höhe zugrunde. Auf die X-Achse trugen wir die Einwaagen, auf die Y-Achse die Bergflächen, wie oben angegeben, für jede Verbindung getrennt, ein. Für jede Kurve stellten wir mindestens 10 Punkte fest. Die Abhängigkeit war auf den ersten Blick für alle Verbindungen (d. h. die durch die einzelnen Punkte durchgezogene Gerade) linear und gleich. Mittels Fehlerrechnung korrigiert erhielten wir folgende Werte für die Umrechnungsfaktoren Bergfläche in Gramm:

Butadien: 2,85, Diäthyläther: 2,98
Acetaldehyd: 3,02, Äthylalkohol: 2,98.

Wenn wir die für Äther und Äthylalkohol gemessenen Flächen als einheitlich betrachten, müssen wir die Flächen der verbleibenden beiden Verbindungen mit den Korrekturfaktoren f multiplizieren, und zwar für

$$\text{Butadien} \quad f = 1{,}045$$
$$\text{Acetaldehyd} \quad f = 0{,}995,$$

um richtige, den Gew.-% entsprechende Werte zu erhalten. Die Summe der gemessenen Bergflächen wird wie üblich gleich 100% gesetzt.

Ergebnisse

Kontrolliert wurde diese quantitative Methode mit Test-Gemischen. Die Ergebnisse aus fünf Bestimmungen mit einer Abweichung von 95%iger Wahrscheinlichkeit sind in Tabelle 2 angegeben. Ferner verglichen wir den Prozentgehalt an Acetaldehyd im Destillat, ermittelt durch Chromatographie, mit dem durch Titration mit Hydroxylamin festgestellten. Die Ergebnisse zeigt Tabelle 2.

TABELLE 2

Ergebnisse der Analysen der zusammengestellten Gemische

Verbindung	Eingewogen %	Gefunden %	Abweichung des Durchschnittes von 5 Versuchen, 95% Wahrscheinlichkeit
		Gemisch 1	
Butadien	0,73	0,51	±0,04
Acetaldehyd	6,96	5,96	±0,49
Äther	2,35	2,79	±0,24
Äthylalkohol	89,96	90,74	±0,75
		Gemisch 2	
Acetaldehyd	22,67	22,20	±0,80
Äther	14,00	13,39	±0,98
Äthylalkohol	63,33	64,41	±1,18

LITERATURVERZEICHNIS

[1] Dimbat, M., Porter, P. E., Stross, F. H., Liebigs Ann. Chem., **28**, 290 (1956).
[2] Bodnar, S. J., Mayenx, S. J., Liebigs Ann. Chem., **30**, 1384 (1958).
[3] Landa, S., Weisser, O., Mostecký, I., Chem. Listy, **52**, 60 (1958).
[4] Vanko, A., Chromatografická analysa produktov syntézy vinylacetatu (Asp. prače 1957). (Chromatographische Analyse der Syntheseprodukte von Vinylacetat [Dissertation 1957].)
[5] Kubínova, M., Chem. Listy, **53**, 850 (1959).

Zur gas-chromatographischen Trennung der Oxydationsprodukte des Äthylens

Von A. VANKO, V. HANUS und J. JANDA, Nováky, ČSSR

Bei der Erzeugung von Äthylenoxyd durch direkte Oxydation von Äthylen mit Sauerstoff oder Luft enthält das Reaktionsgas außer nichtreagierten Synthesegasen Äthylenoxyd, Kohlendioxyd und Wasserdampf.

Beim Studium der partiellen Oxydation des Äthylens wurde bisher zur Bestimmung des Äthylenoxyds im Reaktionsgas allgemein die Lubattische Methode angewendet, die auf der Reaktion des Äthylenoxyds mit Salzsäure unter Bildung von Äthylenchlorhydrin beruht. Das Kohlendioxyd wird durch Absorption in Kalilauge und das Äthylen mittels Orsatanalyse oder durch Bromierung bestimmt.

Zwar kann man mit den angeführten Methoden reproduzierbare genügend genaue Ergebnisse erhalten, jedoch sind diese Methoden für das Studium der Reaktionsparameter zu langwierig. Deshalb versuchen wir die Gas-Chromatographie anzuwenden, bei der man in einer Probe gleichzeitig alle für die Stoffbilanz des Prozesses nötigen Komponenten bestimmen kann.

Das zu trennende Stoffgemisch besteht aus Stickstoff, Sauerstoff, Äthylen, Kohlendioxyd, Äthylenoxyd und Wasserdampf. Die quantitative Zusammensetzung des Gasgemisches ist verhältnismäßig einfach. Das Problem der qualitativen Eigenschaften jedoch ist komplizierter.

Die Auswahl der Arbeitsbedingungen hängt einerseits von den breiten Siedegrenzen, andererseits von den anspruchsvollen Bedingungen für die Trennung von

TABELLE 1

Übersicht über die Molekulargewichte und Siedepunkte der zu trennenden Verbindungen

Verbindung	Molekular-gewicht	Kp/°C
Sauerstoff	32,00	—183,0
Stickstoff	28,02	—195,8
Äthylen	28,05	—103,9
Kohlendioxyd	44,01	subl. — 78,5
Äthylenoxyd	44,05	+ 10,5
Wasser	18,06	+100,0

O_2/N_2 und für Äthylenoxyd ab. Das Wasser berücksichtigen wir nur, soweit es den Trennungsprozeß beeinflußt, denn es entsteht äquivalent dem Kohlendioxyd.

Für die Trennung der Verbindungen des Reaktionsgemisches verwendet man am besten Trennsäulenfüllungen der Adsorptions-Gas-Chromatographie.

Neuerdings werden mehrstufige, zumindest 2stufige Trennsäulen eingesetzt, wobei zweckmäßig ein Probengeber, zwei parallelgeschaltete Trennsäulen mit einer Adsorptionsfüllung und einer Verteilungsfüllung und ein gemeinsamer Detektor verwendet werden sollen (Anm. d. Herausg.).

Adsorptionstrennfüllungen sind für alle angegebenen Gase, ausgenommen Äthylenoxyd, geeignet.

Auf aktiven Adsorptionsmitteln wird Äthylenoxyd irreversibel festgehalten und polymerisiert [1]. Verschiedene Nachteile der GSC-Methoden lassen sich durch Verwendung der GLC-Methoden vermeiden [2].

Experimenteller Teil

Wir verwendeten einen Chromatographen mit einer Wärmeleitzelle und Flüssigkeitstemperierung mit einem Ultrathermostaten. Die Meßelementenheizung wurde mit Gleichstrom aus einer Akkumulatorenbatterie gespeist. Als Schleppgas wählten wir Stickstoff, denn so erhält man einen selbständigen Berg für Sauerstoff. Die Bestimmung des Stickstoffs ist nicht wichtig, weil dieser als konzentrierteste Verbindung durch Berechnung auf 100% festgestellt werden kann. Vor die Trennsäule wurde zum Eliminieren des Wasserdampfes ein Trockner mit Chlorcalcium geschaltet. Nach informativer Erprobung der Adsorbenten Aktivkohle, Tonerde und Alusil erwiesen sich die Methoden der Verteilungs-Gas-Chromatographie für das zu untersuchende System als viel vorteilhafter. Die notwendige Trennung des Sauerstoffs, Äthylens und Kohlendioxyds setzt allerdings eine entsprechend lange Trennsäule mit hochwirksamen Trennflüssigkeiten voraus. Von den erreichbaren Trennflüssigkeiten wählten wir Dimethylformamid (DMF).

TABELLE 2

Löslichkeit der Reaktionsgase in DMF [3] (Volumen/0° C, 1 atm) für DMF-Volumen bei einem Partialdruck von 1 atm und 25° C

Gas	Vol./Vol.
N_2	0,04
O_2	0,11
C_2H_4	1,40
CO_2	4,40

Wegen der verhältnismäßig hohen Flüchtigkeit des Dimethylformamids bei 25° C (3,7 Torr) arbeiteten wir bei 0° C, wobei der Dampfdruck des DMF auf 0,7 Torr sank. Herabgesetzt wurde der Dampfdruck auch durch Zugabe von Dioctyladipat (DOA) zu der auf dem Trägermaterial aufgebrachten DMF-Phase.

Die verwendete Trennsäule bestand aus einem Kupferrohr mit einem inneren Durchmesser von 6 mm und 560 cm Länge, die schraubenförmig gewickelt und in ein mit Eis gefülltes Dewargefäß eingesetzt wurde. Das Trägermaterial bestand aus einer bestimmten Bleicherde von 0,3 bis 0,4 mm Korndurchmesser, die bei normaler Temperatur mit einer 10% DMF + 5% DOA enthaltenden Ätherlösung imprägniert wurde. Die Ätherspuren entfernte man aus der Trennsäule durch Ausspülen mit Schleppgas. Als Sicherung des Detektors gegen Dimethylformamiddampf wurde diesem eine Trennsäule von 6 mm Durchmesser und 250 cm Länge vorgeschaltet, die mit 15% Dioctyladipat auf Bleicherde von 0,3 bis 0,4 mm gefüllt und gemeinsam mit dem Detektor auf 20° C angewärmt war.

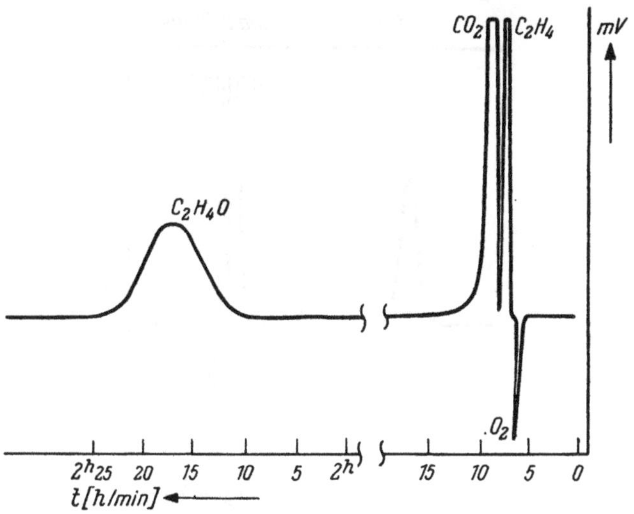

Abb. 30.1. Chromatogramm eines Testgemisches auf den Trennsäulen I und II

I. 10% DMF + 5% DOA; Länge 560 cm; ⌀ 6 mm

II. Detektorvorschaltsäule: 15% DOA; Länge 250 cm; ⌀ 6 mm

Die Trennung eines Testgemisches unter so gewählten Bedingungen ist auf Abbildung 30.1 dargestellt.

Das Trennvermögen reicht für jede Verbindung aus.

Die große Säulenlänge und die niedrige Trenntemperatur der Säule I bewirken aber eine relativ lange Rückhaltezeit für Äthylenoxyd. Dadurch wird der Berg sehr breit, aber wenig hoch. Als praktische Folge ist bei dem zu erwartenden geringen Gehalt an Äthylenoxyd in den Chromatogrammen das Äthylenoxyd nur angedeutet, während eine quantitative Bestimmung nicht möglich wird. Eine Besserung läßt sich in Anbetracht der Flüchtigkeit der stationären Phase durch Temperaturerhöhung nicht erreichen, ebenso nicht durch Verkürzung der Säule bzw. Verringerung der Dicke des Flüssigkeitsfilmes, denn diese Parameter bedingen das Trennvermögen für die flüchtigeren Verbindungen.

Um den erreichten Trennungsgrad für $O_2/C_2H_4/CO_2$ beizubehalten und gleichzeitig die Elutionsverhältnisse für Äthylenoxyd zu verbessern, wählten wir eine Alternative, bei der die Rückhaltezeit des Äthylenoxyds unabhängig von den Rückhaltezeiten der übrigen Komponenten verkürzt werden konnte.

Wir erzielten dies durch Vorschalten einer kürzeren, entsprechend hergerichteten Trennsäule vor die vorher verwendete und durch eine Gaswegschaltung, bei der zu Beginn der Analyse beide Trennsäulen verbunden sind. Nachdem die rasch wandernden Komponenten die beiden Trennsäulen verlassen haben, wird die längere Trennsäule von der kürzeren getrennt und der Ausgang der kurzen Trennsäule an den Detektor angeschlossen.

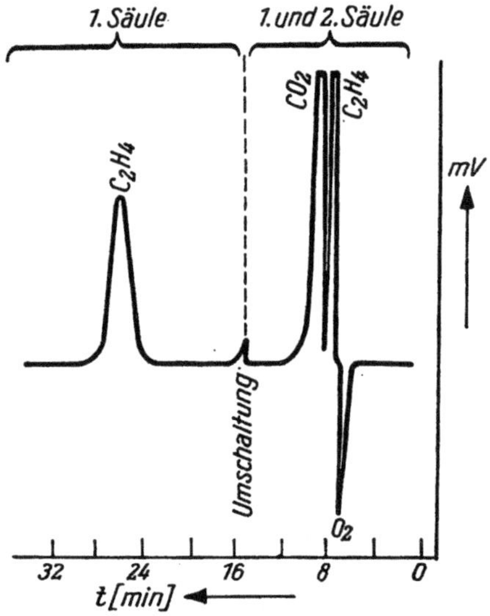

Abb. 30.2. Chromatogramm eines Testgemisches auf zwei Trennsäulen

Nach kurzer Zeit erscheint der nun schlanke und hohe Äthylenoxydberg. Der beschriebenen Trennsäule fügten wir noch eine weitere Trennsäule aus Kupferrohr mit $\varnothing = 5$ mm, $L = 150$ cm, gefüllt mit 8% DMF + 4% DOA bei 20,0° C hinzu. Die Konzentration der stationären Phase wurde versuchsweise so gewählt, daß eine scharfe Zone mit kurzer Rückhaltezeit erscheint, wie es auf Abbildung 30.2 dargestellt wird. Die Gaswegschaltung beider Trennsäulen erfolgt durch zwei Dreiweghähne und ein Nadelventil. Dieses dient nach Ausschalten der 2. Trennsäule zur Korrektur des sonst geringer werdenden Druckabfalls.

Da Äthylen mit Luft oder Sauerstoff explosive Gemische bildet, muß bei der Oxydation unterhalb der Explosionsgrenze gearbeitet werden, d. h. mit einer Konzentration des Äthylens im Synthesegas bis zu 3,5 Vol.-%. Wenn wir eine Umsetzung des Äthylens von 5 bis 30% annehmen, so ist die Konzentration des Kohlendioxyds und Äthylenoxyds im Reaktionsgas sehr niedrig. Daraus folgt, daß der Detektor sehr empfindlich sein muß, damit beim Studium der Reaktionsparameter die Methode für die gesamte zu untersuchende Abhängigkeit verwendet werden kann.

Zur Erhöhung der Empfindlichkeit des Detektors ersetzten wir die ursprünglichen Pt-Drähte mit einem Widerstand von etwa 20 Ohm durch Drähte mit einem Widerstandswert $R_0 = 130$ Ohm. Dadurch konnten wir bei gleicher Drahttemperatur [4] das Signal und damit die Empfindlichkeit des Detektors wesentlich erhöhen.

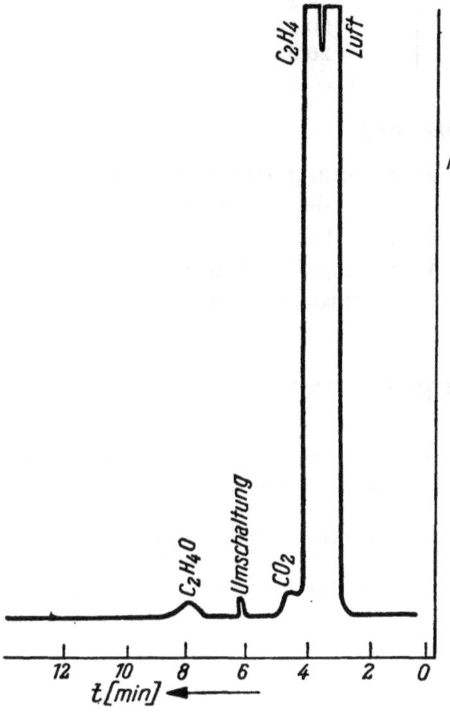

Abb. 30.3. Reaktionsgemisch bei 220° C

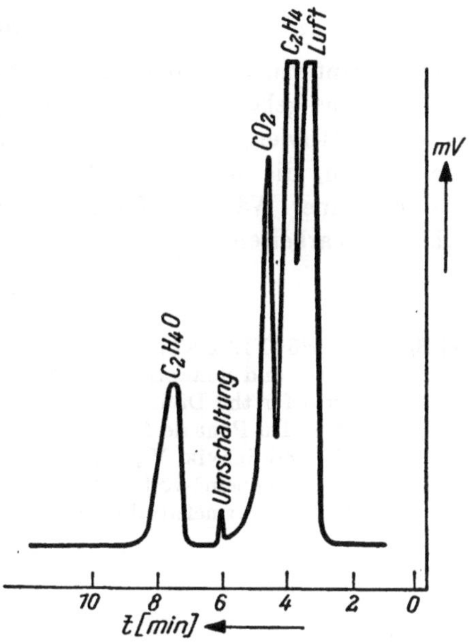

Abb. 30.4. Reaktionsgemisch bei 300° C

Bei der Untersuchung der Signalgröße in Abhängigkeit vom verwendeten Schleppgas N_2 und H_2 kamen wir nach der von CABICAR [5] abgeleiteten Beziehung zu dem Schluß, daß wir durch Austausch des Stickstoffs mit Wasserstoff als Schleppgas die Empfindlichkeit des Detektors wesentlich erhöhen können, wie es in Tabelle 3 zum Ausdruck kommt.

Die berechnete Differenz der Signale entsprach praktisch den erzielten Werten, so daß nach Austausch des Schleppgases Stickstoff mit Wasserstoff alle Verbindungen des Systems auf dem Chromatogramm erfaßt werden konnten.

Die gemeinsame Eluierung des Sauerstoffs mit dem Stickstoff entwertet das Ergebnis nur wenig, weil man den Sauerstoffverbrauch aus der Bilanz der übrigen Verbindungen berechnen kann. Typische Arbeitschromatogramme zeigen Abbildungen 30.3 und 30.4.

TABELLE 3

Die Signalgröße des Detektors als Funktion von der Art des Schleppgases

Verbindung/Schleppgas	S für t = 100° C k = 0,1
CO_2/H_2	433,4
C_2H_4O/H_2	439,2
CO_2/N_2	20,13
C_2H_4O/N_2	26,0

Zusammenfassuug

Durch Untersuchung der Parameter bei der Trennung der Oxydationsprodukte des Äthylens gelang die Ausarbeitung einer Methode zum Bestimmen des Gehaltes an Äthylen, Kohlendioxyd und Äthylenoxyd durch Kombination zweier Trennsäulen, die nach dem Prinzip der Verteilungs-Gas-Chromatographie bei 0° C mit einer Wärmeleitfähigkeitszelle als Detektor und mit Wasserstoff als Schleppgas arbeiten.

LITERATURVERZEICHNIS

[1] B/OS Nr. 686; FIAT 875.

[2] Davis, R. E. and Schreiber, R. A., I. Int. Symp. on Progress in Gaschromatography Presented befor the Division of Petr. Chemistry Amer. Chem. Soc., D-91 (1957).

[3] Prospekt by Du Pont de Nemours.

[4] Novák, K. und Slávík, V., Kurs plynové chromatografie. Brno (1956), 17.

[5] Cabicar, J., Tepelně-vodivostní analysátory v plynové chromatografii. Přednáška 28. 11. 1957. (Wärmeleitfähigkeitszellen in der Gas-Chromatographie. Vortrag 28. 11. 1957.)

Gas-Chromatographie der stereoisomeren Methylcyclohexanole

Von R. Komers, K. Kochloefl und V. Bažant, Prag

Zur Bestimmung der Mengenverhältnisse der cis- und trans-Isomeren der 2-, 3- oder 4-Methylcyclohexanole in Gemischen diente bisher die Messung der Dichte [1—6], des Brechungsindex [1] oder der Viscosität. Diese Methoden sind nicht sehr zuverlässig, einmal deshalb, weil sich die Werte der angegebenen physikalischen Konstanten nur wenig voneinander unterscheiden, und zum anderen, weil bereits eine kleine Beimengung anderer Substanzen, insbesondere des entsprechenden Ketons, die Meßergebnisse stark beeinflußt.

Nach unseren Feststellungen kann bei Anwendung der Gas-Flüssigkeits-Chromatographie [8] an stationären Phasen, welche Wasserstoffbrücken mit den Hydroxylgruppen der zu analysierenden Alkohole bilden können, der gewünschte Trenneffekt auf Grund der verschiedenen Konstellation der Stereoisomeren erzielt werden. Keton beeinflußt die Ergebnisse der chromatographischen Analyse nicht, weil sein Elutionsvolumen weitaus geringer als das der entsprechenden Alkohole ist.

Wir haben das Gerät der Firma Griffin und George, London, in der üblichen Schaltung verwendet. Als Schleppgas diente Stickstoff. Die Arbeitstemperatur wählten wir je nach Schmelzpunkt und Flüchtigkeit der Kolonnenfüllung (109° oder 130° C). Als Trägermaterial verwendeten wir *Celite 545*, mit 17% Glycerin oder mit 25% Erythrit getränkt. Die charakteristischen Rückhaltewerte wurden an einer Kolonne, die mit ca. 3,6 g Glycerin oder 6,4 g Erythrit als Wirkstoff gefüllt war, betsimmt und bei der Stoffgruppe mit dem Substituenten in Stellung 2 im Verhältnis zu cis-2-Methylcyclohexanol, bei der Stoffgruppe mit dem Substituenten in Stellung 3 im Verhältnis zu trans-3-Methylcyclohexanol und bei Stoffen mit dem Substituenten in Stellung 4 im Verhältnis zu cis-4-Methylcyclohexanol ausgedrückt. Für das cis-2-Methylcyclohexanol, trans-3-Methylcyclohexanol und cis-4-Methylcyclohexanol wurde das spezifische Rückhaltevolumen V_g^0 berechnet. Die Ergebnisse sind in Tabelle 1 zusammengestellt.

Mit der beschriebenen Methode konnten wir die Ergebnisse einiger älterer Arbeiten über den Einfluß des Reduktionsmittels bei der Reduktion von cyclischen Ketonen [9] auf das Verhältnis der gebildeten cis- und trans-Isomeren revidieren.

TABELLE 1

Substanz	Glycerin bei 109° C	Erythrit bei 130° C
cis-2-Methylcyclohexanol	1,00	1,00
trans-2-Methylcyclohexanol	1,32	1,38
2-Methylcyclohexanon	0,52	0,68
cis-3-Methylcyclohexanol	1,37	1,32
trans-3-Methylcyclohexanol	1,00	1,00
3-Methylcyclohexanon	0,52	0,67
cis-4-Methylcyclohexanol	1,00	1,00
trans-4-Methylcyclohexanol	1,36	1,32
4-Methylcyclohexanon	0,53	0,71
V_g^0 cis-2-Methylcyclohexanol	92	18,2
V_g^0 trans-3-Methylcyclohexanol	129	26,8
V_g^0 cis-4-Methylcyclohexanol	133	26,8

LITERATURVERZEICHNIS

[1] Hückel, W. und Hubele, A., Liebigs Ann. Chem., **613**, 27 (1958); Hückel, W. und Kurz, J., Chem. Ber., **91**, 1290 (1958).
[2] Noyce, D. S., Denney, D. B., J. Amer. chem. Soc., **72**, 5743 (1950).
[3] Dauben, W. G., Fonken, G. J. und Noyce, D. S., ibid., **78**, 2579 (1956).
[4] Wicker, R. J., J. chem. Soc. London, 2165 (1956); 3299 (1957).
[5] Gough, G. A., Hunter, H. und Kenyon, J., ibid., 2052 (1926).
[6] Mackbeth, A. K. und Mills, J. A., ibid., 709 (1945); 205 (1947); 1717 (1949); Jackman, L. M., Mackbeth, A. K. und Mills, J. A., ibid. 2641 (1949).
[7] Arnold, R. T., Smith, G. G. und Dodson, R. M., J. org. Chemistry, **15**, 1256 (1950).
[8] James, A. T. und Martin, A. J. P., Biochem. J., **50**, 679 (1952).
[9] Komers, R., Kochloefl, K. und Bažant, V., noch unveröffentlichte Arbeit.

Verwendung der Gas-Chromatographie zur Analyse der Terpene

Von H. Cvrkal, Opočno, und J. Janák, Brno, ČSSR

Bei Überprüfung der Unterlagen für die Bestimmung der ätherischen Öle (Terpene) von Nadelbäumen (Kiefer) stießen wir auf bedeutende Abweichungen in der qualitativen und quantitativen Zusammensetzung der Terpene, die Kiefern einer einheitlichen Kultur und Gattung entstammten. Die untersuchten Kiefern unterschieden sich in ihren morphologischen Kennzeichen nicht voneinander bzw. die Unterschiede waren so gering, daß sie sich durch statistische Schwankungen der biometrischen Werte, wie Länge der Nadeln, Durchmesser usw., deuten ließen. Wir kamen zu dem Schluß, daß zur Bestimmung der Gattung nicht allein die konventionellen Methoden, d. h. die Bestimmung mit morphologischen Kennzeichen ausreichen, sondern daß auch chemische Methoden erforderlich sind.

Diese Erkenntnisse entsprechen auch den Behauptungen anderer Forscher, und so kam man zu dem Schluß, daß die aus der Terpenzusammensetzung erkennbaren Varianten wahrscheinlich durch Hybridisierung entstanden sind. Vorliegende Arbeit bestätigt diese Annahme. Das Auffinden physiologisch unterschiedlicher Kiefern ist von großer Bedeutung sowohl für die genetische als auch für die sogenannte Auswahl- oder Veredelungs-Forschung, aber auch für die Verwendung in der Praxis.

Zur quantitativen Isolierung der Terpene werden (junge Zweigspitzen) der Wasserdampfdestillation unterworfen. Diese Methode liefert neben quantitativ auswertbaren Werten genügend Substanz für nachfolgende Untersuchungen. Für die weitere Analyse der Terpene war die klassische Methode, d. h. die fraktionierte Destillation wegen der langen Dauer und wegen des bedeutenden Verbrauchs an Ausgangsmaterial ungeeignet. Die einzige praktische Möglichkeit bestand in der Anwendung des Sutherlandschen n/d-Diagramms, das den graphischen Ausdruck der Veränderungen der Dichte und Refraktion im Verlauf zum Beispiel einer Destillation darstellt. Wenn man auch auf diese Weise die unterschiedlichen Terpene der Waldkiefer von aus Samen gezüchteten Kulturen, die aus verschiedenen Ländern (für Versuchszwecke) eingeführt wurden, nachweisen konnte, bildet das Sutherlandsche n/d-Diagramm für den angeführten Zweck nur eine empirische Hilfe, die durch genauere Methoden zu untersuchen ist.

Man versuchte, die Terpenproben mit Infrarot-Spektrographie zu prüfen; diese informierte über verschiedene funktionelle Gruppen, aber eignete sich weder für quantitative Analysen, noch für eine detaillierte qualitative Analyse so komplizierter Gemische. Im Einvernehmen mit Ing. J. Janák wählten wir zur Terpenanalyse die Verteilungs-Gas-Chromatographie wegen des großen Trennvermögens, des geringen Materialverbrauchs und des geringen Zeitaufwandes. Wir arbeiteten mit der Apparatur der Firma Griffin und George, London, mit Wärmeleitdurchflußzellen als Detektor und Luftthermostaten bis 240° C. Die Stromversorgung der Meßzelle lieferte bei 125 mA ein 6-Volt-Akku, die Gas-Chromatogramme wurden durch einen Millivoltschreiber von Honeywell-Brown mit einem Meßbereich von 0 bis 3 mV registriert. Als Schleppgas diente Stickstoff oder Wasserstoff, die Füllung der chromatographischen Trennsäule bestand sowohl aus 30% Dimethylpolysiloxan auf geschlämmtem *Celite 545* als auch aus 30% Glycerin auf *Sterchamol* mit einer Korngröße von 0,2 bis 0,4 mm. Die Arbeitstemperatur betrug bei der ersten Füllung 120, 140 und 180° C, bei der zweiten 120° C.

Zur Untersuchung gelangten Fichtenterpene, die einer fraktionierten Destillation bei 60 und 12 Torr unterworfen wurden, und Terpene von Nadelgewächsen verschiedener Art und Herkunft. Sowohl die Destillationsfraktionen (insgesamt 35 Fraktionen) als auch die übrigen Terpene wurden chromatographisch analysiert.

Die Rückhaltevolumina wurden für verschiedene erreichbare Standard-Stoffe gemessen und die charakteristischen in bekannter Weise nach Berücksichtigung des Druckabfalls, der Temperatur des Schleppgases am Säulenausgang usw. auf die spezifischen Rückhaltewerte korrigiert (auf 1 g Trennflüssigkeit bezogen). Die Werte gelten für Temperaturen von 140 und 180° C.

Die Identität der Verbindungen wurde durch Vergleich der bekannten Standards mit den gemessenen physikalischen Konstanten des Gemisches nachgewiesen. Des weiteren wurden bekannte Siedepunkte von Stoffen mit den charakteristischen Rückhaltedaten dieser Verbindungen verglichen. Dies gestattet eine annähernde Interpolation und Extrapolation des Siedepunktes unbekannter Verbindungen im Chromatogramm, wenn diese Stoffe einen verwandten Charakter haben. Es gilt dies natürlich nur für eine solche Trennsäulenfüllung, die keine selektive Dampfdruckerniedrigung für manche Verbindungen verursacht.

Daraus folgt, daß die einzelnen Fraktionen nicht ein einfaches Individuum darstellen müssen, sie können ein Gemisch verschiedener Körper mit annähernd gleichem Siedepunkt sein. Deshalb wurde mit einer Fraktion [24] folgender Versuch durchgeführt: Auf Dimethylpolysiloxan wurden durch chromatographische Trennung folgende Fraktionen isoliert: Limonen, Stoff B, Gruppe Borneol + Stoffe C und D, und Stoff G. Die isolierten Verbindungen wurden auf Glycerin chromatographiert, das gegen Wasserstoffbrücken bildende Stoffe (Alkohole) selektiv wirkt, und es entstanden nur bei Limonen und Stoff G einheitliche Fraktionen, während sich Stoff B in vier Verbindungen aufteilte und das Gemisch Borneol + Stoffe C und D 10 selbständige Fraktionen ergab.

Die Menge der Verbindungen drückten wir in Prozenten der Bergfläche der Verbindung, bezogen auf die Gesamtsumme der Bergflächen aller Komponenten, aus (Wasserstoff als Schleppgas).

Bei der chromatographischen Trennung der natürlichen Gemische und der Standards bei einer Temperatur von 180° C wurde die Anwesenheit geringer Mengen niedrig siedender Verbindungen beobachtet, die nach den charak-

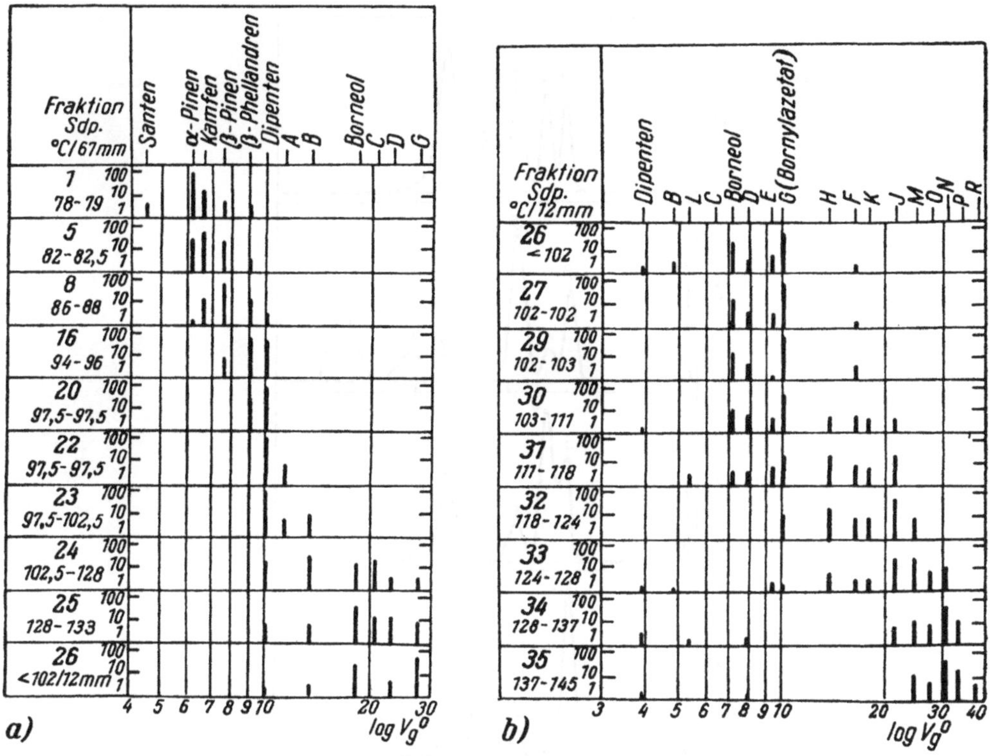

Abb. 32.1 a und b. Chromatographische Auswertung der Destillation
a) bei 140° C bearbeiteter Anteil; b) bei 180° C bearbeiteter Anteil

teristischen Rückhaltevolumina dem Limonen, den Stoffen B, D und L entsprechen. Diese Erscheinung tritt bei einer Temperatur von 140° C nicht auf, so daß man annehmen kann, daß bei höheren Temperaturen einige Terpene zersetzt werden.

Nach Auswertung aller Teilergebnisse kann man sich eine Vorstellung über den Verlauf der gesamten wirksamen Fraktionierung und über die Gesamtzusammensetzung der destillierten Fichtenterpene machen (Abb. 32.1 u. 32.2).

Bisher wurden für die Zusammensetzung der Fichtenterpene neun Stoffe angegeben, hauptsächlich jedoch α-Pinen und β-Pinen. Eingehende Untersuchung der vorliegenden Terpene zeigte, daß es zumindest 23 Individuen und Stoffgruppen (von annähernd gleichem Siedepunkt) gibt. Des weiteren wurde festgestellt, daß nicht die Pinene vorherrschen, sondern daß das Dipenten eine der Hauptverbindungen darstellt.

Die Zusammensetzung der Terpenkohlenwasserstoffe wurde weiter chromatographisch untersucht, und zwar sowohl von einigen Nadelgewächsarten, als auch von einigen Proben einer Gattung verschiedener Herkunft (Fichte) (Abb. 32.2,

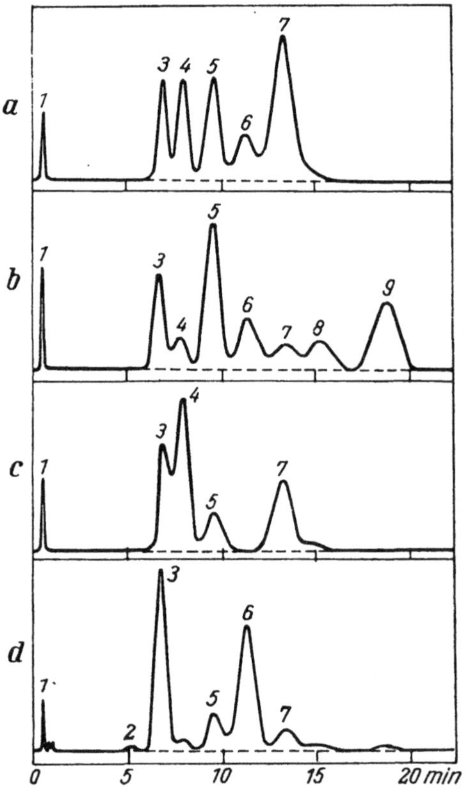

Abb. 32.2. Zusammensetzung der überwiegend terpenischen Kohlenwasserstoffe verschiedener Nadelbaumarten

a) Latschenkiefer — *Pinus mugo* TUVO; b) Silbertanne — *Abies concolor* LINDL. et GORD.
c) Douglaskiefer — *Pseudotsuga Douglasii* LINDL.; d) Fichte — *Picea excelsa* LINK.
Trennflüssigkeit: Dimethylpolysiloxan; Schleppgas: N_2, Temperatur: 140° C

Tab. 1). Die quantitativen und qualitativen Unterschiede bestätigen die unterschiedliche Zusammensetzung der Terpene verschiedener Nadelgewächse. Auch im zweiten Falle gehen die festgestellten Unterschiede über die Variabilität hinaus, was darauf hindeutet, daß es sich um Fichten, die sich durch ihre physiologischen Eigenschaften unterscheiden, also um physiologische Abarten handelt.

TABELLE 1

Abweichungen der Zusammensetzung der Monoterpen-Kohlenwasserstoffe aus Terpenen der Kiefer (Pinus silvestris L.) verschiedener Herkunft (in %)

Verbindung	Kp °C	Herkunft			
		Österreich	Schweden Vitsand	Polen Bolewice	ČSSR Tyniště
Santen	139—140	0,7	—	—	Spuren
α-Pinen	156—157	48,7	40,8	35,6	33,8
Kamphen	158—160	2,7	—	6,8	1,9
β-Pinen	162—166	17,6	25,4	6,8	11,7
β-Phellandren	173—176	14,0	30,0	42,3	37,0
Dipenten	177—178	16,3	3,8	8,5	15,6

Die Terpenbildung wird durch das System der Enzyme gesetzmäßig geregelt. Wenn dieses System nicht genügend widerstandsfähig ist und der normale gesetzmäßige Vorgang gestört wird, muß unvermeidlich bei der Terpenbildung diese Veränderung in Erscheinung treten. Als Beispiel mögen die Rauchgase dienen, die das System der Enzyme bedeutend beeinflussen. Diese Veränderung wurde uns durch die Untersuchung von zwei Fichtentypen bestätigt, und zwar der Terpene der gewöhnlichen Fichte (*Picea excelsa* L.) und der Stechfichte (*Picea pungens* Eng.). Die zweite Fichtengattung wird in der Gruppe der gegen Rauchschäden ziemlich widerstandsfähigen Bäume geführt. Die Terpene zeichnen sich gegenüber den Terpenen der gewöhnlichen Fichte deutlich durch höheren Gehalt an Kamphen, niedrigeren Gehalt an β-Pinen und durch völliges Fehlen von β-Phellandren aus.

Diese Feststellungen könnten als Grundlage für die Identifizierung der aus der Metabolität sich ergebenden Produkte solcher Individuen dienen, die gegen Rauchgase widerstandsfähig sind. Durch dauerndes Nachforsten der intoxierten Kulturen mit widerstandsfähigen Holzarten ließen sich die unübersehbaren Schäden in solchen Gebieten beseitigen.

Die Arbeit zeigt, daß die Methode geeignet ist, die Kenntnisse über die Zusammensetzung der Terpene zu vertiefen.

Gas-chromatographische Bestimmung von Argon neben Sauerstoff und anderen Permanentgasen

Von M. Krejčí und J. Janák, Brno, ČSSR

Aus Gasgemischen mit Sauerstoff wird mit feinverteiltem Palladium auf geeignetem Trägermaterial und mit Wasserstoff als Schleppgas Sauerstoff katalytisch durch Reduktion entfernt. Die Trenneigenschaften von Molekularsieb (Calciumzeolith) werden danach zur Trennung des Argons von den übrigen Gasen benutzt.

Es wurden die geeigneten Arbeitsbedingungen (Temperatur, Durchflußgeschwindigkeit) für die quantitative Entfernung des Sauerstoffs festgestellt. Die Methode wird für die rasche Betriebskontrolle des Argon-Gehaltes in Gasen der Luftverarbeitung, bei der Ammoniaksynthese, der Synthese von Wasserstoff u. a. angewendet.

Schon früher wurden die Trennmöglichkeiten der permagneten Gase auf verschiedenen Adsorbentien [1—5] studiert. Bei normalen und bei tieferen Temperaturen liegen die Adsorptionsenergien des Argons und Sauerstoffs auf Aktivkohle [1, 2], Silikagel [3, 4] und auch Aluminiumsilicaten [5] so nahe beieinander, daß eine chromatographische Trennung dieser Stoffe unter den angeführten Bedingungen nicht möglich ist.

Wir benutzten deshalb die katalytischen Eigenschaften des auf dem Träger feinverteilt niedergeschlagenen Palladiums zur Entfernung des Sauerstoffs in einem Strom von Wasserstoff als Schleppgas und die Trenneigenschaften des Ca-zeoliths [6] zur Trennung des Argons von den übrigen Gasen. Die katalytischen Eigenschaften wurden beim Studium der Beziehung der Adsorptionsisotherme zur tatsächlichen Verteilung gleichartiger aktiver Zentren auf künstlichen Adsorbentien festgestellt.

Es ist möglich, in 5 Minuten den Argongehalt in den üblichen technischen Gasen mit einer Genauigkeit von 3 Vol.-% (relativ) festzustellen.

Experimenteller Teil und Ergebnisse

Beschreibung der Apparatur:

Der Chromatograph arbeitete unter Überdruck am Eingang der Säule, unter atmosphärischem Druck an deren Ausgang. Es wurden Wärmeleitfähigkeitszellen als Detektor verwendet, als Schleppgas diente Wasserstoff.

Vorbereitung der Säulenfüllung und des Katalysatorträgers

Kristalliner Kalkzeolith (CaO-$Al_2O_3 \cdot 2SiO_2$) wurde zerkleinert und bis auf eine Körnung von 0,2 bis 0,4 mm abgesiebt. Das gesiebte Adsorptionsmittel wurde 3 Stunden bei 400° C im Muffelofen aktiviert.

Herstellung des Katalysators

fDas Palladium wurde auf den Träger (Alusil) in Form des Ammonkomplexes augetragen: 2 ml einer 10%igen wässerigen Palladiumchloridlösung (0,12 g Pd) wurden mit 36%igem Ammoniak gefällt. Es entstand ein weißer Niederschlag von $Pd(NH_3)_2Cl_2$. Die Suspension wurde mit konzentriertem Ammoniak auf 100 ml aufgefüllt. Durch das überschüssige Ammoniak löste sich der Komplex nach einigen Stunden unter Bildung von $Pd(NH_3)_4$.

In die so hergestellte Lösung wurden 40 g des aktivierten Trägers eingetragen, die entstandene Suspension in einen Kochkolben überführt und unter gleichzeitiger Evakuierung bis zur Trockne erhitzt. Das trockene Produkt wurde in ein Metallrohr geschüttet (falls in ein Glasrohr, dann *Pyrex*), mit Wasserstoff durchspült und ein auf 500 bis 550° C erwärmter Rohrofen in Richtung des Wasserstoffstromes langsam über die ganze Säule geschoben. Nach dieser Reduktion ist der fertige Katalysator grau.

Diskussion

Das charakteristische Rückhaltevolumen wird nur von den Sorptionseigenschaften des Adsorbenten bestimmt, der Wert V_g^0 für Argon auf dem Katalysator ist unter den gegebenen Bedingungen gleich Null. Unter den gegebenen Arbeitsverhältnissen trennt der Adsorbent die Permanentgase in der Weise [6], daß Argon und Sauerstoff nur einen Berg bilden. Im Chromatogramm erscheinen die Substanzen in der Reihenfolge: Helium + Neon, Sauerstoff + Argon, Stickstoff, Methan usw. Nach Entfernung des Sauerstoffes zeigt das Chromatogramm folgendes: Helium + Neon, Argon, Stickstoff, Methan usw. Die völlige Entfernung des Sauerstoffs wurde durch Zugabe von 0,10 bis 5,00 ml elektrolytisch erzeugtem Sauerstoff in die Apparatur nachgewiesen.

Wie aus Tabelle 1 zu ersehen ist, veränderte sich dabei die Null-Linie des Schreibers nicht.

Weiter wurden in die Apparatur Argonproben verschiedenen Prozentgehaltes an Sauerstoff eingeführt. Die Ergebnisse lassen sich gut reproduzieren, der mittlere Analysenfehler ist befriedigend [6].

Wegen der begrenzten Geschwindigkeit der katalytischen Reaktion wurde auch der Einfluß des Schleppgasmengenstromes auf die Wirkung des Katalysators untersucht. Absichtlich wählten wir eine sehr kurze Säule (0,019 g Pd in einer Konzentration von 0,3% auf Alusil, Durchmesser der Säule 6 mm) und erhöhten die Geschwindigkeit des Schleppgases bei einer Temperatur von 26° C auf 0,50—0,61—0,89—1,55—2,25 bis 2,8 N ml H_2/sec; sie entspricht beim letzten Wert einer linearen Geschwindigkeit von 165 cm/sec. Im gesamten Meßbereich kam es zu einer quantitativen Entfernung des Sauerstoffs. Bei Geschwindigkeiten des Schleppgases unter 0,5 N ml/sec verursacht der rasche Reaktionsverlauf des Sauerstoffs mit dem Wasserstoff eine so rasche Abnahme des Wasserstoffs, daß sich der Fluß des Schleppgases in der Meßzelle bis auf Null verringert, schließlich eine Umkehrung der Strömungsrichtung entsteht und Luft in die Meßzelle dringt. Die verwendete (oder auch eine größere) katalytische Säule entspricht der chromatographischen Praxis, da die laufend verwendeten Schleppgasmengenströme innerhalb des untersuchten Intervalls liegen.

TABELLE 1

Nachweis des völligen Ausscheidens von Sauerstoff

Argon ml	Sauerstoff ml	Fläche für A mm²	Abweichung %
0,00	0,10	0	0,00
0,00	0,50	0	0,00
0,00	1,00	0	0,00
0,00	2,00	0	0,00
0,00	3,00	0	0,00
0,00	4,00	0	0,00
0,00	5,00	0	0,00
0,50	0,00	255	+2,82
0,50	0,50	244	+1,61
0,50	0,50	244	—1,61
0,60	0,00	385	+4,34
0,60	2,00	364	—1,35
0,60	1,00	382	+3,53
0,60	4,40	356	—3,53
0,60	0,00	360	—2,44
2,00	0,00	1110	+4,18
2,00	1,00	1050	—1,86
2,00	0,60	1057	—1,67

Mittlerer Fehler ± 0,88%

Da Wasser, das ein Produkt dieser Reaktion ist, den Katalysator desaktivieren könnte, erzeugten wir abnorm ungünstige Bedingungen durch ständig wiederholtes Eintragen von Sauerstoffproben bis zu einem Volumen von 250 ml O_2. Auch unter diesen Umständen veränderte sich die katalytische Wirkung des Palladiums nicht, die Entfernung des Sauerstoffs erfolgte quantitativ. Bei diesem Versuch war eine bedeutende Temperaturerhöhung des Katalysators zu beobachten, was bis zu einem explosiven Verlauf der Reaktion führte. Die optimale Arbeitstemperatur des Katalysators im Bereich von 20 bis 70° C wurde näher studiert. Wir trugen in die konstant temperierte Säule Proben von 5 ml O_2 in entsprechenden Zeitabständen ein, um eine ständige Überhitzung des Katalysators durch exotherme Reaktion zu vermeiden. Eine Verschlechterung der katalytischen Wirkung der Säule ergab sich nicht. Die Wärmeentwicklung war jedoch so groß, daß es bereits bei einer Temperatur von 50° C bei einmaligem Eintragen von 5 ml O_2 zu einer Erhitzung des Katalysators bis zur Dunkelrotglut und danach zu einem explosiven Reaktionsverlauf kam. Daraus folgt, daß die günstigste Arbeitstemperatur die im Laboratorium herrschende sein wird.

Geschwindigkeit und Vollständigkeit der katalytischen Reaktion führten zu der Annahme, daß die Reaktion auch dann quantitativ verläuft, wenn Sauerstoff und Wasserstoff Bestandteile des Gasgemisches sind und Wasserstoff nicht das Schleppgas darstellt. Diese Annahme wurde von dem Chromatogramm eines Gasgemisches von Wasserstoff, Sauerstoff und Stickstoff in Argon als Schleppgas bestätigt. In Übereinstimmung damit finden wir im Chromatogramm einen Wasserstoff-Berg, während der Sauerstoff-Berg verschwand. In einem zweiten Falle zeigte das Chromatogramm bei einer unzureichenden Wasserstoffmenge keinen Wasserstoff, wohl aber Sauerstoff.

Auch CO_2 als Schleppgas bewies diese Erscheinung quantitativ. Lt. Tabelle 2 wurde beim Beispiel 1 bis 3 mehr Wasserstoff als die stöchiometrische Menge zugegeben, im Falle 4 bis 6 enthielt das Gemisch mehr Sauerstoff.

TABELLE 2

Kontrolle der katalytischen Verbrennung des Wasserstoffs in CO_2 als Schleppgas

	In den Apparat eingebrachte ml		Komponenten im Azotometer in ml			
			berechnet	gemessen	berechnet	gemessen
	H_2	O_2	H_2	H_2	O_2	O_2
1	1,476	0,690	0,096	0,10	0,000	0,00
2	5,086	1,860	1,366	1,40	0,000	0,00
3	1,805	0,110	1,525	1,54	0,000	0,00
4	2,868	1,949	0,000	0,00	0,515	0,52
5	1,226	1,327	0,000	0,00	0,714	0,71
6	2,368	2,470	0,000	0,00	1,286	1,30

Analytische Auswertung

Mit dieser Methode läßt sich bei normaler Laboratoriumstemperatur rasch und ausreichend genau Argon in wichtigen technischen Gasen bestimmen. Zur Bestätigung wurden Argonanalysen der Sauerstoff- und Stickstofffraktion der Luftverarbeitung, in reinem Wasserstoff aus Winkler-Generatoren usw. durchgeführt. Die Methode gestattet eine sofortige Kontrolle des Argongehaltes bei der Ammoniaksynthese, wobei der Argongehalt einen wichtigen Parameter darstellt, weil er das tatsächliche Verhältnis von $H_2:N_2$ verändert. Ähnlich kann man die Argonkonzentration im Kreislaufgas dieser Synthese verfolgen. Bestätigende Analysen bringt Tabelle 3. Die Gasproben hat Ing. J. Sýkora aus den Betrieben der Stalinwerke in Záluží zur Verfügung gestellt.

Auch in der Forschung kann diese Methode verwendet werden. In Erdgasen mit einem bedeutenden Gehalt an Stickstoff bildet der Gehalt an Argon oft einen wichtigen Hinweis für die Genese des Gases. So kann man beurteilen, ob es sich um Luftstickstoff aus entgasten Grubenwässern handelt.

TABELLE 3

Analysen-Beispiele

Probe zu 5 ml	Fläche mm^2	Gehalt *A* ml	Gehalt *A* Vol.-%
Luft (Kontrollkalibrierung)	25,0	0,047	0,94
Luftfraktion	3,0	0,005	0,10
Sauerstofffraktion	65,5	0,123	2,46
Synthesegas für Ammoniak	19,8	0,037	0,74
Kreislaufgas vom Ammoniak	177,5	0,337	6,75
Kreislaufgas vom Methanol	127,0	0,241	4,82
Erdgas *Cifer-2*	0,0	0,000	0,00
Wasserabgas *Tálová* (*Levice*)	26,3	0,050	1,00

LITERATURVERZEICHNIS

[1] JANÁK, J., Chem. Listy, **47**, 837 und 1348 (1953); und JANÁK, J., Collect. czechoslov. chem. Commun., **19**, 684 und 917 (1954).

[2] GREENE, S. A., MOBERG, M. L. und WILSON, E. M., Liebigs Ann. Chem., **28**, 1369 (1956).

[3] WIRTH, H., Mh. Chem., **84**, 156 und 741 (1953).

[4] SCHULCZEWSKI, D. H. und HIGUCHI, T., Liebigs Ann. Chem., **29**, 1541 (1957).

[5] BARRER, R. M. und ROBINS, A. B., Trans. Faraday Soc., **49**, 807 und 929 (1953).

[6] JANÁK, J., KREJČÍ, M. und DUBSKÝ, H. R., Chem. Listy, **52**, 1099 (1958).

[7] JANÁK, J., Chem. Listy, **49**, 1403 (1955); und JANÁK, J., Collect. czechoslov. chem. Commun. (1955).

Anwendung thermo-gas-chromatographischer Methoden bei der Krypton-Produktion

Von S. Petuchow und E. W. Wagin, Moskau

Von den verschiedenen Methoden der Gemischtrennung und Abtrennung wertvoller Komponenten findet die Adsorptionsmethode in der Industrie eine immer breitere Anwendung. Die technisch-wirtschaftlichen Vorzüge der Adsorptionsmethoden sind im Vergleich zur Rektifikation besonders groß bei der Abtrennung wertvoller Stoffe, die nur in Spuren im Gemisch vorhanden sind. Abgesehen davon ist die industrielle Abtrennung des Kryptons aus der Luft auf Basis reiner Adsorptionsmethoden unzweckmäßig. Bekanntlich ist der Kryptonbedarf wesentlich kleiner, als der Sauerstoffbedarf. Deshalb kann nur ein rationelles Verfahren zur Kryptongewinnung als Nebenprodukt der Sauerstoffproduktion in Frage kommen.

Zur Zeit spielt sich die Kryptonerzeugung in zwei Stufen ab: Zunächst wird ein erstes Konzentrat angereichert, das ungefähr 0,1% Krypton enthält. Dann findet nach katalytischer Oxydation der Kohlenwasserstoffe und darauffolgender Reinigung von Kohlendioxyd und Trocknung eine nochmalige Rektifikationsanreicherung statt. Eine solche Technologie erfordert einen besonderen Raum, Kompressoranlagen und eine umfangreiche Apparatur zur Entfernung der Kohlenwasserstoffe.

Die Einbeziehung der Adsorptionsmethoden wird die Verarbeitung des Konzentrats wesentlich vereinfachen. Dabei muß nicht nur die typische Adsorptionsaufgabe der Anreicherung geklärt werden, sondern auch die Explosionssicherheit gewährleistet sein. Die triviale Lösung der letzten Aufgabe durch Adsorptions-Trennung der Kohlenwasserstoffe auf Grund ähnlicher Adsorbierbarkeit von Krypton und Methan ist unzweckmäßig, da der Hauptteil der Kohlenwasserstoffe im Kryptonkonzentrat verbleiben würde. Von der WNIIKIMASch wurde eine Technologie für die Kryptongewinnung aus primärem Konzentrat ausgearbeitet, die auf adsorptions-chromatographischen Methoden beruht. Die WNIIKIMASch wendet die Adsorption nicht nur zur Kryptonanreicherung an, sondern schafft auch Explosionssicherheit, da der Sauerstoff durch Stickstoff ersetzt wird.

Der Gewinnungsprozeß des Kryptons aus primärem Konzentrat durch Adsorption besteht aus drei Etappen:

1. Dynamische Sättigung des gekühlten Adsorbens mit Kryptonkonzentrat.

2. Verdrängung des adsorbierten Sauerstoffs durch Stickstoff.
3. Thermo-Adsorptions-Anreicherung.

In der ersten Etappe durchläuft das Konzentrat aus der primären Kryptonsäule den Adsorber, der vorher mit flüssigem Sauerstoff gekühlt wurde.

Nach Anreicherung von Krypton auf ungefähr 80% der Adsorbensmenge des ersten Apparates wird das Kryptonkonzentrat in die zweite Adsorptionssäule geleitet. Damit ist die erste Etappe der Adsorptionstechnologie — die dynamische Anreicherung — abgeschlossen.

Eine zweite Etappe wird nötig, weil während der nachfolgenden thermischen Anreicherung der Methangehalt auf 15 bis 20% ansteigt. Damit sich kein explosives Gemisch bildet, wird vor der thermischen Anreicherung der Sauerstoff mit Stickstoff verdrängt.

Danach läuft zum Zwecke der thermischen Anreicherung entlang der Adsorptionssäule ein Temperaturfeld.

Die Zusammensetzung des aus der Säule austretenden Gases wird ununterbrochen von einem Detektor kontrolliert. Anfangs wird aus dem Adsorber Stickstoff, danach die Krypton-Methan-Fraktion abgeleitet. Diese Fraktion enthält im Mittel 60% Kr + Xn, 15—20% CH_4, 20—25% N_2 und 1—2% O_2.

Für die Entwicklung der erläuterten Technologie waren besondere Laboruntersuchungen erforderlich. Diese umfaßten die Adsorbensauswahl, die Bestimmung rationeller Parameter für die dynamische Anreicherung, für die Verdrängung des Sauerstoffs durch Stickstoff und für die thermische Anreicherung der Gemische. Die experimentellen Ergebnisse zeigten, daß die dynamische Adsorption von der Theorie zufriedenstellend beschrieben wird.

Für die Adsorptionsverdrängung des Sauerstoffs durch Stickstoff wurde eine Theorie aufgestellt, die auf der Identität der Verdrängung mit der dynamischen Anreicherung des Adsorbens mit Gas nach dem effektiven Henry-Koeffizienten basiert.

Die experimentellen Daten, die bei der Untersuchung der einzelnen Stadien der thermischen Anreicherung gewonnen wurden, sind nach der Theorie der adsorptions-thermischen Anreicherung bestätigt worden.

Die Untersuchungen ermöglichten die Auswahl der Hauptarbeitsparameter der Adsorptions-Anreicherung des Kryptonkonzentrats, die einen hohen Anreicherungsgrad bei praktisch vollständigem Abtrennen des Kryptons ergeben.

Auf Basis der gewonnenen Werte wurde eine Adsorptionsanlage von industriellem Ausmaß entworfen und gebaut.

Die Erprobung dieser Anlage findet zur Zeit in einem Sauerstoffwerk statt.

Die thermo-gas-chromatographische Trennung von Wasserstoff, Kohlenmonoxyd, Methan und Edelgasen

Von N. M. Turkeltaub, O. W. Solotarjewa, A. G. Latuchowa, A. J. Karimova und E. R. Kalinina, Moskau

Für eine Reihe Industriezweige, so für die chemische, für die erdölverarbeitende Industrie und für die Elektronenröhrenherstellung ist die getrennte Bestimmung von Wasserstoff, Kohlenmonoxyd, Methan und Edelgasen sehr wichtig. Bei Anwendung der Thermo-Gas-Chromatographie als Analysenmethode werden Wasserstoff und Kohlenmonoxyd gemeinsam mit Methan abgetrennt. Diese Fraktion muß anschließend im WTJ-Gerät analysiert werden. Die bisherigen Methoden der Edelgasbestimmung gestatteten nur eine Abtrennung des Heliums und des Neons durch Adsorption der anderen Komponenten an Aktivkohle bei der Temperatur des flüssigen Stickstoffs. Vor kurzem hat J. Janák [2] auf die Möglichkeit der chromatographischen Trennung von Gemischen aus Edelgasen, Wasserstoff und Kohlenmonoxyd hingewiesen. Mit der von Janák angewandten Methodik, bei der Kohlendioxyd als Schleppgas dient und die getrennten Gase volumetrisch bestimmt werden, läßt sich jedoch Kohlenmonoxyd und Argon nicht von Stickstoff und Sauerstoff trennen.

In dieser Arbeit wird eine Analysenmethode beschrieben, die sich von der Janák-Methode dadurch unterscheidet, daß infolge anderer Detektoren statt Kohlendioxyd andere Schleppgase verwendet werden können. Die Anwendung der Thermo-Gas-Chromatographie führt zu einer wesentlich verbesserten Trennung, niedrige Temperaturen sind nicht nötig. Das erfordert allerdings einen Adsorbenten, der auch schlecht adsorbierbaren Stoffen gegenüber ein großes Adsorptionsvermögen aufweist. Auf ihre Eignung als Adsorbens wurde Aktivkohle folgender Sorten geprüft: Fein- und grobporige Aktivkohle AG und Aktivkohle KAD.

Die Aktivkohle wurde zuvor bei einer Temperatur von 200° C bis zur Gewichtskonstanz getrocknet und danach an der Vakuumpumpe bei 10^{-3} Torr und 400° C durch Entgasen aktiviert. Eine bestimmte Menge wurde in senkrechte Glassäulen gefüllt und eine bestimmte Menge Wasserstoff, Kohlenmonoxyd, Methan, eines Edelgases oder eines Gemisches dieser Gase darübergeleitet. Mit Luft oder Kohlendioxyd als Schleppgas wird durch fortwährende Verlagerung eines Elektroofens mit Temperaturgefälle ein Chromatogramm entwickelt. Mit Kohlendioxyd als Schleppgas wurde der Thermo-Gas-Chromatograph Nr. 4 [3] verwendet. Als

Detektor diente eine Mikrobürette mit 40%iger Kalilauge. Das Schleppgas CO_2 wurde absorbiert, und die Mengen der desorbierten Gase konnten gemessen werden.

Detektoren, die auf Messung der Wärmeleitfähigkeit oder der Verbrennungswärme der Gase basieren, ermöglichen die Verwendung von Luft als Schleppgas.

In Abbildung 35.1 ist die Anlage dargestellt, an der die Untersuchungen erfolgen.

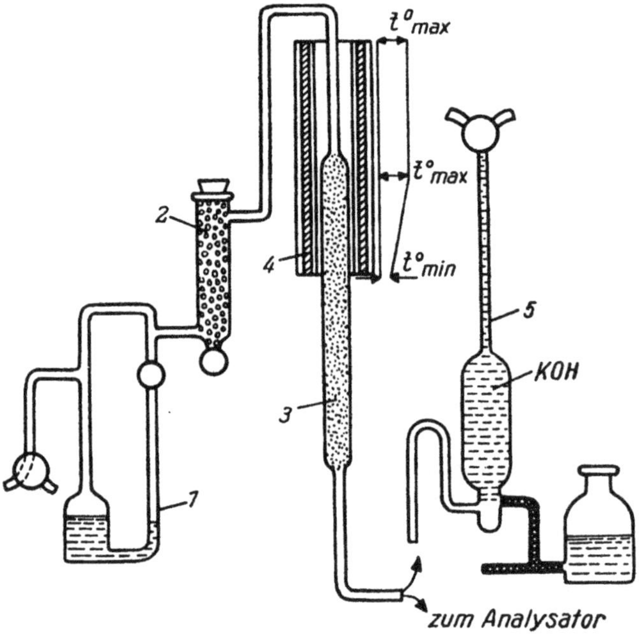

Abb. 35.1. Thermo-Gas-Chromatograph Nr. 4
1 Rheometer; 2 Trockner mit $CaCl_2$; 3 Säule mit Adsorbens; 4 Elektroofen; 5 Mikrobürette mit 40%iger KOH-Lösung

Die Trennung von Wasserstoff, Kohlenmonoxyd und Methan

Über 57 g grobporige Aktivkohle AG wurde eine bestimmte Menge Wasserstoff, Kohlenmonoxyd und Methan (0,5—5 cm³) geleitet und das Chromatogramm durch einen Schleppgasstrom von 100 ml/Min. Luft entwickelt. Als Detektor diente eine Verbrennungszelle. Zur Bestimmung der Desorptionsdichte wurde dieselbe Stoffmenge, die über die Aktivkohle geschickt wurde, durch ein leeres Rohr gesaugt und danach Luft durchgeblasen.

Mit einem an das Rohrende angeschlossenen Detektor wurde eine Elutionskurve aufgenommen. Die Übereinstimmung der Flächen unter den Elutionskurven nach der Adsorber-Säule und nach dem leeren Rohr ist ein Beweis für die Vollständigkeit der Desorption.

Wasserstoff wird bei Zimmertemperatur kaum von Aktivkohle adsorbiert. Bei einem Schleppgasmengenstrom von 100 ml/Min. wird Wasserstoff bei einer Konzentration von 1% von 57 g grobporiger Aktivkohle AG schon beim Aufladen des Adsorbens nicht mehr zurückgehalten.

Die maximale Wasserstoffkonzentration wird auf der Elutionskurve nach Durchgang von 150 bis 300 cm³ Schleppgas beobachtet. Kohlenmonoxyd tritt nach dem Durchgang von 250 cm³ Luft aus, sein Konzentrationsmaximum wird nach dem Durchgang von 350 cm³ Luft erreicht. Für die völlige Desorption werden 550 bis 600 cm³ Luft benötigt.

Der Austritt des Methans aus der Trennsäule beginnt nach dem Durchgang von 600 cm³ Luft; das Maximum seiner Konzentration auf der Elutionskurve wird nach 950 cm³, die vollständige Desorption nach 1200 cm³ Luft beobachtet.

Infolgedessen reichen 57 g grobporiger Aktivkohle AT für die vollständige Trennung von Wasserstoff, Kohlenoxyd und Methan nicht aus.

Danach wurden 48 g feinporige Aktivkohle untersucht. Von feinporiger Aktivkohle wird Wasserstoff kaum adsorbiert, bei Kohlenmonoxyd und Methan ist die Adsorption bedeutend besser als auf grobporiger Aktivkohle. Kohlenmonoxyd tritt nach dem Durchgang von 500 cm³ Luft und Methan erst nach 1200 cm³ Luft aus der Säule aus. Der Einfluß der Mengenverhältnisse von H_2, CO und CH_4 auf die Vollständigkeit der Trennung wurde untersucht.

TABELLE 1

Kohle AG, 48 g; $v_{\text{Luft}} = 100$ cm³/Min.

Lfd. Nr.	Bestandteile des Gasgemisches	cm³ Schleppgas, nach denen die Komponente auszutreten beginnt	cm³ Schleppgas, nach denen alle Komponenten die Säule verlassen haben	Vorgegebene Menge der Komponenten in cm³	Gefunden in cm³	Beschaffenheit des Adsorbens
1	Wasserstoff	0	215	1,00	0,90	
	Kohlenmonxyd	215	600	1,00	0,90	trocken
2	Wasserstoff	0	250	3,00	3,00	trocken
	Kohlenmonxyd	250	600	0,50	0,50	
3	Wasserstoff	0	250	0,50	0,45	trocken
	Kohlenmonxyd	300	800	4,00	4,00	
4	Kohlenmonxyd	315	800	5,00	5,10	trocken
	Methan	1100	2000	0,50	0,45	
5	Wasserstoff	0	200	2,10	2,20	trocken
	Kohlenmonoxyd	300	800	2,10	2,20	
	Methan	1100	2000	2,0	1,90	
6	Kohlenmonoxyd	200	600	5,00	5,00	feucht
	Methan	600	1000	0,50	0,50	
7	Wasserstoff	0	200	2,10	2,20	
	Kohlenmonoxyd	200	500	2,10	2,20	feucht
	Methan	500	1100	2,00	1,90	feucht

Tabelle 1 zeigt, daß bei verschiedenen Mengenverhältnissen der Komponenten eine Trennung möglich ist.

Es war von Interesse, die Natur der Adsorption und den Grund der Trennung von Wasserstoff, Kohlenmonoxyd und Methan bei Zimmertemperatur zu untersuchen, insbesondere den Grund für die im Vergleich zu Stickstoff sehr starke Adsorption von Kohlenmonoxyd. Vermutlich gehört infolge Oxyds an der Kohleoberfläche der Adsorptionsprozeß von Kohlenmonoxyd zum Typus der aktivierten Adsorption..

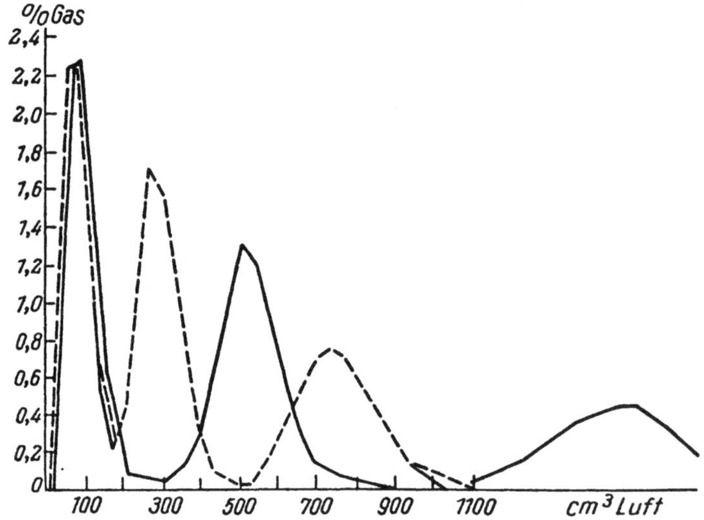

Abb. 35.2. Elutionskurve des Gemisches Wasserstoff/Kohlenmonoxyd/Methan/Luft

Zwecks Prüfung dieser Annahme wurde die Aktivkohle 19 Stunden an feuchter Luft gelagert, was die Anzahl der Oxydgruppen an der Kohlenoberfläche erhöhen sollte. Der Effekt der Blockierung der Adsorptionsstellen durch Wasser erwies sich stärker (Abb. 35.2). In Abbildung 35.2 ist mit der durchgehenden Linie die Trennung auf trockener Aktivkohle und mit der punktierten Linie die Trennung auf „feuchter" Aktivkohle gekennzeichnet. Es kann angenommen werden, daß bei Zimmertemperatur eine physikalische Adsorption von Kohlenoxyd auf Aktivkohle stattfindet.

Die völlige Trennung von Wasserstoff, Kohlenmonoxyd und Methan gelang auch mit 94 g trockener Aktivkohle KAD. Zur Beschleunigung der Analyse wurde die Elution mit Luft als Schleppgas noch durch das Verschieben eines Elektroofens längs der Trennsäule mit einer Geschwindigkeit von 3 cm/Min. unterstützt. Die maximale Ofentemperatur betrug 100° C. Weil bei geringen Konzentrationen die Bestimmung der Stoffmenge aus den Flächen der Elutionskurve nach deren Integration sehr zeitraubend ist, haben wir die einzelnen

Komponenten in einer mit Kalilauge gefüllten Bürette volumetrisch gemessen [4—6].

In Tabelle 2 und in Abbildung 35.3 sind einige Trennergebnisse der angeführten Gasgemische mit 94 g KAD-Aktivkohle bei einem Schleppgasmengenstrom von 40 cm³/Min. dargestellt.

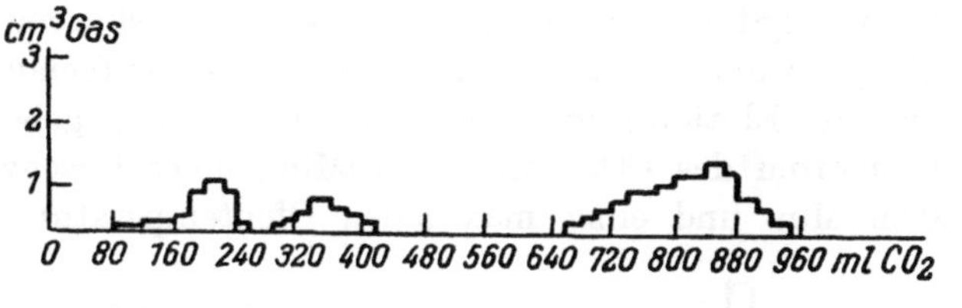

Abb. 35.3. Elutionskurve des Gemisches Wasserstoff/Luft/Methan

TABELLE 2

Aktivkohle KAD, 94 g; $v_{CO_2} = 40$ cm³/Min.

Lfd. Nr.	Bestandteile des Gasgemisches	cm³ Schleppgas, nach denen die Komponente auszutreten beginnt	cm³ Schleppgas, nach denen alle Komponenten die Säule verlassen haben	Vorgegebene Menge der Komponenten in cm³	Gefunden in cm³
1	Wasserstoff	40	340	10,2	10,3
	Luft	360	500		
2	Wasserstoff	140	340	6,3	6,2
	Luft	360	480		
3	Luft	240	380	21,0	21,1
	Methan	600	1120		
4	Luft	240	400	21,1	21,3
	Methan	600	1120		
5	Wasserstoff	80	260	9,7	9,7
	Luft	280	420		
	Methan	660	940		
6	Wasserstoff	60	260	21,3	21,3
	Luft	260	400		
	Methan	600	1060		
7	Wasserstoff	60	260	21,3	21,3
	Luft	280	420		
	Methan	600	1020		

Kohlenmonoxyd läßt sich unter diesen Bedingungen nicht von Stickstoff und Sauerstoff trennen. Die gesamte Analyse dauert 30 Minuten. Die Analysengenauigkeit wird durch die Meßgenauigkeit der Adsorptionsdichte und die Reinheit des Kohlendioxyds begrenzt. Der Bestimmungsfehler beträgt 0,3%.

Die Trennung von Edelgasen

Auf Grund der früher erarbeiteten thermo-gas-chromatographischen Trenn- und Analysenmethode für kohlenwasserstoffhaltige Gasgemische war die Trennungsmethode für Edelgasgemische gegeben.

Als Adsorbens wurden 94 g KAD-Aktivkohle verwendet. Als Schleppgas fungierten Kohlendioxyd oder Luft. Es wurden Elutionskurven von Helium, Neon, Argon, Krypton und Xenon und ihren Gemischen aufgenommen. In Abbildung 35.4 sind die Elutionskurven der Edelgase wiedergegeben. Bei einem Schleppgasmengenstrom des CO_2 von 50 cm³/Min., einer Geschwindigkeit des Ofens von 3,0 cm/Min. und einer maximalen Ofentemperatur $T_{max} = 290°$ C

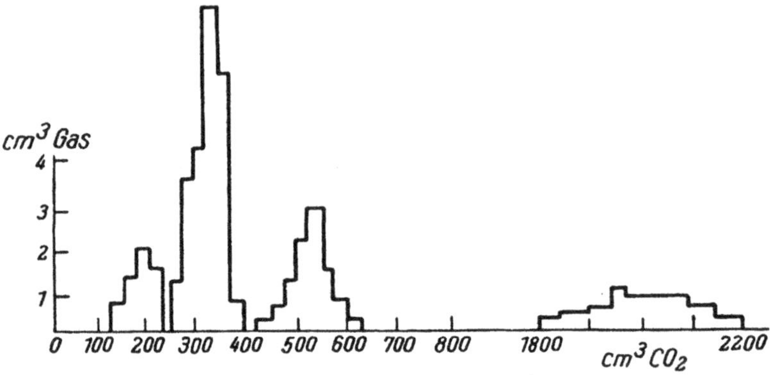

Abb. 35.4. Elutionskurve des Gemisches Helium/Argon/Kypton/Xenon

beginnt Helium nach einem Durchgang von 125 cm³ Kohlendioxyd auszutreten. 250 cm³ Kohlendioxyd waschen das Helium völlig aus dem Adsorbens aus. Neon tritt praktisch gleichzeitig mit Helium aus. Die Elutionskurve des Heliums deckt sich mit der Neonkurve. Der Austritt von Argon beginnt nach Durchgang von 250 cm³ Kohlendioxyd und ist nach 400 cm³ Kohlendioxyd beendet. Die Kryptonelution beginnt nach dem Durchgang von 425 cm³ und endet nach 625 cm³ Kohlendioxyd. Nach Durchgang von 1800 cm³ Schleppgas verläßt Xenon die Säule und nach 2200 cm³ CO_2 ist die Elution abgeschlossen. Es ist darauf hinzuweisen, daß Helium und Argon praktisch vor dem Ofen hergeschoben werden, während Krypton und Xenon bei den für sie charakteristischen Temperaturen unter Einfluß der Bewegung des Ofen-Temperaturfeldes wandern. Der Einfluß der Probenmenge und der Zusammensetzung der Gemische auf die Edelgastrennung wurde untersucht. Es zeigte sich, daß bei einer Veränderung der Mengenverhältnisse einzelner Komponenten um das 100fache noch eine gute Trennung der Gemische von Helium + Neon, Argon, Krypton und Xenon möglich ist. Die gesamte Analyse dauert 45 Minuten. Bei einem Einsatz von 100 cm³ des zu analysierenden Stoffes kann man den Gehalt an Edelgasen mit einer Genauigkeit bis 0,3% bestimmen. Ein Mangel der thermo-gas-chromatographischen Methodik (bei Anwendung des Thermo-Gas-Chromatographen Nr. 4) ist, daß beim Vorhandensein von Stickstoff in der Probe Argon mit Stickstoff zusammen eluiert wird. Deshalb haben wir die Trennung der Edelgase mit dem Thermo-Gas-Chromatographen Nr. 5 durchgeführt. Stickstoff behindert die Bestimmung des Argons nicht, da sich die Wärmeleitfähigkeit des Argons von der des Stickstoffes unterscheidet.

Abbildung 35.5 zeigt die Elutionskurve eines Gemisches aus Helium, Argon, Krypton und Xenon bei einem Schleppgasmengenstrom von $v = 60$ cm³/Min., einem Vorschub des Ofens von $w = 3{,}8$ cm/Min. und einer maximalen Ofentemperatur von $T_{max} = 205°$ C. Eine völlige Trennung der Komponenten ist also gut möglich. Die Ergebnisse der thermo-gas-chromatographischen Trennung von Edelgasen sind in den Tabellen 3, 4 und 5 zusammengestellt.

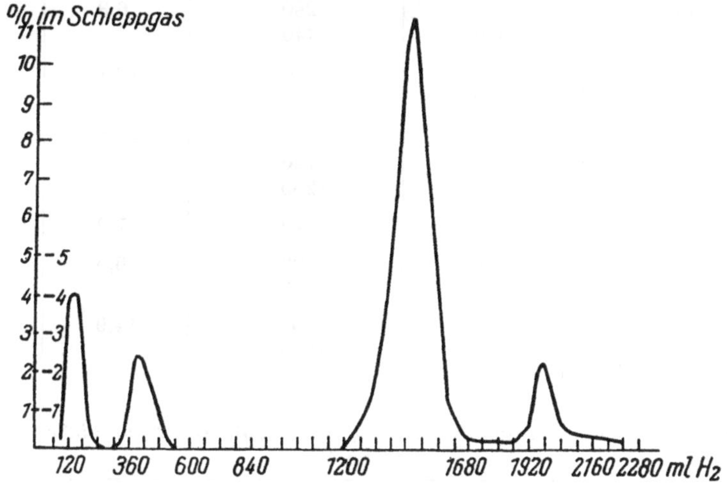

Abb. 35.5. Elutionskurve des Gemisches Helium/Argon/Kypton/Xenon

Früher wurde gezeigt [8], daß bei Thermo-Gas-Chromatographie mit konstanter Temperatur, konstantem Ofenvorschub und konstantem Schleppgasmengenstrom ein strenges Abhängigkeitsverhältnis zwischen der Höhe des Maximums der Elutionskurve und der Anfangskonzentration besteht. Mittels verschiedener Konzentrationen einzelner Komponenten, unter streng festgelegten Bedingungen sowie durch Messung der Konzentrationen im Maximum der Elutionskurven, stellten wir Eichkurven für die Abhängigkeit der Maximalkonzentration in der Elutionskurve von der Anfangskonzentration auf.

Zahlreiche Versuche zeigten, daß mit der Thermo-Gas-Chromatographie die Konzentrationen der Edelgase in Gemischen mit einer Genauigkeit bis zu 0,1% bestimmt werden können, die Heliumkonzentration sogar bis zu 0,01%. Die Analysendauer beträgt 45 Minuten.

Es wurde festgestellt, daß die Bestimmungsgenauigkeit schwerer Edelgase durch Verwendung einer großen Stoffmenge stark erhöht werden kann. Zum Beispiel wird bei einer Anfangskonzentration des Xenons von = 0,001% nach

Anwendung von 20 l Gas die Konzentration im Maximum der Elutionskurve gleich 1,3% sein. Die Beziehung zwischen der Konzentration im Maximum der Elutionskurve und der Anfangskonzentration bezeichnen wir als den „Anrei-

TABELLE 3

Thermo-Gas-Chromatograph Nr. 4; 94 g Aktivkohle KAD; $v_{CO_2} = 40$ cm³/Min.

Lfd. Nr.	Bestandteile des Gasgemisches	cm³ Schleppgas, nach denen die Komponente auszutreten beginnt	cm³ Schleppgas, nach denen alle Komponenten die Säule verlassen haben	Vorgegebene Menge der Komponente in cm³	Gefunden in cm³
1	Helium	80	360	7,6	7,7
2	Helium	80	280	6,8	6,8
	Luft	300	440		
3	Helium	60	260	12,1	12,0
	Luft	380	500		
4	Helium	80	200	22,2	22,3
	Luft	220	620		
	Krypton	880	1260		
5	Argon	300	620	7,2	7,2
6	Argon	300	500	6,5	6,4
	Krypton	880	1260		
7	Argon	300	600	14,9	14,8
	Krypton	880	1300		

TABELLE 4

Thermo-Gas-Chromatograph Nr. 4; 94 g Aktivkohle KAD; $v = 50$ cm³/Min.; $w = 3{,}0$ cm/Min.

Lfd. Nr.	Bestandteile des Gasgemisches	cm³ Schleppgas, nach denen die Komponente auszutreten beginnt	cm³ Schleppgas, nach denen alle Komponenten die Säule verlassen haben	Vorgegebene Menge der Komponenten in cm³	Gefunden in cm³	Bemerkungen
1	Luft	225	400	4,0	4,1	$T_{max} = 150°$ C
	Krypton	425	650			
2	Luft	225	375	4,0	4,0	,,
	Krypton	425	650			
3	Luft	200	400	10,0	9,9	,,
	Krypton	400	650			
4	Luft	150	400	100,0	100,2	$T_{max} = 270°$ C
	Krypton	400	675			
	Xenon	1500	2700			
5	Luft	175	350	10,3	10,6	,,
	Krypton	375	575			
	Xenon	1550	2600			

TABELLE 5

Thermo-Gas-Chromatograph Nr. 5; 94 g Aktivkohle KAD; $v_{Luft} = 60$ cm³/Min.; $w = 3{,}8$ cm/Min.; $T_{max} = 205°$

Lfd. Nr.	Bestandteile des Gasgemisches	cm³ Schleppgas, nach denen die Komponente auszutreten beginnt	cm³ Schleppgas, nach denen alle Komponenten die Säule verlassen haben
1	Helium	90	270
	Argon	300	600
	Krypton	1170	1710
	Xenon	1890	2220
2	Helium	90	270
	Argon	300	540
	Krypton	1170	1710
	Xenon	1890	2160

cherungskoeffizienten". In diesem Falle war er gleich 1300. Folglich können durch die Thermo-Gas-Chromatographie schwere Edelgase noch in einer Konzentration von 0,001% nachgewiesen werden.

Zusammenfassung

1. Diese Arbeit beschreibt die thermo-gas-chromatographische Analyse von Wasserstoff-Kohlenmonoxyd-Methan-Gemischen bei Zimmertemperatur. Für die Analyse werden insgesamt 0,1 cm³ der Stoffe benötigt, Analysendauer 30 Minuten, Bestimmungsgenauigkeit 0,3%. Die Methode ermöglicht es, die angegebenen Komponenten getrennt im Gemisch mit Luft zu bestimmen.

2. Es wird die thermo-gas-chromatographische Trennung und Analyse der Edelgase beschrieben. Die Methode ermöglicht, mit großer Genauigkeit den Gehalt an Helium, Neon, Argon, Krypton und Xenon zu bestimmen. Bei Anwendung des Thermo-Gas-Chromatographen Nr. 4 beträgt die Bestimmungsgenauigkeit 0,3%, bei Anwendung des Thermo-Gas-Chromatographen Nr. 5 für Helium 0,01%, für schwere Edelgase jedoch bis zu 0,001%.

LITERATURVERZEICHNIS

[1] Shuchowitzki, A. A. und Turkeltaub, N. M., DAN SSSR, **94**, 1 (1954).

[2] Janák, J., Chem. Listy, **47**, 1476 (1953).

[3] Turkeltaub, N. M., Schwarzman, W. P., Georgiewskaja, T. W. u. a., Shurnal Fisitschesskoi Chimii, **27**, 1827 (1953).

[4] Schuftan, P., Die Gasanalyse in der Technik, Ukr. (1933).

[5] Wjachirew, D. A., Bruck, A. N., Guglina, S. A., DAN SSSR, **90**, 4 (1953).

[6] Janák, J., Sammelwerk tschechischer Chemiearbeiten, **19**, 684 (1954).

[7] Shuchowitzki, A. A., Solotarjewa, O. W., Sokolow, W. A. und Turkeltaub, N. M., DAN SSSR, **77**, 3 (1951).

[8] Shuchowitzki, A. A., Turkeltaub, N. M. und Georgiewskaja, T. W., DAN SSSR, **92**, 5 (1953).

Theorie der Thermo-Adsorptions-Trennung und Analyse leichter Edelgase

Von E. W. Wagin, Moskau

Die Trennung von Gasgemischen spielt sowohl bei chemischen Prozessen in der Industrie als auch bei wissenschaftlichen Forschungsarbeiten eine große Rolle. Adsorptionsmethoden haben im Vergleich zu anderen Trennmethoden eine Reihe von Vorzügen: Variation einer großen Anzahl von Parametern, Veränderung des Temperaturniveaus, bei dem der Trennprozeß durchgeführt wird, u. a.

Die wichtigste Etappe in der Entwicklung von Methoden der Adsorptionstrennung ist die Entdeckung der Chromatographie. Charakteristisch für alle Varianten der Chromatographie ist die Trennung der Komponenten während ihrer Bewegung in der Trennsäule.

Für die Trennung von Gemischen, die die einzelnen Komponenten in vergleichbaren Konzentrationen enthalten, ist die Methode der Thermo-Trennung am rationellsten, was auf der Wirkung des bewegten Temperaturfeldes auf das adsorbierte Gemisch beruht.

Die thermische Desorption veranlaßt ein Strömen des Gemisches entlang der Säule. Unter dem Einfluß dieser Strömung der desorbierten Stoffe bewegt sich jede Komponente mit einer Geschwindigkeit, die von ihrer Adsorbierbarkeit abhängt. Diese Gasströmung führt längs einer unendlich langen Adsorptionssäule zur asymptotischen Verteilung der Stoffe. Diese Verteilung ist dadurch charakterisiert, daß in der Gasphase in verschiedenen Säulenabschnitten der festgelegte Druck nur von einer Komponente bestritten wird.

In den Zonen höherer Temperaturen befinden sich die gut adsorbierbaren Komponenten, die sich langsamer als die anderen vorwärts bewegen.

Die Lage der n-ten Komponente im Temperaturfeld wird durch die Gleichung beschrieben:

$$a_{0n} = \int_{T_{n-1}}^{T_n} a_n(T) \frac{1}{T(x)} \cdot dT . \qquad (1)$$

a_{0n} = adsorbierte Menge der n-ten Komponente;
$a_n(T)$ = isobare Gleichung der n-ten Komponente;

$T(x)$ = Temperaturabhängigkeit von der Ofenlänge;
T_{n-1}, T_n = Temperaturen, die die Front der n-ten Komponente im Temperaturfeld begrenzen.

Somit ermöglicht die aufgestellte Theorie bei bekanntem Temperaturfeld und Adsorptionsisobaren die Bestimmung der asymptotischen Verteilung der Komponenten.

Die Theorie wurde an Neon/Helium-, Neon/Stickstoff- und Helium/Stickstoff-Gemischen geprüft. Aus Messungen der Adsorptionsisobaren konnte die Lage der verschiedenen Komponenten im Temperaturfeld berechnet werden. Die Versuchsergebnisse stimmen mit den theoretischen Berechnungen zufriedenstellend überein.

Das Verwaschen der Berührungsgrenze zweier Komponenten, hervorgerufen durch Längsdiffusion, beschreibt Gleichung (2):

$$D \frac{d \ln c_1/c_2}{dx} = W \cdot (G_2 - G_1) . \tag{2}$$

D = Koeffizient der Längsdiffusion;
C_1, C_2 = Konzentration der ersten und zweiten Komponente;
x = Säulenlänge;
w = Bewegungsgeschwindigkeit des Temperaturfeldes;
G_1, G_2 = Adsorptionskoeffizient der Komponenten.

Den Einfluß der Adsorptionskinetik auf das Verwaschen von Berührungsgrenzen wird ebenfalls mit Gleichung (2) dargestellt. In diesem Falle wird der effektive Diffusionskoeffizient durch den Ausdruck wiedergegeben:

$$D_{\text{eff}} = \frac{v^2}{\beta} .$$

v = Gasgeschwindigkeit;
β = kinetischer Koeffizient.

Die Methode der Thermo-Trennung diente zur Lösung praktischer Aufgaben: zur Gewinnung von reinem Neon. An einer Laboranlage wurde die Thermo-Trennung von Neon/Helium-Gemischen durchgeführt und eine Technologie für die Neonproduktion mit einem Reinheitsgrad von 99,8% bei einer Neonausbeute von 75% ausgearbeitet.

Auf Basis der Laboruntersuchungen der Thermo-Trennung von Neon/Helium-Gemischen wurde eine Industrieanlage zur Heliumproduktion errichtet und in Betrieb genommen. Sie produziert Neon mit einem Reinheitsgrad von 99,8%.

Bei Fragen zur Produktsicherheit wenden Sie sich bitte an:
If you have any questions regarding product safety,
please contact:

Walter de Gruyter GmbH
Genthiner Straße 13
10785 Berlin
productsafety@degruyterbrill.com